VESPA ET, LX, LXV, S AUTOMATIK-ROLLER

Alle luftgekühlten Zwei- und Viertakter seit 1996

TECHNIK, WARTUNG, REPARATUR

Längst fest in Sammlerhand:
Sportmodell Vespa 946 RED 2017.

STX WARTUNGSPRAXIS

VESPA ET, LX, LXV, S AUTOMATIK-ROLLER

Alle luftgekühlten Zwei- und Viertakter seit 1996

6. Auflage
vollständig in Farbe

Motor, Antrieb, Fahrwerk, Bremsen, Karosserie, Elektrik, Kraftstoffanlage, Einstelldaten

TECHNIK, WARTUNG, REPARATUR

HANS J. SCHNEIDER
SCHNEIDER MEDIA

Auch die seit 2005 nicht mehr produzierte Vespa ET besticht immer noch durch zeitlose Eleganz. Im Bild eine ET 4 50 von 2003 mit luftgekühltem Ohc-Viertaktmotor.

IMPRESSUM

VESPA ET, LX, LXV, S AUTOMATIK-ROLLER
beschreibt ausführlich alle Montage-, Reparatur- und Inspektionsarbeiten an den ab 1996 gebauten Vespa ET-, LX- und S-Modellen mit Automatik-Antrieb. Alle Angaben in diesem Buch erfolgen nach bestem Wissen und dem Stand der Technik bei Redaktionsschluß. Das Nachvollziehen der beschriebenen Arbeiten geschieht auf eigene Gefahr. Beachten Sie dazu bitte auch unsere **Enthaftungserklärung** unten rechts.

Bildnachweis: Alle technischen und zahlreiche andere Fotos: Hans J. Schneider, mit Ausnahme der mit dem ©-Vermerk versehenen Fotos und Zeichnungen (vornehmlich Ufficio Stampa Piaggio Pontedera). Im Einzelnen: Hans J. Schneider (404), Christoph Schneider (1), Axel Koenigsbeck (1), Piaggio (106), Schneider Media/STX (69 Strich- und Computer-Zeichnungen auf Basis von Piaggio-Grafiken).

Dank
Der Autor dankt herzlich Ansgar Schauerte und Stephanie Wolff von der Piaggio Deutschland GmbH in Kerpen und Düsseldorf sowie LULOP Automotive in Italien für die Freigabe von aktuellen Pressefotos sowie Zweiradmechanikermeister Rainer Schulz in Kommern für sachverständige Unterstützung und Beratung in technischen Fragen.
Bedankt seien auch Günther Uhlig (Freiburg) und Werner Lechner (Schwäbisch-Hall) für ergänzende Hinweise und zusätzliche Fotos. Die Leser Ralf Kirmes, Bastian Lang, Martin Langenbach und Christoph Schneider steuerten Tipps bei.

Herstellung
Layout: Hans J. Schneider
Scan, Produktion: Valentin und Vincent Schneider
Mitarbeit: Werner Lechner, Valentin und Vincent Schneider, Rainer Schulz, Günther Uhlig
Schlußredaktion: Gabriele Schneider
Druck: Westermann Druck Zwickau GmbH

FSC www.fsc.org MIX Papier aus verantwortungsvollen Quellen FSC® C110508

Verlag
SCHNEIDER MEDIA FRANCE SAS
E-Mail: info@schneider-media.eu
Internet: www.schneider-media.eu

Vertrieb
Delius Klasing Verlag GmbH
Siekerwall 21, D-33602 Bielefeld;
Tel.: 0521/5590, Fax: 0521/559115
E-Mail: info@delius-klasing.de

ISBN D/A/CH: 978-3-667-11581-2

Printed in Germany

Abkürzungen im Buch:
KS = Kreuzschlitzschraube,
MS = Maschinenschraube, SS = Schlitzschraube
IS = Inbusschraube, SW = Schlüsselweite,
KW = Kurbelwelle, LiMa = Lichtmaschine

Enthaftungserklärung
Unzureichende Sachkenntnis verpflichtet den Leser, die gezeigten Arbeiten nicht selbst in die Hand zu nehmen, sondern in einer Fachwerkstatt ausführen zu lassen. Alle Informationen, technischen Angaben und Anleitungen in diesem Buch wurden vom Autor mit der größten Sorgfalt zusammengetragen.
Das Nachvollziehen der beschriebenen Arbeiten erfolgt in jedem Fall auf eigene Gefahr.
Der Verlag kann weder Garantie noch juristische Verantwortung oder irgendeine Haftung für Folgen, die auf fehlerhafte oder unvollständige Angaben oder falsche Interpretation der Hinweise oder fehlerhaftes Arbeiten zurückgehen, übernehmen. Auch verantworten Autor und Verlag nicht Fehler, die auf falsche Angaben durch Fahrzeughersteller entstanden sind.
Haftungsansprüche gegen Autor oder Verlag sind damit ausgeschlossen.

Hinweis
Für die Zerlegungsarbeiten wurden **beispielhaft** Fahrzeuge der Baureihen Sfera (Zweitaktmotor) und ET (Stahlblechkarosserie, luftgekühlter Viertaktmotor) verwendet. Die entsprechenden Arbeiten und Hinweise lassen sich weitestgehend auch bei den im Prinzip technisch identischen Modelle der Serien LX, LXV und S, Sprint und Primavera anwenden. Auf Abweichungen (LEADER-Motor etc.) wird an den passenden Stellen hingewiesen.
Die **Drehmoment-Angaben** beziehen sich überwiegend auf die Basis-Modelle der Baureihen ET und LX. Abweichungen werden in der Regel im Text aufgeführt. Ansonsten gelten die Werte im Anhang auf den Seiten 134 und 135.

INHALT

Leser-Mitarbeit: *Wir bitten Sie, liebe Leserin und lieber Leser, uns womögliche Fehler anzuzeigen. In jedem Fall freuen wir uns über Erfahrungsberichte und* ***ergänzende Hinweise*** *aus der Praxis. Jeder Leser, der einen Beitrag liefert, wird in der nächsten Auflage erwähnt und erhält nach Erscheinen des Buchs ein kostenloses Belegexemplar.*

Foto Seite rechts: Zweiradmechanikermeister Rainer Schulz inspiziert in seiner Werkstatt in Kommern/Rheinland im Dezember 2005 eine Vespa 50 LX. Seit den 1990er Jahren berät Schulz den Autor hinsichtlich Wartung und Technik der Roller von Piaggio.

Geniales Baukastenprinzip, variantenreiches Design, unkomplizierte Technik: die Baureihen der kleinen Vespa-Modelle

Als Piaggio 1996 die komplett neu entwickelte Baureihe ET präsentierte, sollte dies der Anfang vom Ende der klassischen, aber in Technik, Bedienung und Umweltverträglichkeit veralteten Vespa PX sein. Doch weit gefehlt: Der Oldtimer wurde zunächst bis 2005 weiterproduziert und von 2011 bis 2016 mit teilmodernisierter Technik noch einmal ins Programm genommen. Die ET, die ebenfalls eine Stahlblechkarosserie besaß, konnte vieles besser, hatte aber nicht den Charme des Klassikers.

Noch stärker als das Zweitaktmodell wies die 125er/150er ET mit luftgekühltem Viertaktmotor in die Zukunft. Mit Einführung des modernen LEADER-Triebwerks im Jahr 2000 setzte Piaggio abermals ein Zeichen. Der Markt belohnte den Schwenk vom durstigen Zwei- zum ökonomischen Viertakter: Allein von der ET 125 wurden bis 2002 1,2 Millionen Stück produziert und weltweit verkauft.

2005 löste Piaggio das Erfolgsmodell durch die LX ab, die technisch fast identisch war, mit ihrem frischen Design aber stärker an das klassische, 1946 erstmals gezeigte Vorbild erinnerte. Nach dem Konzept „Grundbaukasten plus individuelle Ausstattung" lancierten die Italiener 2006 die nostalgisch herausgeputzten LXV-Typen und 2008 die sportlichen S-Modelle, die später durch die Sprint- und Primavera-Modelle ergänzt wurden.

Die erste Auflage dieses Technik- und Wartungsbuchs, die sich mit den Baureihen ET und LX befaßte, erschien im Mai 2006 und war nach knapp drei Jahren vergriffen. Die zweite Auflage von 2009 wurde um sämtliche LXV- und S-Modelle erweitert und in vielen Details aktualisiert. Wesentlich umfangreicher wurde dadurch die reich illustrierte Modellgeschichte. Sogar ein 2006 vorgestellter LX-Hybrid-Prototyp mit Elektro- und Viertakt-Benzinmotor wurde beschrieben. Auch die 3. Auflage von 2013 blieb dem in all unseren Wartungsbüchern gepflegten Prinzip treu, neben ausführlichen Tipps zu Pflege und Reparatur auch ansprechenden Lesestoff zu bieten. Die 4. Auflage ab 2019 und die 5. Auflage ab 2022 stellten zusätzlich die neuesten Modelle vor – inklusive der trendgemäßen Vespa Elettrica.

Allzeit unfall- und pannenfreie Fahrt wünscht Ihnen
Ihr Hans-Jürgen Schneider
Autor und Verleger.
Normandie, Oktober 2025

Vespa ET und LX: moderne Technik im klassischen Gewand

50 Jahre Vespa: ein Jubiläum, das 1996 gebührend gefeiert wurde. Am 23. April 1946 hatte Piaggio-Konstrukteur Corradino D'Ascanio die Vespa zum Patent angemeldet. Der von der ehemaligen Flugzeugfirma von da an produzierte Roller wurde ein Millionenerfolg. Nachdem die Italiener ab 1990 mit der Sfera-Baureihe und ihren Derivaten auf Rohrrahmen und Kunststoff-Verkleidung zurückgegriffen hatten, besann man sich zum Jubiläum wieder der Tradition und kehrte mit der ET zur selbsttragenden Stahlblechkarosserie zurück.

Selbsttragende Karosserie

Die ET, die als Zweitaktmodell ET 2 mit 50 cm³ Hubraum und als Viertaker ET 4 mit 125 und 150 cm³ auf den

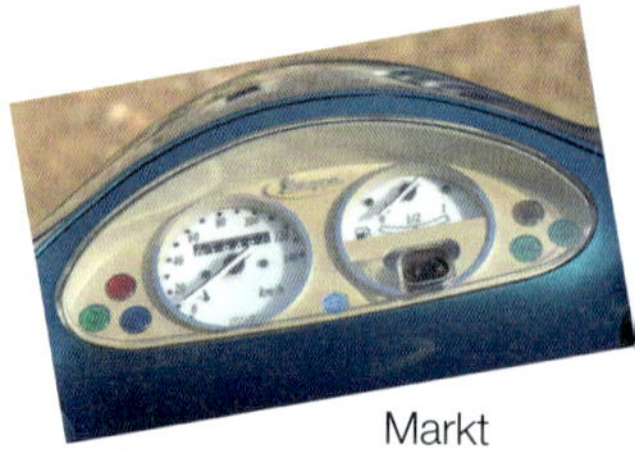

Markt kam, war konstruktiv derart konsequent am Urmodell orientiert, daß ein Zitat aus der Zeitschrift *„Motociclismo“* von 1946 ohne Bedenken auch auf die neuen Modelle übertragen werden konnte: *„Dank seiner Erfahrungen auf dem Flugplatz entschied sich Piaggio rückhaltlos für die selbsttragende Karosserie mit integrierten Fußstützen, einem großzügigen Beinschild, Lenkerpartie und Heckkasten, der alle mechanischen Teile aufnehmen und den Sitz tragen konnte...“*
Freilich war die Karosserie von 1946 noch am klassischen Reißbrett entstanden. Den ET-Aufbau aber hatte man mit modernsten CAD-Methoden am Computer entworfen. Die

Oben: Cockpit der ET 4 125 von 1996. Links oben: ET 2 50 von 2000, darunter ET 4 125 von 1996. Unten: Frontansicht ET 2 50 2003.

Foto rechts: © Piaggio Deutschland, Presseservice

wesentlichen technischen Unterschiede zwischen PX und ET lagen in den Bereichen Antrieb und Bremsanlage. Während die Vespa PX, die als Modell 125 FL DT immerhin 2005 noch fabrikneu zu haben war, über ein handbetätigtes Schaltgetriebe verfügte, übertrug der ET-Motor seine Kraft über eine Keilriemenautomatik aufs Hinterrad und entsprach damit der seit den 1980er Jahren üblichen und weitverbreiteten Motorroller-Antriebstechnik. Das ET-Vorderrad wurde durch eine kräftig ausgelegte Scheibenbremsanlage verzögert, während die PX bis 1998 ausschließlich altmodische und schwächliche Trommelbremsen besaß.

Besseres Fahrverhalten

Natürlich war die Vespa ET dem Klassiker auch in puncto Fahrstabilität, Handling und Bedienung überlegen. Beim ET-Triebwerk handelte es sich zudem um einen Mittelmotor, der von oben durch den Helmfachschacht zu erreichen war, während die PX den Motor weit hinten und obendrein seitlich trug. Klar, daß sich diese Asymmetrie aufs Fahrverhalten übertrug. Die ET hingegen fuhr kerzengeradeaus, alles war im Gleichgewicht. Piaggio faßte die Eigenschaften 1996 treffend zusammen: *„Das neue Produkt funktionierte, und zwar gut. Es besaß eine Scheibenbremse vorn und ein Instrumentenbrett, das nicht nach Vespa aussah. Doch es war eine Vespa, und sie zeigte es. Die Erbin der Primavera in der gleichen Produktklasse, zugänglich, urban, frei und leicht und – wie immer – jedermann ansprechend: ideal für Studenten, Handwerker und die 'städtischen Berufstätigen', die jungen und die nicht so jungen. Und für beide Geschlechter, mit einer gewissen Neigung zum weiblichen Publikum. Sie sah klein aus, doch wenn man nachmaß, war sie größer als die PX."* (Zitiert aus „Vespa – das offizielle Buch", Delius Klasing 2003). Bereits der von 1235 auf 1260 mm gewachsene Radstand zeigte, daß nun mehr Platz und Komfort sowie besserer Geradeauslauf garantiert waren.

Oben: Heckpartie und Antrieb der ET 4 125 von 2004. Unten: ET 4 150. Problematisch ist die weitgehend fehlende Schutzkleidung.

2 Fotos: © Piaggio Deutschland, Presseservice

ge. Die ET 2 50 wurde von dem damals bereits hunderttausendfach bewährten, gebläsegekühlten Einzylinder-Zweitaktmotor angetrieben, der 1990 mit der Sfera eingeführt und seitdem in zahlreiche Modelle eingebaut worden war. Der Motor wurde von einem Weber 12 OM-Vergaser beatmet, besaß die übliche Getrenntschmierung via zahn-

Links: unsere Fotomodelle ET 2 50 2000 und ET 4 1996. Unten: hübsches ET 4-Gespann von Däschlein. Unten: Ansichten von ET 4, ET 2.

Foto: Axel Koenigsbeck

Die erste ET lief am 7. Juni 1996 um 18.30 Uhr vom Band der Piaggio-Fabrik in Pontedera. Sie besaß den im Jahr zuvor zusammen mit im Modell Sfera erstmals vorgeführten Einzylinder-Viertaktmotor und brach in diesem Punkt radikal mit der Vespa-Tradition. Produktionstechnisch wiederum knüpfte die ET lückenlos an die PX an, denn Piaggio holte mit dem neuen Modell das alte Blechpreßwerk aus seinem Dornröschenschlaf; die ET war der einzige Automatik-Scooter weltweit, der über eine Stahlblechkarosserie verfügte. Wir zitieren nochmals das offizielle Vespa-Buch: *„In der Blechmontagehalle setzen 130 Arbeiter pro Schicht und fünf Roboter die acht Blechelemente zusammen, die schließlich – mit 340 Schweißpunkten – den Rumpf des Rollers bilden.“*

Zwei- und Viertaktmodelle

In der Werbung verstand es Piaggio, das Alte mit dem Neuen zu einer griffigen Botschaft zu verschmelzen: *„Modernste Technik und von Vespa-Tradition beseeltes Design verbinden sich zu einer einzigartigen Einheit. Die Vespa-Legende lebt.“*
Motortechnisch beschritt Piaggio zwei unterschiedliche We-

riemengetriebener Pumpe und entwickelte bei 6250/min 4,2 PS. (In den folgenden Jahren wurde die Motorleistung immer wieder mal leicht modifiziert - abhängig von den sich ständig ändernden Abgasbestimmungen). Kontaktlose Zündung und (bei den jüngsten Versionen) ungeregelter Katalysator gehörten ebenso zu den Features wie die doppelte Anlaßvorrichtung mit E- und Kickstarter. Der gesamte Antrieb war mit dem eigentlichen Motor verblockt. Der auf der Kurbelwelle sitzende Variator übertrug die Kraft drehzahlabhängig über einen Keilriemen auf die rückwärtig angeordnete Fliehkraftkupplung, die den Kraftschluß mit dem kompakten Zahnradgetriebe herstellte. Die Getriebe-Abtriebswelle war scootertypisch zugleich die Hinterrad- und Antriebsachse. Während die ET-Vergaser-Modelle in der gedrosselten Version eine Spitze von 50 km/h erreichten, hat der deutsche Gesetzgeber die Höchstgeschwindigkeit für Neufahrzeuge inzwischen auf (unsinnige) 45 km/h zurückgenommen. Mit derart gedrosselter Leistung kann man nicht mal im Stadtverkehr ordentlich mitschwimmen. Zu geringes Tempo kann auch gefährlich sein.

Mechanische Einspritzung

1998 stellte Piaggio der Vergaser-ET 2 ein Modell mit mechanischer Benzineinspritzung zur Seite, die ET 2 Iniezione mit ebenfalls 50 cm³ Hubraum. Der technische Aufwand, der getrieben wurde, war enorm: Im Zylinderkopf der ET 2 i war eine komplizierte Einspritzbaugruppe untergebracht, deren Herz ein Verdichtergehäuse mit Kompressorkolben, Laufbüchse und einseitig gelagerter Verdichterwelle war. Angetrieben wurde die Verdichterwelle von einem Zahnriemen, die wie der (unveränderte) Ölpumpenantrieb über die Motorkurbelwelle lief und von da zum Verdichtergehäuse führte. Das in einem Spezialvergaser des Typs Weber 4/12 DIP aufbereitete Benzin-Öl-Luft-Gemisch wurde im Verdichter komprimiert und dann taktabhängig über ein Ventil direkt in den Brennraum gespritzt. Ergebnis waren - neben einem *„ulkigen Laufgeräusch"*

2005 löste die LX die ET ab. Im Bild eine Zweitakt-LX 50, die 2005 an einen Pfarrer im Rheinland ausgeliefert wurde. Das Cockpit ist wesentlich aufwendiger als bei der ET.

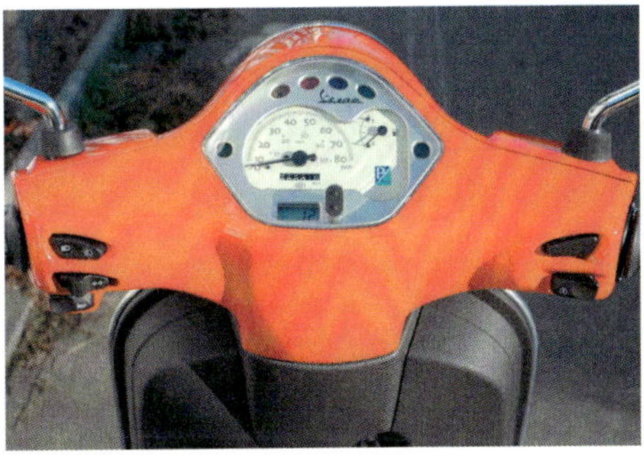

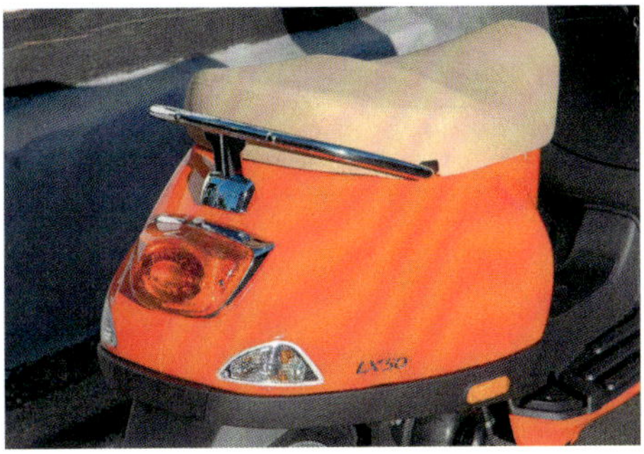

(*„Roller Spezial“ 1999)* - ein um beachtliche 35 Prozent reduzierter Verbrauch und deutlich niedrigere Schadstoffwerte im Abgas. Mit dem 8,6 Liter grossen Tank kam die Einspritz-ET stolze 300 km weit.

2 Fotos rechts, unten links: © Piaggio Deutschland, Presseservice

Oben: LX 2005 in der City. Unten links: das erste offizielle LX-Foto vom 15.02.2005. Rechts: LX 50 2005.

In Deutschland fand die ET 2 Iniezione indes nur wenige Liebhaber. Wir beschreiben in diesem Buch trotzdem die gesamte Technik und geben Tips zur Reparatur der Einspritzanlage.
Das interessanteste Modell der ET-Serie war zweifellos die viertaktende ET 4, die sich in der 125er Version mit 3,2 l/100 km begnügte, zudem kein Öl verbrannte und schon von daher wesentlich umweltgerechter war. Als Stadt- und Kurzstreckenfahrzeug erfreute sie sich in ganz Europa großer Beliebtheit und ist auch heute noch als Gebrauchtfahrzeug gefragt. Der luftgekühlte Einzylinder-Motor besaß filigrane, aber solide Mechanik und verfügte mit seiner kettengetriebenen, obenliegenden Nockenwelle über zeitgemäße Steuertechnik. Zwei Ventile besorgten den Gaswechsel, ein Mikuni BS 24-Unterdruckvergaser produzierte das Benzin-Luftgemisch. Der je nach Zulassungsjahr bis zu 12,2 PS starke und bis zu 7500/min drehende Motor war für Geschwindigkeiten von etwas über 90 km/h gut. Die Zuladung lag bei allen ET-Typen bei über 190 kg und damit durchaus auf Motorrad-Niveau.
Anfangs hatte die ET 4 mit diversen Kinderkrankheiten zu kämpfen. Gravierend war der zu hohe Ölverbrauch, der indirekt öfters zu Motorschäden führte, wenn der Fahrer die Ölkontrolle vernachlässigte. Piaggio reagierte aber schnell und rüstete den 125er Viertaktmotor ab 1998 mit einem neu konstruierten Zylinderkopf und modifizierten Kolbenringen aus, was dann die nötige Standfestigkeit brachte. Mancher Roller der ersten Serie wurde nachträglich umgerüstet.

LEADER-Motor ab 2000

2000 wurde das Zweiventil-Triebwerk der ersten Generation durch den neu durchkonstruierten „**LEADER**“-Motor abgelöst („**L**ow **E**mission **AD**vanced **E**ngine **R**ange“) . Zu den Verbesserungen gehörte, daß die Kurbelwelle nun gleit- statt kugelgelagert war. Eine moderne, seitliche Ölfilterpatrone löste den komplexen Filterbausatz des alten Motors ab; die Ölwanne besaß nun kein Schauglas mehr. Bis 2005 wurden allein in Deutschland 25.000 ET 4-Exemplare verkauft, davon 5200 mit LEADER-Motor (Quelle: *„Motorrad“* 4/2006). Weltweit setzte Piaggio von allen ET-Versionen rund 1,5 Millionen Exemplare ab.

Sparsam: 50-cm³-Viertakter

Die zu Beginn des neuen Jahrtausends auch für Zweiräder stark verschärften Abgasbestimmungen veranlaßten Piaggio 2000, erstmals eine 50er Vespa mit Viertaktmotor herauszubringen, die ET 4 50. Nachdem Weltmarktführer Honda sein ganzes Kleinfahrzeugprogramm bereits auf das Viertaktprinzip umgestellt

3 Fotos: © Piaggio Deutschland, Presseservice

hatte, war Piaggio der erste europäische Hersteller, der sich in diese Richtung bewegte. Der mit 11,5 : 1 hochverdichtete 50-cm³-Vespa-Viertaktmotor vom Typ „HiPer4“ erfüllte mit ungeregeltem Zweiweg-Katalysator und Sekundärluftsystem SAS (zur Reduzierung der Stickoxide) die Abgasnormen nach Euro 2 und begnügte sich mit gut zwei Litern bleifreiem Benzin auf 100 km. Der 9,0-Liter-Tank ermöglichte damit Reichweiten von rund 450 km.

2005: Die LX löst die ET ab.

Im Frühjahr 2005 wurden die ET-Modelle durch die technisch weitgehend identischen, vom Design her aber kräftig überarbeiteten LX-Typen ab-

Oben: LX in Sonderlackierung (alle normalerweise grauen Plastikteile in Fahrzeugfarbe), wie sie im November 2006 vom Band lief – als 50er Zwei- oder Viertaktmodell, mit 125 oder 150-cm³-LEADER-Motor. Unten links: facegeliftete LX vom April 2009 mit abgesteppter Sitzbank und Chromhutze wie bei den GTS- und S-Modellen; daneben: LX 150 von 2005, wie sie nur auf dem italienischen Markt sowie in verschiedenen Exportländern zu haben war.

gelöst. Mit dem großen Rundscheinwerfer und feinen Details rundum erinnern LX 50 (das Zweitaktmodell mit dem neu entwickelten Motor „HiPer2“) und LX 125 (LEADER-Viertaktmotor) noch stärker an die Ur-Vespa als die ET. In Italien waren die LX-Modelle von Anfang an auch in einer 50er-Viertakt-Version mit HiPer4-Triebwerk sowie als 150er mit dem größeren LEADER-Motor zu haben. Seit April 2009 wird das 50er Viertaktmodell auch in Deutschland angeboten. Die für den deutschen Markt besonders interessante LX 125 bringt es mit 10,3 PS bei 8000/min auf eine Spitzengeschwindigkeit von gut 90 km/h. Während bei der LX größere Blinker, Leuchten und vollverchromte Rückspiegel die passive Sicherheit verbessern, trägt das von zehn auf elf Zoll Durchmesser gewachsene Vorderrad merklich zu einem sicheren Geradeauslauf bei. Eine serienmäßige Wegfahrsperre schreckt potentielle Diebe ab.

Wie alle modernen Vespa verfügt auch die LX über reichlich Stauraum unter der bequemen Doppelsitzbank und im breiten Handschuhfach.

Neben dem Hauptständer ist auch ein Seitenständer montiert. Neu ist das hintere Federbein der LX mit einstellbarer Federvor-spannung. Zweiweg-Katalysator und Sekundärluftsystem sorgen bei den Viertaktern für die Erfüllung der Abgasnorm nach Euro 3.

Im April 2009 erhielt die LX ein Facelift, das eine neue Sitzbank mit Doppelnaht, Handgriffe mit Vespa-Logo, ein verchromtes Gitter auf der Kaskade und eine Chrom-Hutze auf dem vorderen Kotflügel umfaßte.

2006: Hybrid-Prototyp LX 50

Umwelt verpflichtet – zumindest zum Nachdenken über zukünftige Antriebsalternativen. Das hat auch Piaggio erkannt. Nachdem im Autobereich die Hybrid-Limousine Toyota Prius wegen ihres großen Erfolgs vor allem in den USA für Schlagzeilen gesorgt hatte, machte sich (parallel zu den Honda, Yamaha & Co.) der italienische Zweiradhersteller Gedanken über eine Scooter-Hybridtechnik. Ergebnis waren die beiden Hybrid-Roller-Prototypen HyS X8 125 und HyS LX 50.

Die innovativen Fahrzeuge, die im Februar 2005 vorgestellt wurden, waren jeweils mit zwei Triebwerken ausgerüstet, mit den bewährten Viertakt-Motoren 50 cm³ (ohc 2 Ventile) oder 125 cm³ (LEADER ohc 4 Ventile) und zusätzlichen Elektromotoren (1 kW bzw. 2,5 kW).

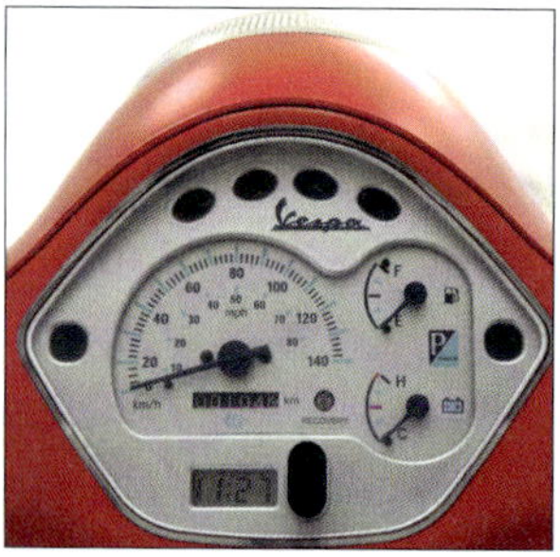

Details des Hybrid-Prototyps HyS LX 50; oben links: das um Ladeanzeige und -kontrolle erweiterte Cockpit; daneben: der auf das Getriebe gesetzte E-Motor. Unten links, Mitte: Schalter für die Wahl der Antriebsart; rechts unten: die 12-Volt-Batterien.

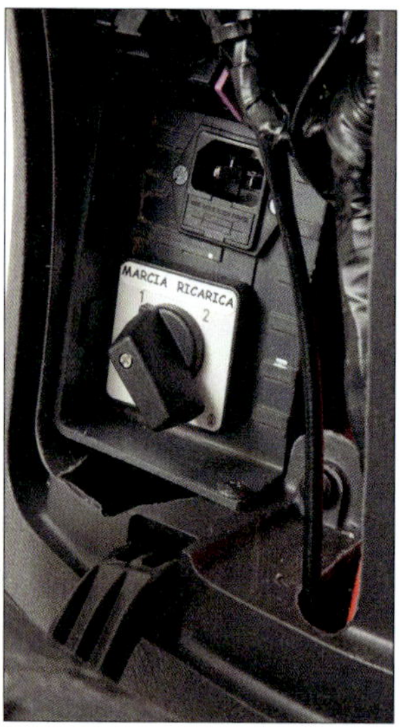

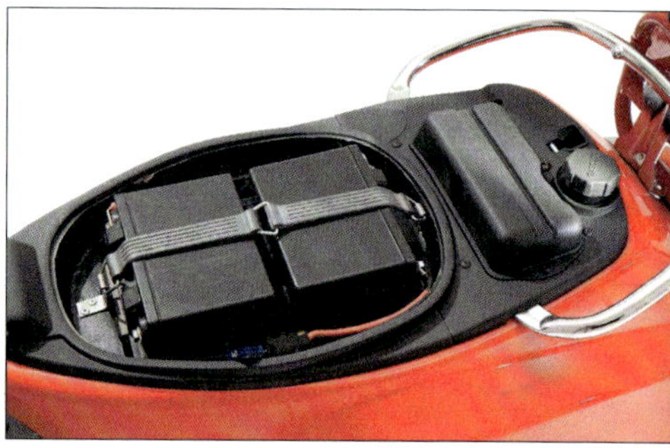

5 Fotos: © Piaggio Deutschland, Presseservice

Ziel war es, mit Elektro-Power das emissionsfreie Fahren in Städten zu ermöglichen, auf dem Land dann aber auf den ausreichend dynamischen Verbrennungsmotor umschalten zu können. Daß der Strom nicht einfach aus der Steckdose oder aus der Batterie kommt, wurde auch von Piaggio nicht zur Diskussion gestellt. Generell wird ja im Zusammenhang mit der Hybrid-Technik gern verschwiegen, daß Strom zum Teil immer noch mit wenig umweltgerechten Methoden erzeugt wird – mit Uran, Kohle, Gas, Erdöl als Brennstoffen. Und die Produktion von Batterien hat es besonders in sich; sie hinterläßt giftige Abgase und Rückstände.

20 Prozent weniger Benzin

Die bei den Piaggio-HyS-Prototypen angewandte Technik ist das Parallel-Hybrid-Verfahren, bei dem beide Motoren sich sowohl ergänzen, als auch separat betrieben werden können. Der Elektromotor sitzt außen auf dem Getriebe und kann bei Bedarf zugeschaltet werden, was eine Mehrleistung von rund 25 Prozent ergibt, nützlich vor allem dann, wenn zügig überholt werden muß.
Beim Kombibetrieb ergibt sich zudem eine Treibstoffeinsparung von 20 Prozent, was beim HyS LX 50 einen Verbrauch von nur 1,7 l/100 km bedeutet. Damit ist die Frage beantwortet, wie ein Stadtfahrzeug der Zukunft beschaffen sein kann. Kein Auto kann da mithalten.
Daß die HyS-Scooter von Piaggio nach dem simplen Drehen eines Schalters auch

Zeitgemäß: Hybrid-Prototyp HyS auf Basis der LX 50 mit 50-cm³-Viertaktmotor und parallel geschaltetem Elektromotor auf der Hinterradnabe. Das Topcase bietet Platz für den Helm.

2 Fotos: © Piaggio Deutschland, Presseservice

4 Fotos: © Ufficio Stampa Gruppo Piaggio, Pontedera

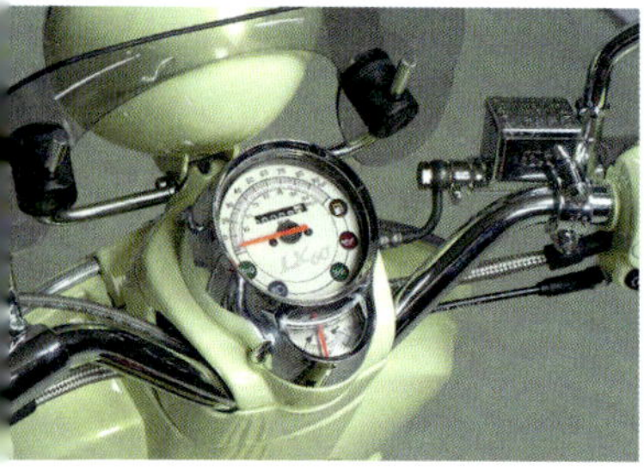

Oben links: LXV 125 Anfang 2008 in Navy-Sonderausführung; daneben und Cockpit unten links: LX 60 Showbike vom November 2005. Unten rechts: LXV 125 von 2006.

im reinen Elektro-Modus betrieben werden können, macht sie zu „Zero-Emissions-Vehicles" nach kalifornischem Gesetz. Im reinen Benzinbetrieb lädt der Viertaktmotor die Batterien auf, was zumindest gefühlsmäßig umweltfreundlicher ist als der Strom aus der (Atomstrom-)Steckdose. Für das Nachladen in der heimischen Garage ist gleichwohl ein 220-Volt-Ladegerät verfügbar. Die Dauer für eine Volladung gibt Piaggio mit drei Stunden an. Der LX ist mit zwei 12-V-Batterien 26 Ah, der X8 mit drei 12-Volt-Akkus ausgerüstet. Natürlich kommen derartige Fahrzeuge nicht ohne aufwendige Steuerelektronik aus. Der Computer erkennt z. B. automatisch, wenn beim Beschleunigen Bedarf an großem Drehmoment besteht; dann schaltet er selbsttätig den Elektromotor zu. Umgekehrt wird Energie, die beim Bremsen, aber auch beim Langsamerwerden frei wird, als Ladestrom in die Batterie eingespeist. Abgerundet wird das High-Tech-Paket durch Drive-by-wire-Technik und eine Batterie-Ladekontrolle im Cockpit.

3 Fotos: © Ufficio Stampa Gruppo Piaggio, Pontedera

LXV: Chrom und Nostalgie

Zum Jubiläum „60 Jahre Vespa“ 2006 brachte Piaggio zwei interessante Sonderbaureihen heraus, die LXV auf Basis der LX und die GTV-Serie auf Basis der größeren GTS. Vorausgegangen war die Präsentation des „LX 60 Showbike“ auf der Mailänder Motorradmesse EICMA im November 2005. Dieses Fahrzeug hatte in den wesentlichen Punkten bereits die Merkmale der LXV gezeigt. GTV und LXV waren als Hommage an die Vespa-Klassiker der 50er und 60er Jahre konzipiert und trugen dementsprechend reichlich Chrom und nostalgische Stilelemente. Der Scheinwerfer war bei der LXV nicht verkleidet, sondern ragte als Solitär in den Fahrtwind. Der verchromte und völlig freiliegende Lenker erinnerte ebenso an vergangene Zeiten wie das Zentralinstrument, das allerdings zeitgemäß ausgestattet war. Eine separate, halbmondförmig abgesetzte Benzinuhr komplettierte die Kontrollfunktionen.
Während das Showbike von 2005 verchromte Bremsflüssigkeitsbehälter und Griffarmaturen besaß, waren diese Elemente bei der Serien-LXV lackiert. Statt der gewohnten Sitzbank war die LXV mit zwei separaten Sitzen ausgerüstet, die man mit feinem Leder bezogen hatte. Mit dem gleichen Leder waren auch die Griffe ummantelt. Eine knapp geschnittene Windschutzscheibe und ein praktischer Gepäckträger erhöhten die Alltagstauglichkeit.
Lieferbar war das Spezialmodell als LXV 50 mit dem Zweitakt-Triebwerk Hi-Per2 und

Alle Bilder: Vespa LXV von 2006. Vom LX-Grundmodell unterscheidet sich die LXV durch das nostalgische Cockpit, den freiliegenden Rohrlenker, Windschild, Scheinwerfer und Ledersitze in Einzelausführung.

als LXV 125 mit dem bewährten Viertakt-LEADER-Motor. Beide Triebwerke besaßen Katalysator und SAS. Auch im übrigen waren die LXV-Typen mit den Basismodellen technisch identisch: Stahlblechaufbau, 11-Zoll-Vorderrad, Scheibenbremse vorn, Trommelbremse hinten. Im Januar 2008 brachte Piaggio die beiden LXV-Typen zusätzlich als „Navy"-Modelle mit leicht modifizierten Details wie größerer Scheibe heraus. Spezialität der Navy war die dunkelblaue Metallic-Lackierung und die in zwei verschiedenen Sandfarben ausgeführten Doppelsitze.

4 Fotos: © Ufficio Stampa Gruppo Piaggio, Pontedera

Oben links S 50 Quadrovalvole 2008, daneben S 50 Zweitakt 2007 in Speziallackierung; unten links S 125 Leader; daneben: S Spezial.

Schlank, sportlich: Vespa S

Daß der auf der LX basierende Baukasten sich ständig um neue Typen erweitern läßt, demonstrierte Piaggio eindrucksvoll mit der im November 2006 erstmals gezeigten Vespa S, mit der man stilistisch die Tradition legendärer Modelle wie 50 Special oder Primavera aus den 1960er Jahren aufnahm, technisch aber auf den bewährten 50-cm³-Zweitakt- und den LEADER-Viertaktmotor mit 125 cm³ setzte. Ende 2008 kamen die mit 12 PS und knapp 100 km/h Spitze stärkste 150er Viertaktversion hinzu und eine mit 4,4 PS bei 8250/min^{-1} besonders lebendige Viertakt-50er mit Vierventil-Technik, die

Vespa 50 S Quadrovalvole. Vom Design her unterscheidet sich die S erheblich von der LX. Charakteristisch sind Rechteck-Halogen-Scheinwerfer in Klarglas-Optik, Cockpit mit zwei Rundinstrumenten und großer Kontrolleinheit, schmalerer Lenker, rechteckige Rückspiegel und schlanke Sportsitzbank, als Solo- oder Doppelsitz lieferbar. Das Windschild und der extrem schmal geschnittene Vorderkotflügel tragen verchromte Aufsätze. Ein – wie bei der GTS 300 – rot lackiertes Federbein und ein großer Lufteinlaß unterstreichen die Dyamik des Rollers. Als Hommage an Sporteinsätze früherer Tage zeigte Piaggio 2007 einige S-Exemplare im Flaggendesign.

Aktualisierung und neue Modelle der 2020er ab S. 152.

Die ab Ende 2006 gebauten, sehr schlank gehaltenen S-Modelle erinnern an Erfolgsmodelle der 1960er Jahre und treten betont sportlich auf.

3 Fotos: © Ufficio Stampa Gruppo Piaggio, Pontedera

Karosserie und Karosserie-Elektrik Zwei- und Viertaktmodelle; Aus- und Einbau sowie Prüfung aller Beleuchtungselemente

Bei den 1996 vorgestellten Vespa-Zwillingen ET 2 und ET 4 kehrte Piaggio - auch als Hommage an die Ur-Vespa und zum 50sten Geburtstag derselben - zum Karosseriebau zurück. Anders als die ab 1990 produzierten Roller der Sfera-Baureihe mit Zentralrahmen und viel Plastik hatten die neuen ET-Modelle wieder eine selbsttragende Karosserie aus Stahlblech. Mit modernen Computermethoden hatte man ein Konzept realisieren können, das die Vorzüge der klassischen Bauweise mit zeitgemäßen Anforderungen in Einklang brachte. So ließ sich die ET billiger in Großserie herstellen als die Sfera und die alte PX.
Doch bei Entwicklung und Produktion wurde nicht am falschen Ende gespart: Die moderne Vespa mit Stahlkarosse - von der ET über LX und LXV bis zur S - ist viel stärker auf größtmögliche Wartungsfreundlichkeit ausgelegt als die Sfera zum Beispiel. So lassen sich die wenigen verbliebenen Plastikelemente mit geringem Aufwand abnehmen, alle Fahrzeugkomponenten sind anschließend frei zugänglich. Das Heck wurde so geschickt gestaltet, daß es genügt, die beiden unteren Abdeckungen abzuziehen und das Helmfach herauszunehmen, um an Motor, Antrieb und Nebenaggregaten arbeiten zu können. Bei den stilistisch modifizierten, technisch aber weitgehend unveränderten Serien LX, LXV und S hat man diese Linie weiterverfolgt.
Wir empfehlen für Arbeiten, die über offenen Schächten ausgeführt werden, Werkzeuge mit magnetischer Spitze zu verwenden; die Schrauben fallen sonst leicht in die Vertiefungen. Wenn nichts Spezielles zu beachten ist, erfolgt der Einbau stets in umgekehrter Reihenfolge. Anderenfalls steht in der ersten Zeile zusätzlich „... und Einbau“.

Rückspiegel - Ausbau ET: Vor Abnahme der Lenkerverkleidungen müssen die Rückspiegel ausgebaut werden. Der linke Spiegel ist mit einer Mutter SW 13 befestigt, die sich von unten mit einem schmalen Steckschlüssel ausdrehen läßt. Das Gestänge des rechten Spiegels ist in das Gehäuse für Bremse und Hebel geschraubt. Spiegel gegen den Uhrzeigersinn ausdrehen.

Rückspiegel LX , LXV, S: Die Halterung mit Gewinde M8 ist in das Bremsgriffelement (Gußteil) integriert. Der Spiegelschaft ist mit einer Sechskant-Überwurfmutter SW 17 nebst Unterlegscheibe gekontert. Zum Ausbau Gummihülle hochziehen, Kontermutter Lösen, ausdrehen; dabei auf die Unterlegscheibe achten.

Abkürzungen in den Wartungstexten:
KS = Kreuzschlitzschraube, S = Schlitzschraube, IS = Inbusschraube, MS = Maschinenschraube, RM = Rändelmutter; bei neueren Modellen häufige Verwendung von Torx-Schrauben.

Reparatur Spiegel: Bei einem **Sturz** kann der Spiegel aus dem Bremsgriffelement brechen. Wenn mindestens 8 mm Leergewinde im abgebrochenen Teil verbleiben, kann das Restgewinde im Bremsgriffelement ausgebohrt werden; dann das abgebrochene Gußteil paßgenau aufsetzen, mit 2-K-Epoxidharzkleber sichern und mit einer von unten durch das ausgebohrte Gewinde geführten Schraube M8 fixieren. Die Schraube sollte so lang sein, daß noch mindestens 8 mm Platz für das Gewinde des Spiegels bleiben. Eine **lockere Verbindung** zwischen Spiegelkörper und Spiegelarm läßt sich mit Loctite®-Wellensicherung 638 fixieren: Waschbenzin in den Spalt zwischen Spiegelkörper und -arm träufeln, trocknen lassen. Wellensicherung in den Spalt träufeln und das Eindringen mit einem Preßluftstrahl rundherum fördern, mehrfach wiederholen. Danach Spiegel im Schaft ein paarmal hin und herdrehen. Über Nacht aushärten lassen.

Oben: Ausbau rechter Spiegel ET 4. Unten: Ausbau des linken Spiegels ET.

Frontblende und vordere Lenkerverkleidung - Aus- und Einbau ET: Zuerst mit einem feinen Schraubendreher von rechts das Piaggio-Emblem abhebeln. Dann Lenker nach links drehen und die zentrale Kreuzschlitzschraube lösen (neben der Einstellschraube für den Scheinwerfer). Anschließend von hinten zwei weitere KS lösen. Das Verkleidungselement mit dem Scheinwerfer nach vorn ziehen, nach Bedarf Kabelbaum trennen. **Einbau:** auf die Zapfen und Rasten am oberen Rand achten, Element präzise einhängen; Lenker nach links drehen, die vordere, dann die beiden rückwärtigen KS eindrehen. Auf gute Paßform achten.

Lenkerverkleidung LX, S: Nach Entfernung aller Schrauben die Clipse lösen. Dazu einen Schraubendreher seitlich in den Spalt zwischen vorderer und hinterer Hälfte der Lenkerverkleidung schieben und vorsichtig (!) nach vorne gerichtet aufbiegen. Mit der anderen Hand an der Verkleidung nachhelfen. **Achtung:** Bruchgefahr der Clipse und Rißgefahr am Rand der Verkleidung. Gleiches Vorgehen auf der anderen Seite. Danach Verkleidung samt Scheinwerfer abnehmen.

Scheinwerfer und Glühlampen - Ausbau: Zunächst die vordere Lenkerverkleidung ausbauen wie beschrieben und nach vorne klappen. Die Standlichtlampe wird einfach aus dem Reflektor gezogen. Die Fassung des Fahrlichts nach links drehen, Lampe durch Verdrehen aus der Fassung nehmen. Der Scheinwerfer ist von hinten mit 2 KS am Verkleidungsteil befestigt.

Oben links: Abhebeln des Emblems ; daneben: ET 4 mit abgenommener Frontblende. Mitte alle Bilder: Ausdrehen der Kreuzschlitzschrau- an der vorderen Lenkerverkleidung.

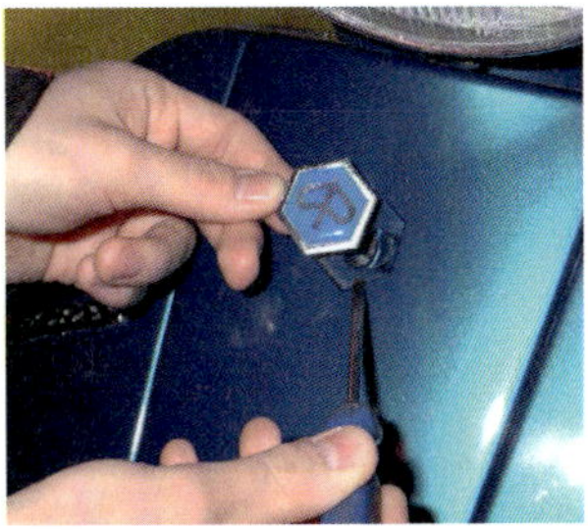

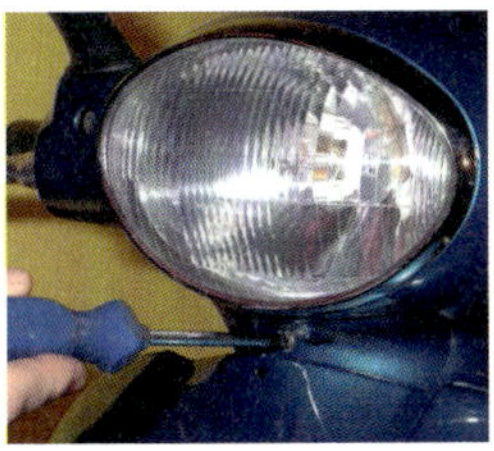

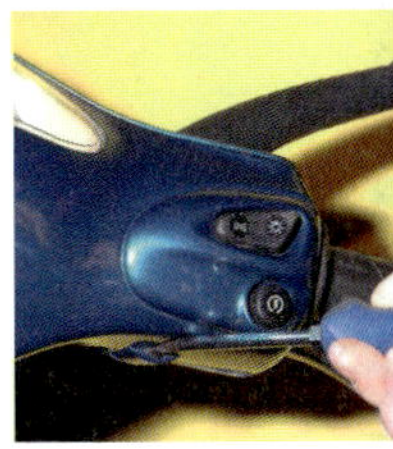

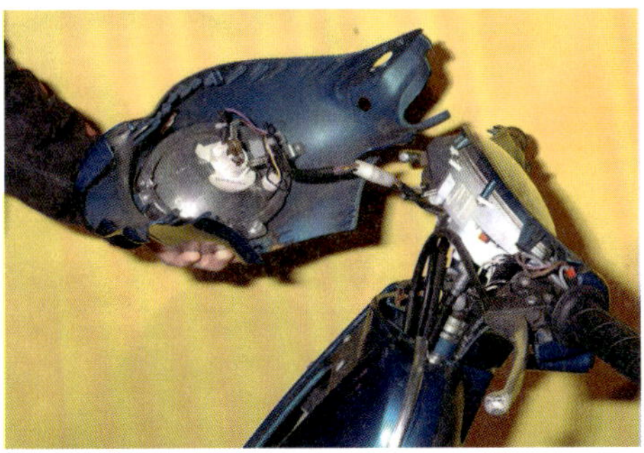

Links: Die vordere Lenkerverkleidung wird komplett mit dem Scheinwerfer vorgeklappt. Bilder unten: Abziehen des Kabels, Abnahme der beiden Lampenträger, Ausbau des Scheinwerfers (Vespa ET 4).

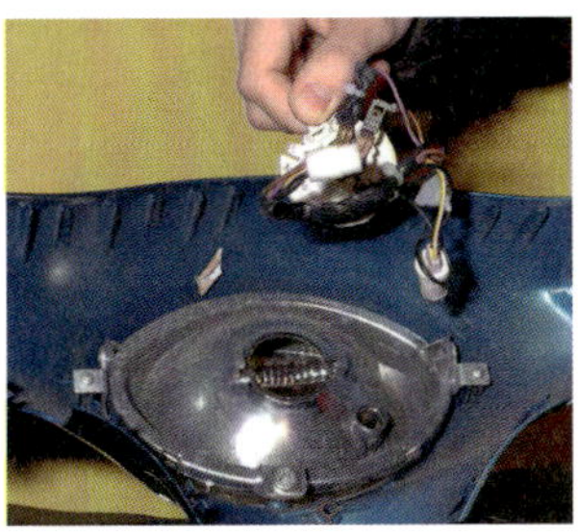

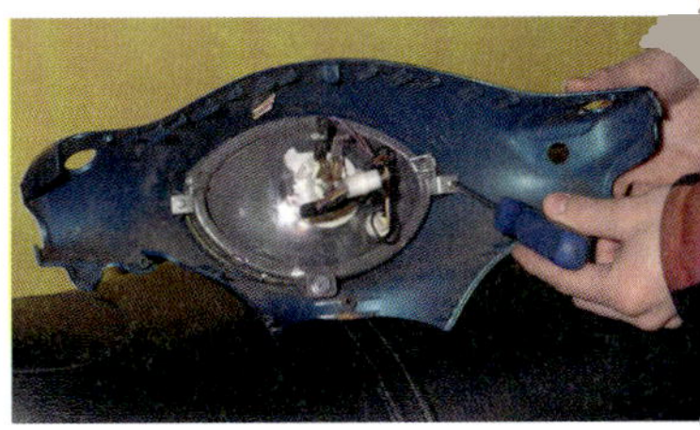

Scheinwerfer einstellen: *Die Scheinwerfereinstellung sollte von Zeit zu Zeit, mindestens aber einmal im Jahr und natürlich auch dann, wenn der Roller mal zu Boden gegangen sein sollte, überprüft werden. Dazu das unbelastete Fahrzeug auf eine ebene Fläche zehn Meter und im rechten Winkel vor eine möglichst im Halbschatten liegende Wand stellen und auf dem Mittelständer aufbocken; der Reifenluftdruck muß korrekt sein (Fahrzeug unbelastet; Werte siehe Anhang).*
Auf der Wand in einer Höhe von 85 bis 90 cm über dem Boden eine horizontale Linie zeichnen. Dann den Motor anlassen, im Leerlauf halten und das Abblendlicht einschalten. Die Hell-Dunkelgrenze des Lichtkegels darf nicht über der Linie auf der Wand liegen. Zur Korrektur mit einem Kreuzschlitzschraubendreher die unterhalb des Scheinwerfers in die Lenkerverkleidung eingelassene Schraube drehen (s. a. Foto rechts).

Zeichnung: © Werkstattunterlagen, Piaggio & C. Pontedera

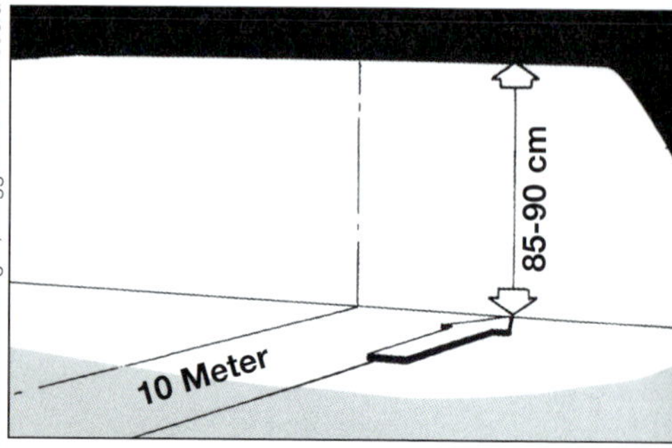

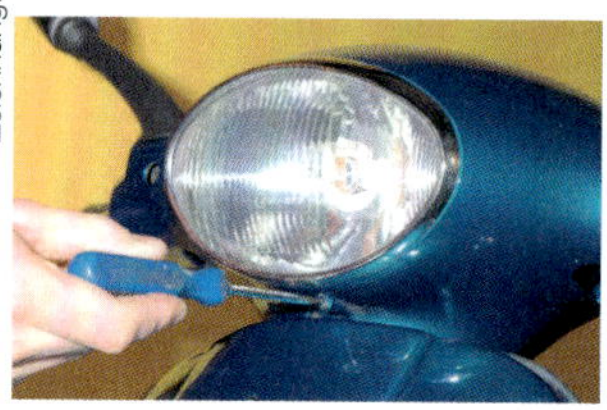

Oben: Werte für die Scheinwerfereinstellung. Links: Über die kleinere der beiden Schrauben wird der Scheinwerfer korrekt eingestellt.

Hintere Lenkerverkleidung - Ausbau: Dieses aus Kunststoff bestehende Element trägt die Instrumenteneinheit. Es ist von unten mit einer kürzeren Kreuzschlitzschraube, oben rechts und links mit zwei weiteren KS befestigt. Soll die hintere Lenkerverkleidung ganz abgenommen werden (etwa um Arbeiten am Instrumententräger auszuführen), muß auch die flexible Tachometerwelle gelöst werden; dazu die aus geriffeltem Metall bestehende Rändelmutter von Hand oder mit einer Wasserpumpenzange lösen. **Einbau** in umgekehrter Reihenfolge; Tachowellenmutter von Hand beidrehen und kräftig anziehen.

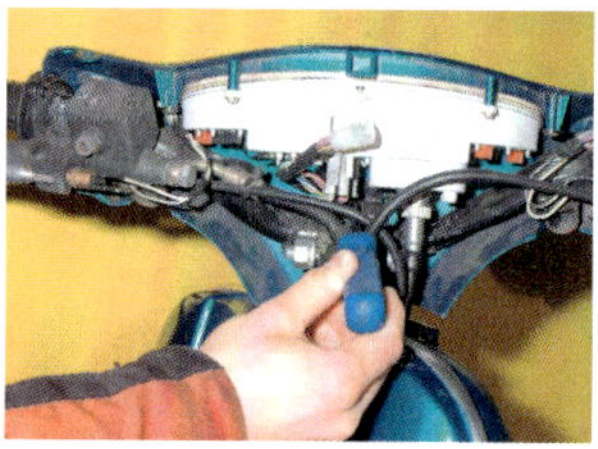

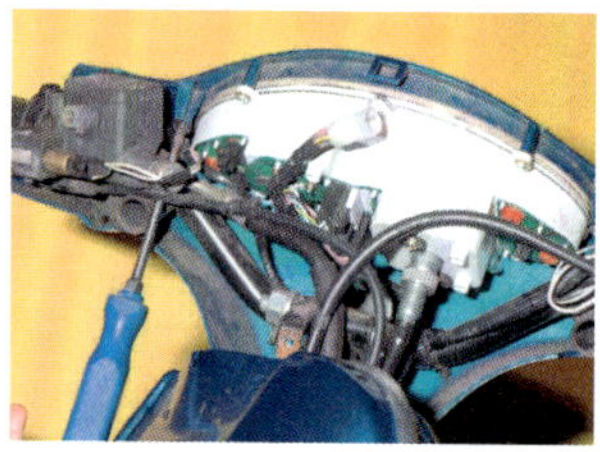

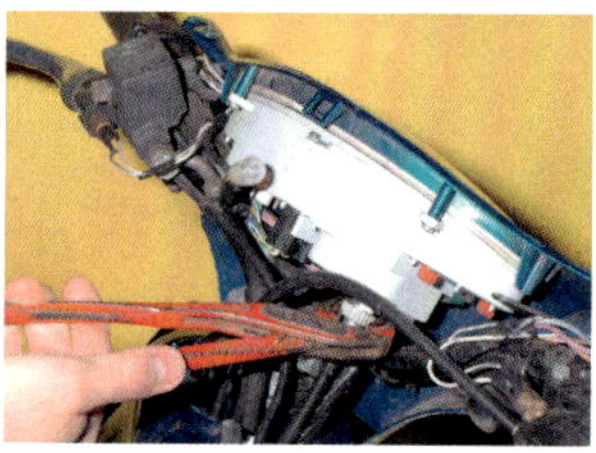

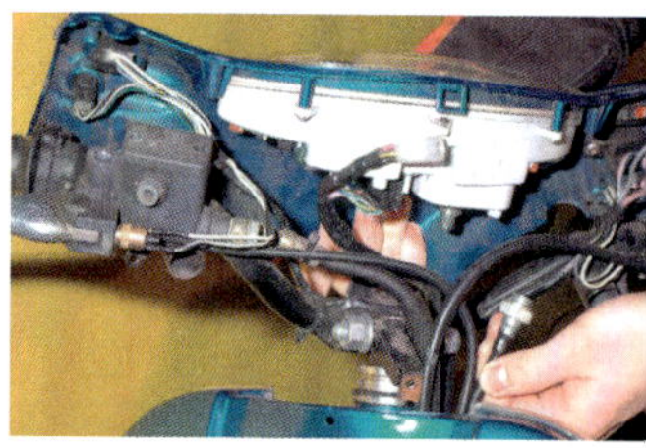

4 Bilder oben: Ausbau hintere Lenkerverkleidung und Tachometerwelle.

4 Bilder unten: Lenkerelektrik ET 4 1996, Schalteranordnung LX 50 2006.

Lenkerelektrik in Fahrtrichtung links: Nach Demontage der vorderen Lenkerverkleidung sind die Kabelverbindungen der einzelnen Schalter zugänglich (Farbangaben von links in der Aufsicht am Beispiel einer ET 4 von 1996). Bei Fehlfunktionen prüfen, ob Kabel und Steckverbindungen in Ordnung sind. Oben befindet sich der Schalter für Fern- und Abblendlicht (Befestigung: seitliche Clipse); Kabelfarben: lila, braun, grau. In der Mitte sitzt der Blinkerschalter (Befestigung: 2 KS); Farben: rosa, blau/weiß, blau/schwarz. Unten liegt die Huptaste (Befestigung: seitliche Clipse); Farben: zweimal weiß am gleichen Anschluß, grau/schwarz.

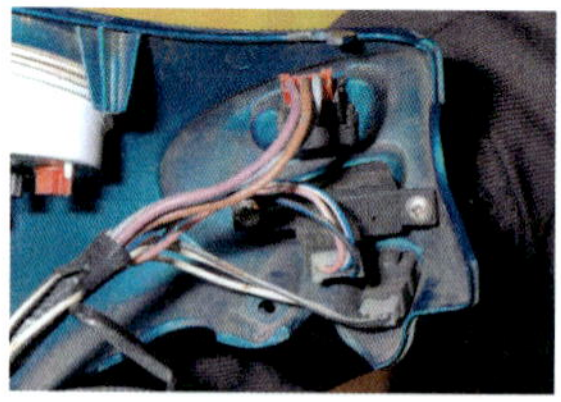

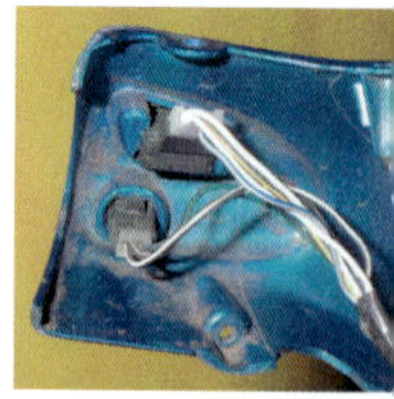

Lenkerelektrik in Fahrtrichtung rechts: Nach Demontage der vorderen Lenkerverkleidung sind auch hier die Kabelverbindungen der Schalter zugänglich (Farbangaben von links in der Aufsicht wieder am Beispiel unserer Vespa ET 4 von 1996). Bei Fehlfunktionen ebenfalls prüfen, ob Kabel und Steckverbindungen vollkommen in Ordnung sind. Oben befindet sich der Schalter für Licht ein/aus (Befestigung: Clipse); Kabelfarben: zweimal weiß, gelb/schwarz, blau/grau. Unten sitzt der Anlasserknopf (Befestigung: Clipse); Farben: zweimal weiß/schwarz, grün/schwarz.

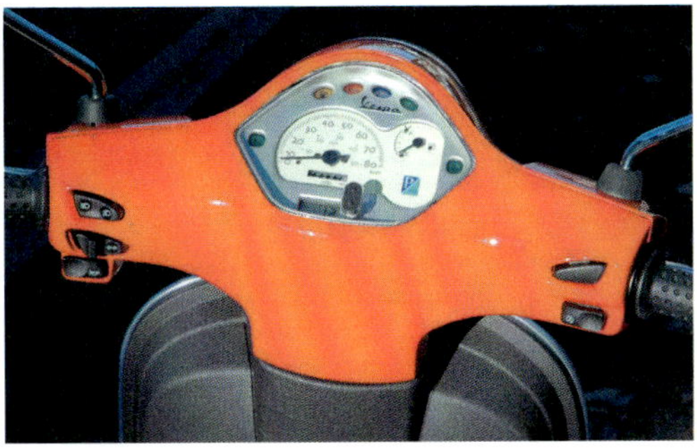

Instrumenteneinheit - Ausbau, Zerlegung: Nach Ausbau bzw. Lösen der beiden Verkleidungselemente am Lenker sowie Abnahme der Tachowelle (Rändelmutter, s. a. Kapitel „Griffe und Wellen") kann das Kombiinstrument ausgebaut werden. Zuerst die beiden **Multistecker** abziehen (großer Stecker oben, kleiner unten); dazu die beiden mittigen Clipse entrasten. Beim Abziehen (und bei der späteren Montage) **vorsichtig** vorgehen und die leitenden **Metallplättchen** in den Negativteilen der Stecker nicht herausziehen oder verbiegen. Dann die vier KS mit Unterlegscheiben ausdrehen (zwei oben, zwei unten), mit denen das Kombiinstrument an der hinteren Verkleidung befestigt ist. Auf das Plexiglas einwirken und Instrument vorsichtig aus der Verkleidung drücken. Zum **Zerlegen** die drei KS ausdrehen, die das Plexiglas auf dem Träger festhalten.

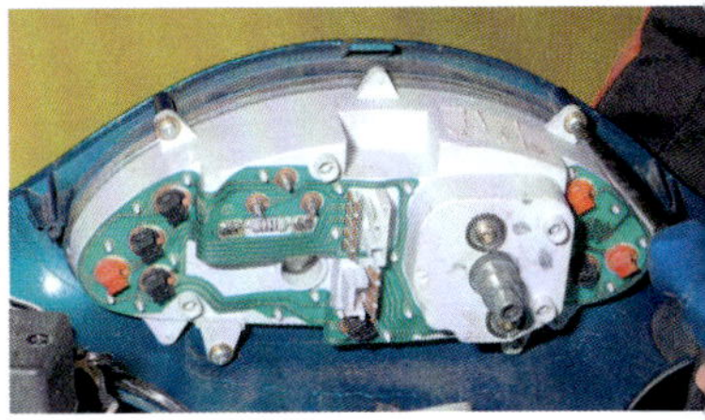

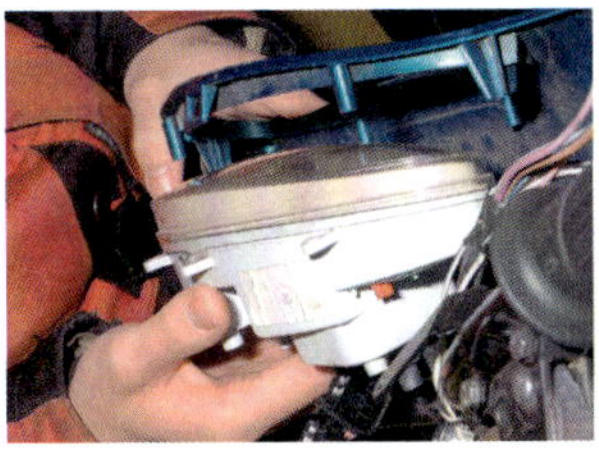

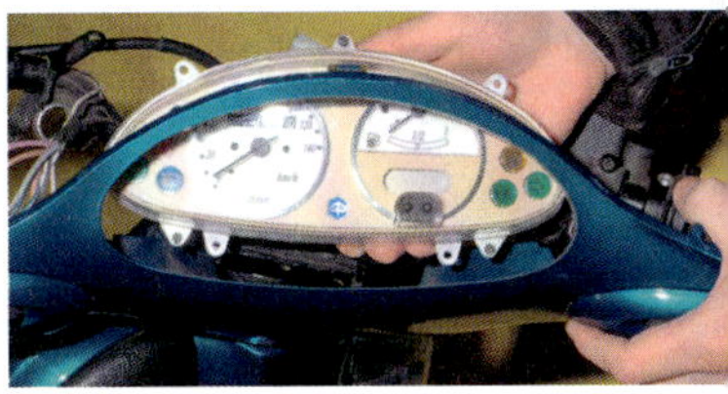

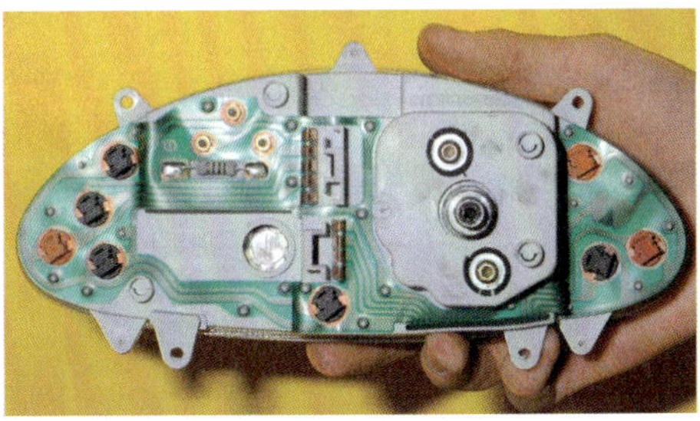

Ganz oben: Cockpit LX 50. Vier Bilder Mitte: Abziehen Kabelstecker und Ausbau der Instrumenteneinheit ET 4. Die Kontrolllampen lassen sich durch Linksdrehen der Fassungen wechseln.

Batterie Uhr, Kontrollampen - Wechsel: Vordere Lenkerverkleidung ausbauen wie beschrieben. Die rechts und links hinten am Instrument sitzenden **Kontrollampen** haben Bajonettverschlüsse; diese um 90° nach links drehen und Lampen auswechseln. Die **Knopfbatterie (Typ LR 43)** der Digitaluhr sitzt hinter einer Plastikscheibe mit Bajonettverschluß, die sich mit einem breiten Schraubendreher lösen läßt. Dahinter sitzt ein Federplättchen. **Achtung:** die Kleinteile fallen leicht in den Schacht; Lappen unterlegen. Wenn sich die Batterie nicht auf diese Weise entnehmen läßt, Kombiinstrument ganz ausbauen, zerlegen, die Uhr ausbauen und zerlegen (vier winzige KS).

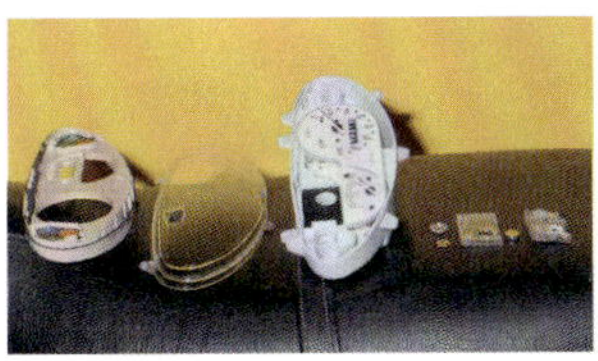

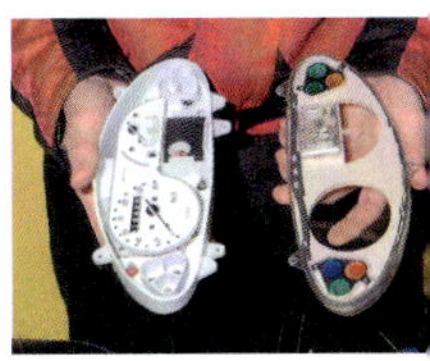

Oben: Die Instrumenteneinheit läßt sich komplett zerlegen. Links: die total zerlegte Uhr mit der Knopfzelle.

Handschuhfach - Aus- und Einbau: Das Handschuhfach muß ausgebaut werden, wenn Arbeiten an Elementen nötig sind, die nach hinten zu Motor und Bremse führen: Seilzüge, Schläuche, Kabelverbindungen bzw. Kabelbaum; außerdem zum Wechsel der vorderen Blinker. Zunächst Emblem und Frontblende ausbauen wie weiter oben beschrieben. Dann von vorn die beiden KS am oberen Rand der Öffnung lösen. Dann Deckel öffnen und von hinten drei weitere KS ausdrehen: eine oben, zwei unten rechts und links. Handschuhfach komplett abheben. Die zwei Kniepolster werden von je einer KS, der Deckel von zwei KS gehalten. Beim **Einbau** den Sperrhebel für den Deckel anheben. Keine Gewalt beim Einfügen anwenden.

Spalten Mitte, rechts: Das Handschuhfach ist in die rückwärtige Verkleidung integriert. Von vorn zwei KS, von hinten drei weitere KS lösen und Element komplett abheben. Mittlere Spalte unten: So wird der Handschuhfachdeckel abmontiert.

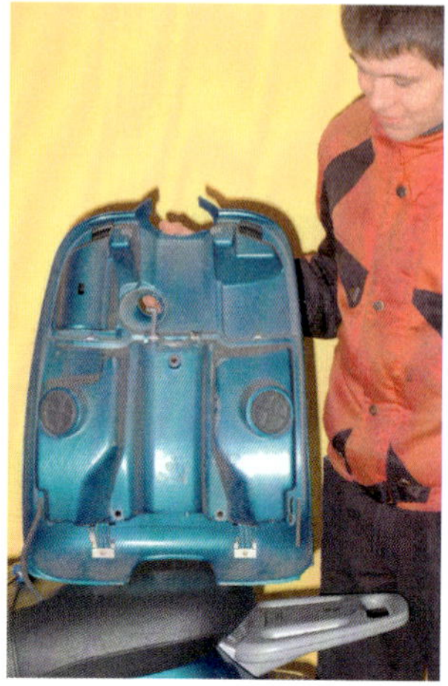

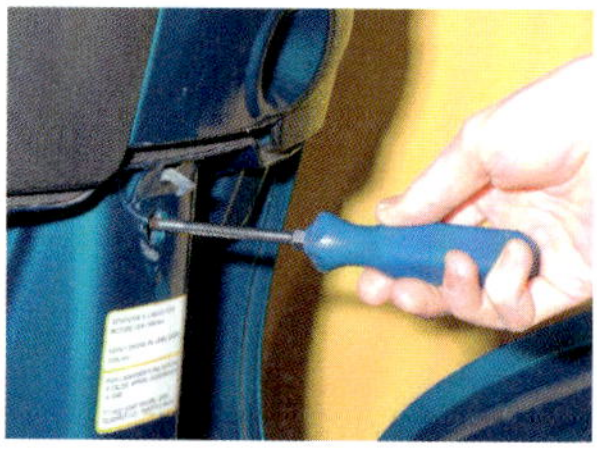

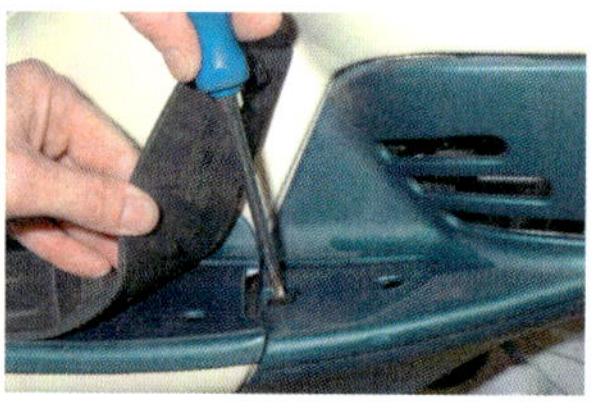

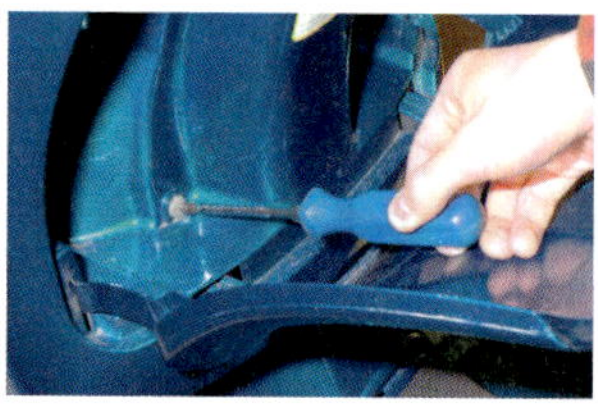

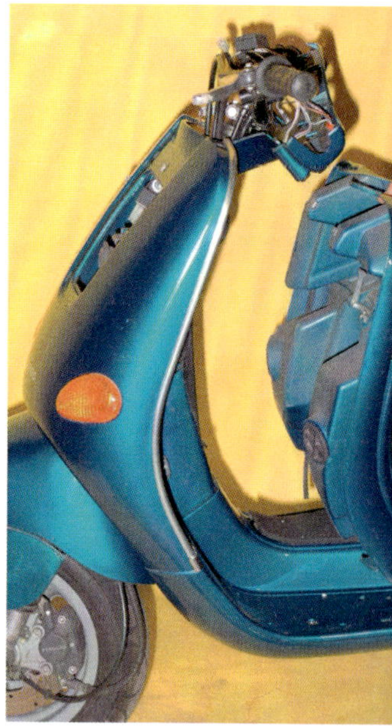

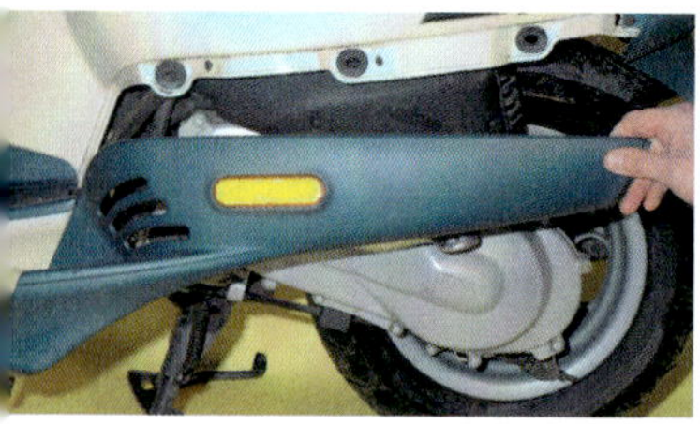

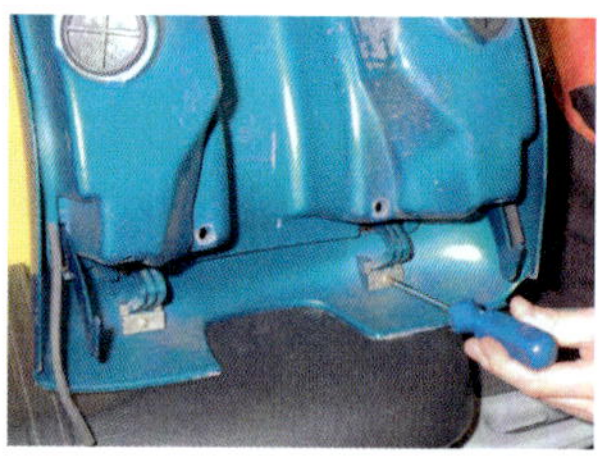

Trittbrett, Seitenblenden - Aus- und Einbau: Anders als bei der klassischen Vespa PX ruhen die Füße nicht auf Stahlblech, sondern auf einem Trittbrett aus lackiertem Kunststoff. Die Abnahme ist nötig, wenn an nach hinten führenden Zügen, Schläuchen, Kabeln sowie an der Zündspule gearbeitet werden soll. Zuerst die **Seitenblenden** abnehmen; dazu auf jeder Seite eine KS lösen und Blenden nach unten aus den gummierten Halterungen ziehen. Das **Trittbrett** ist mit drei KS befestigt: eine zentrale KS hinten, je eine KS vorne rechts und links. Beim Einbau Teil sauber einpassen, nicht mit Gewalt in seinen Sitz pressen.

Linke Spalte: Abnahme der Seitenverkleidung bei einer ET 2. Bild ganz unten: die gleiche Aktion bei der ET 4.

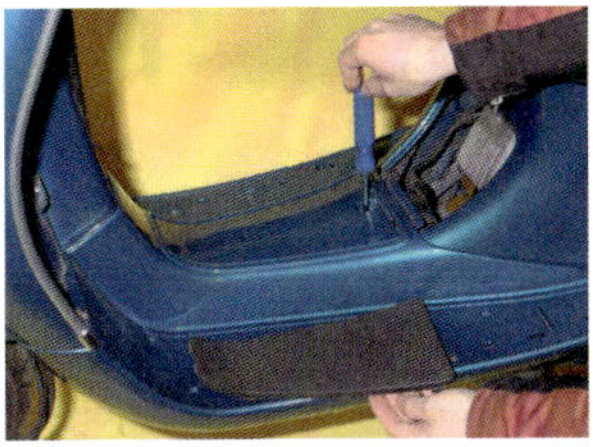
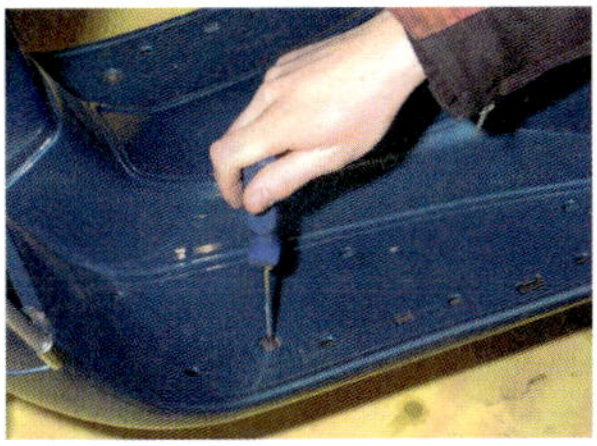

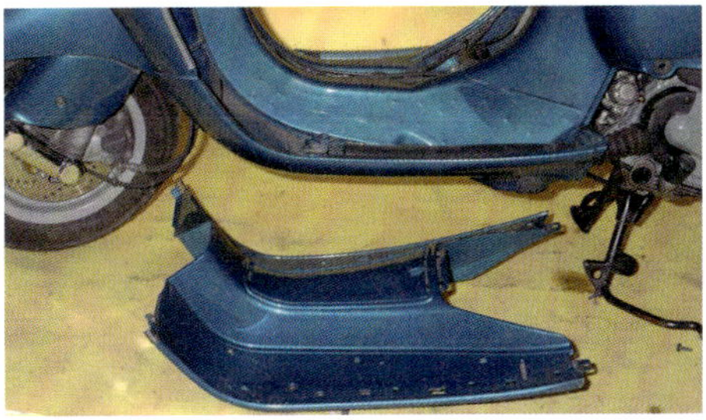

Sitzbank mit Schloß: Schloß öffnen, Helmfach herausnehmen und Zuführung zum Luftfilter abschrauben (2 KS). Dann zwei KS vorn am Scharnier ausdrehen, Sitzbank abnehmen. Der Kunstlederbezug läßt sich nach Entfernen der Klammern abziehen und erneuern (Klebetechnik). Zum Schloßausbau mit Spitzzange die Klemmhülse entfernen und Schloß komplett herausnehmen.

Oben links, Mitte, darunter: So wird das Trittbrett der Vespa ausgebaut; es müssen nur drei KS gelöst werden. Oben: die gut gepolsterte Sitzbank der ET 4.

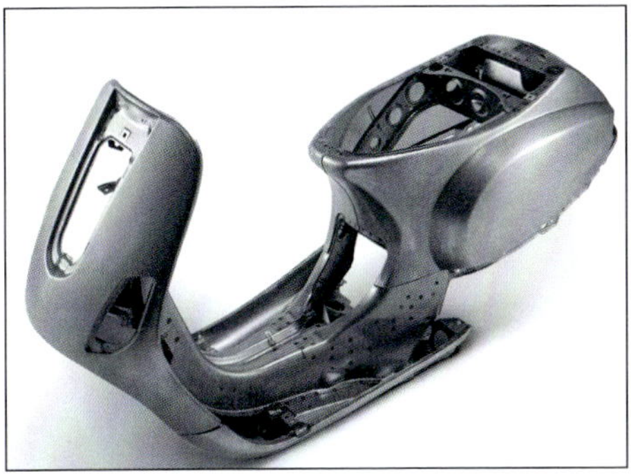

Ganz links: die selbsttragende Stahlblech-Karosserie der Modelle LX, LXV und S. Links: Befestigung der Sitzbank mit zwei Maschinen-KS, ab 1996 mit Sechskantschrauben SW 10.

Gepäckträger - Ausbau: Zunächst die Tankabdeckung abnehmen wie im Kapitel „Gemischaufbereitung" gezeigt. Die KS-Maschinenschraube hinten in der Mitte hält zusammen mit der Abdekkung auch den Gepäckträger. Dann die danebenliegende KS ausdrehen; auf Unterlegscheibe achten. Schwarze Gummiabdeckung herausziehen und die beiden darunterliegenden Inbus SW 4 mit Scheiben und Federringen ausdrehen; Gepäckträger abnehmen. Das Element besteht aus zwei Teilen und läßt sich nach Lösen der vier KS im unteren Bereich trennen, was aber nur produktionstechnische Gründe hat und im Normalfall so gut wie nie nötig ist.

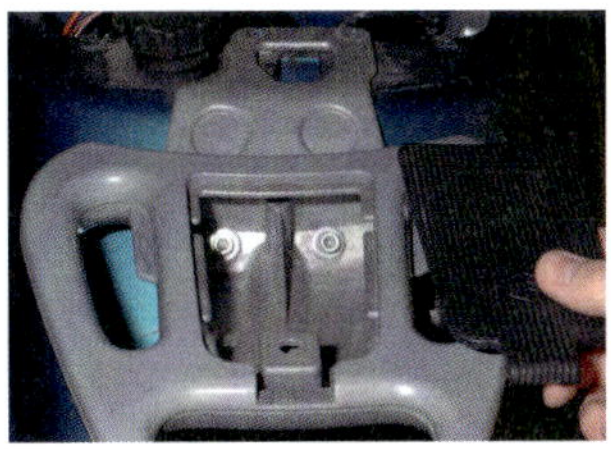
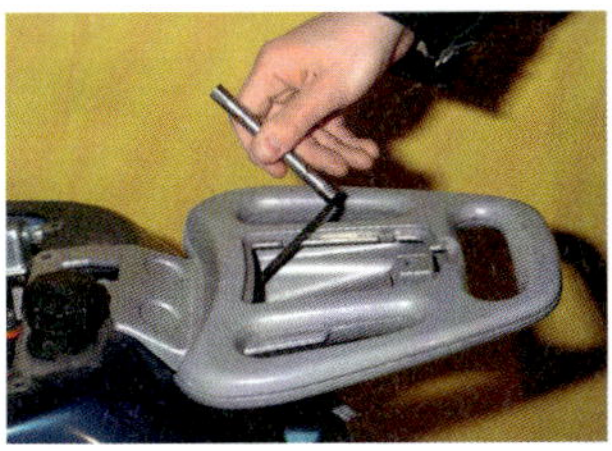
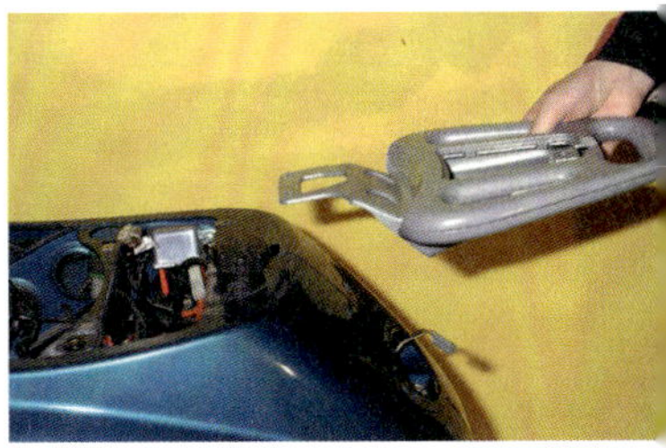

4 Bilder oben: Der Gepäckträger ist mit Maschinen-KS und Inbusschrauben befestigt: Abdeckung entfernen.

Oben links: Lenker mit Instrumenteneinheit und Hauptbremszylinder der LXV von 2006; daneben: Kombiinstrument des LX 60 Showbikes von 2005. Mitte linke: LX 60 Showbike; dan.: Scheinwerfer Serien-LXV.

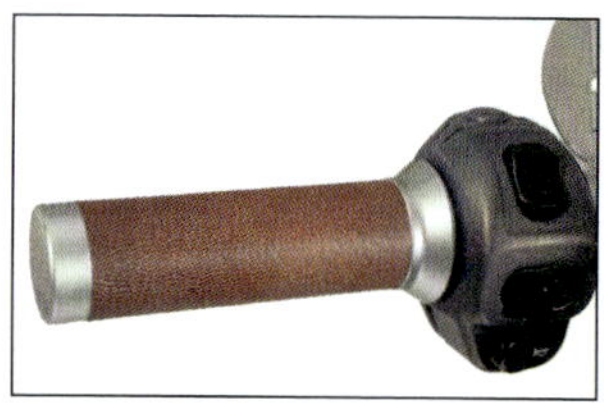

6 Fotos: © Ufficio Stampa Gruppo Piaggio, Pontedera

Lenker, Armaturen, Spiegel LXV-Modelle: Der Lenker der LXV ist unverkleidet. Daher sind alle Bedienelemente leicht zugänglich. Schalterkonsolen und Griffarmaturen sind mit Schrauben befestigt und lassen sich ebenso wie die Rückspiegel ohne spezielle Tricks ausbauen und zerlegen.

Lenkerverkleidung S-Typen: Hier wird genauso vorgegangen, wie bei ET und LX beschrieben. Die Verkleidungselemente werden von Schrauben gehalten und von Clipsen gesichert. Zuerst die beiden Rückspiegel ausdrehen.

Scheinwerfer und Scheibe LXV-Modelle: Auch diese Elemente stehen wie bei klassischen Rollertypen frei und lassen sich entsprechend leicht demontieren. Zum Wechseln der Glühlampe müssen nur Streuscheibe und Chromring abgenommen werden.

Instrumente LXV-Modelle: Nach Ausbau der Konsole können Kombiinstrument und Benzinuhr demontiert und zerlegt, sowie defekte Kontrollampen ersetzt werden.

Instrumente, Scheinwerfer S-Modelle: Kombiinstrument, Benzinuhr, Scheinwerfer und Kontrolleinheit sind nach Ausbau der vorderen und hinteren Lenkerverkleidung zugänglich. Auch hier im Prinzip verfahren wie bei bei Vespa ET und LX.

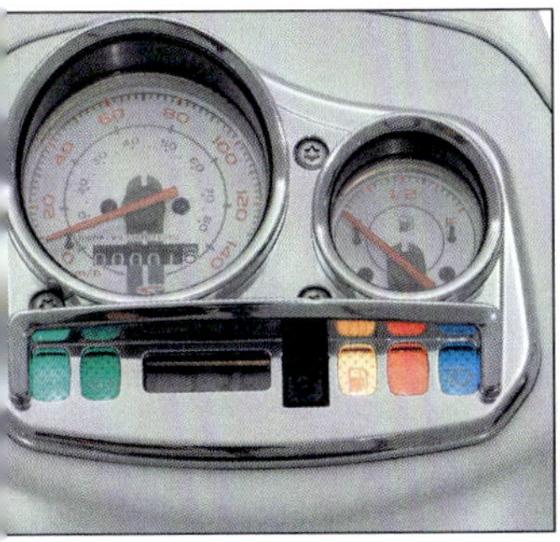

Seite 24 unten links: Cockpit der Vespa S von 2007; daneben: der lederummantelte Griff der LXV. Diese Seite oben links: das reichhaltig bestückte Cockpit der Vespa S mit separater Benzinuhr und großen Kontrolleuchten. Oben rechts: Vespa S 50 Zweitakt von 2007 im Racing-Design „Great Britain“. Unten rechts: LXV 125 in „NAVY“-Ausführung mit edlen Ledersitzen vom Januar 2008.

4 Fotos: © Ufficio Stampa Gruppo Piaggio, Pontedera

Zündschloßelektrik - Ausbau alle Modelle: Der Elektrikblock des Zündschlosses ist nach Abnahme der Frontblende erreichbar. Gummikappe zurückziehen und mit einem Schraubendreher die Befestigungsklammer nach oben drücken; Element abziehen. Anschlüsse prüfen, bei Bedarf Element neu einlöten.

Zündschloßmechanik - Ausbau ET 4: Zunächst das Handschuhfach ausbauen wie oben beschrieben. Der Schließzylinder ist von oben mit einer Klammer gesichert und kann nach Abhebeln der Klammer vorgezogen werden. Zum vollständigen Ausbau der Schließmechanik muß - auch aus Gründen des Diebstahlschutzes - das komplette Steuerrohr ausgebaut werden - mit allen aufwendigen Vor- und Nebenarbeiten, die dazu erforderlich sind (Details s. Kapitel „Vorderradführung" ab S. 35).

Zündschloßmechanik - Aus- und Einbau ET 2: Zuerst Frontblende, Handschuhfach und Zündschloßelektrik ausbauen (s. o.). **Ausbau:** Den Schlüssel auf OFF stellen. Von unten mit einem Innensechskantschlüssel SW 2,3 oder 3,0 die winzige Sperrklinke hochdrücken; für bessere Sicht notfalls einen kleinen Spiegel und eine Taschenlampe benutzen.
Inbusschlüssel (oder Dorn) in Position bringen und Klinke hochdrücken. Dorn gedrückt lassen und Schloßkörper mit Zylinder herausziehen. Die Lenkerverriegelung läßt sich nur zusammen mit dem Steuerrohr herausnehmen (s. Kapitel „Vorderradführung).
Einbau: Den Schloßzylinder in der ersten Stufe komplett mit Schlüssel bis zur Hälfte in das Gehäuse einführen; dabei muß die Klinke nach unten zeigen, der Schlüssel muß unbedingt auf ON stehen; sonst läßt sich der Zylinder nicht ins Gehäuse einführen. Zweite Stufe: Schlüssel nach links auf OFF drehen und den Zylinder bis zum Anschlag durchschieben.

Zündspule - Ausbau: Mit etwas Fummelei ist die Zündspule durch den Abdeckschacht unter der Sitzbankvorderkante erreichbar. Besser aber kommt man heran, wenn das Trittbrett abgenommen wurde (s. weiter vorn). Befestigt ist die Zündspule mit zwei Muttern SW 8. Details zur Elektrik s. Kap. „Motorelektrik 3" ab S. 119.

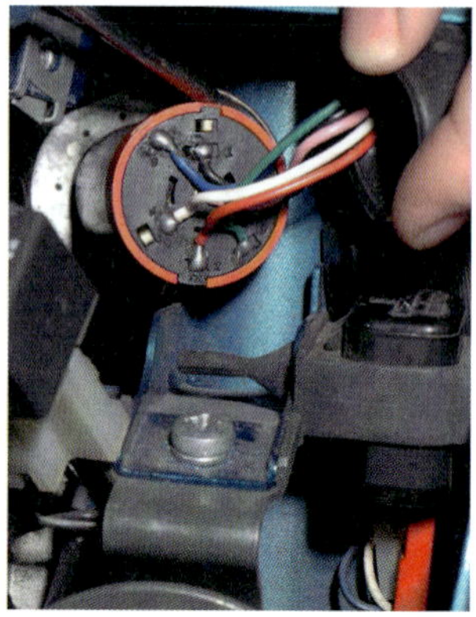

Oben: Nach Ausbau der Frontblende und Abziehen der Befestigungsklammer läßt sich die Zündschloßelektrik entfernen. Mitte: Zündschloß ET 4 bei abgenommenem Handschuhfach. Oben ist die Sicherungsklammer zu erkennen. Das ringförmige Element ist die Antenne der Wegfahr-sperre. Unten: die Sperrklinke kann nur nach Ausbau der Lenkung entfernt werden (im Bild Steuerrohr einer Sfera).

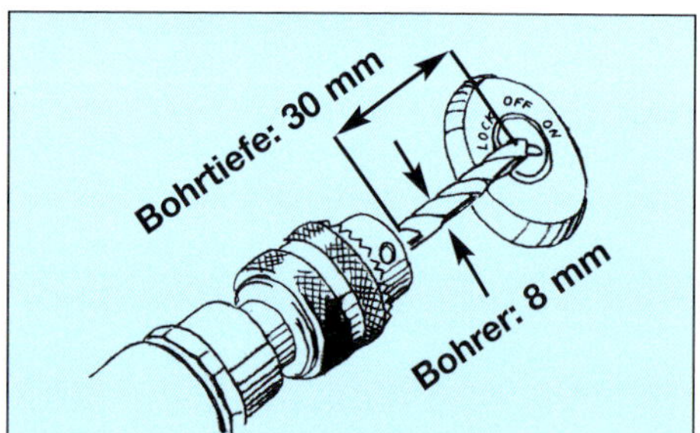

Zeichnung: © Werkstattunterlagen, Piaggio & C. Pontedera

Zeichnung: So wird im Notfall ein defektes Zündschloß ausgebohrt. Rechts: Blick auf die Zündspule der ET 4 bei ausgebautem Trittbrett.

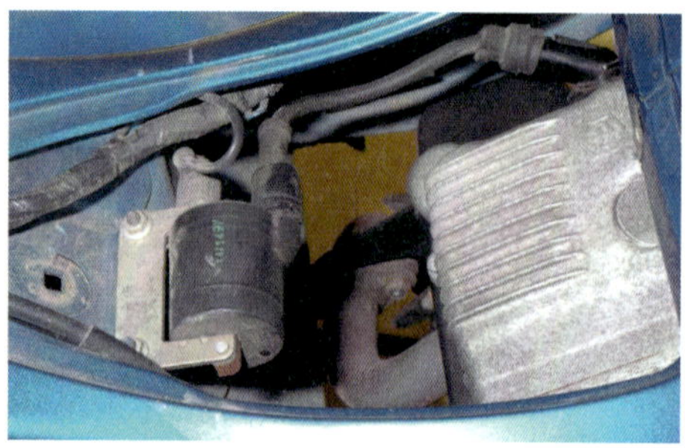

Wegfahrsperre - Ausbau Decoder und Antenne: Der Decoder der elektronischen Wegfahrsperre läßt sich prüfen und auswechseln, wenn das Handschuhfach ausgebaut worden ist (Details dazu siehe weiter vorn); zur besseren Erreichbarkeit muß vorher auch die Hupe ausgebaut werden. Der Decoder ist mit zwei kräftigen KS-Maschinenschrauben befestigt. Zum Auswechseln der Ringantenne am Zündschloß die drei um je 120° versetzten Plastikzungen lösen, dann elektrische Verbindung der Antenne am Decoder trennen.

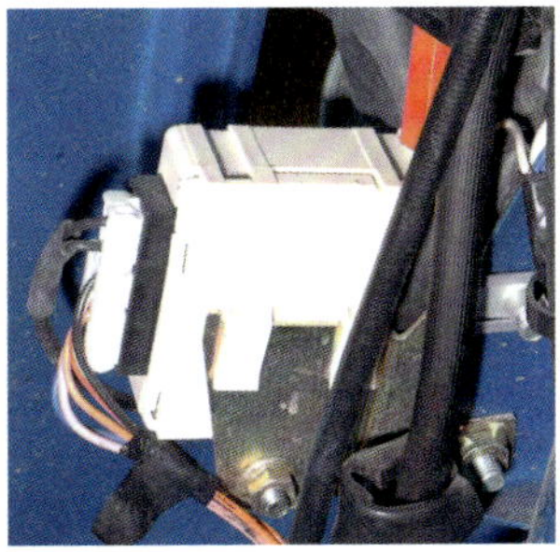

Alle neueren Vespa-Modelle sind mit vollelektronischen Wegfahrsperren ausgerüstet. Der Decoder ist bei ausgebautem Handschuhfach gut zugänglich.

Wegfahrsperre - Programmierung: *Ab Werk werden Roller, die mit Wegfahrsperre ausgerüstet sind, mit zwei Zündschlüsseln ausgerüstet: einem roten für die Programmierung und einem blauen für den normalen Betrieb. Der rote Schlüssel sollte nie mitgeführt, sondern zuhause an einem sicheren Ort verwahrt werden. Wir geben einen schematischen Überblick über die auszuführenden Programmierungs-Arbeiten.*

Phase 1: *Den roten Schlüssel in das auf „OFF" stehende Zündschloß der Vespa stecken und auf „ON" drehen. Den Schlüssel 1 bis 3 Sekunden in dieser Stellung lassen, dann auf „OFF" zurückdrehen und abziehen.*

Phase 2: *Wenn der rote Schlüssel abgezogen wurde, muß innerhalb von 10 Sekunden der blaue Schlüssel eingeführt und auf „ON" gedreht werden. Auch den blauen Schlüssel wieder 1 bis 3 Sekunden in dieser Position lassen, dann auf „OFF" drehen und wieder abziehen. (Hinweis: Es lassen sich auf diese Weise, also via Phase 1 und 2, bis zu sieben blaue Ersatzschlüssel für ein einziges Fahrzeug programmieren.)*

Phase 3: *Nachdem der blaue Schlüssel abgezogen wurde, innerhalb der folgenden 10 Sekunden abermals den roten Schlüssel einführen und auf „ON" drehen. Den roten Schlüssel wieder 1 bis 3 Sekunden in dieser Stellung lassen, dann auf „OFF" stellen und abziehen. Die Programmierung ist damit beendet.*

Phase 4 - Kontrolle: *Den roten Schlüssel noch einmal ins Schloß stecken, dabei den in den Griff integrierten Transponder um 90° aufklappen und damit abschalten, dann den Schlüssel auf „ON" stellen. Jetzt versuchen, den Motor zu starten - er darf nicht anspringen. Tut er's dennoch, muß die gesamte Programmierung von Anfang an wiederholt werden.* ***Achtung:*** *Nur vorgeschriebene Marken-Zündkerzen und funkentstörte Kerzenstecker verwenden.*

Wegfahrsperre - Prüfung: *Bei Startschwierigkeiten oder wenn der Motor nicht über 2000/min^{-1} dreht, muß das elektronische Sperrsystem überprüft werden. Dazu ist ein spezielles Testgerät erforderlich, das nur die Piaggio-Fachwerkstatt besitzt (PVIT = Piaggio Vehicle Immobilizer Tester).*

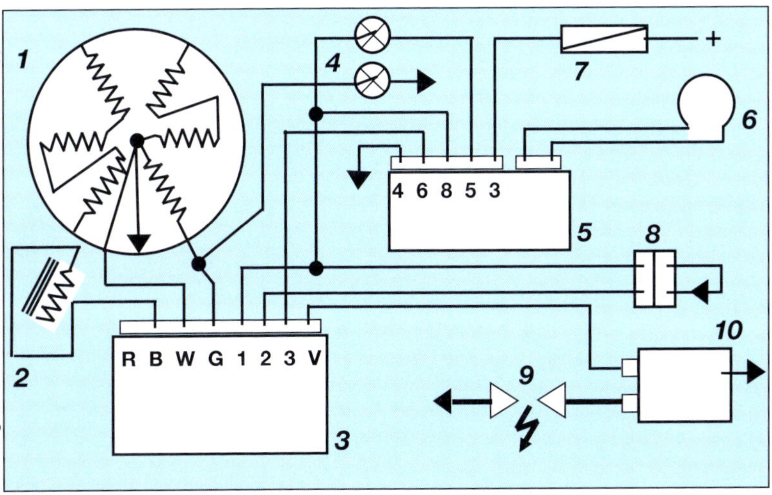

Zeichnung: © Hans J. Schneider; Basis: Werkstatthandbuch Piaggio

ET 4 125 Zündanlage, Wegfahrsperre: *1= Lichtmaschine, 2 = Pickup, 3 = CDI-Zündbox, 4 = Kontakte Zündschloß, 5 = Decoder Wegfahrsperre, 6 = Antenne Wegfahrsperre, 7 = Sicherung 7,5 A, 8 = Diagnoseanschluß, 9 = Zündkerze, 10 = Zündspule.*

Blinker und Blinklampen vorn - Aus- und Einbau: Die Blinklampen sind über herausnehmbare, unten im Handschuhfach plazierte Gummiabdeckungen erreichbar. **Lampen** durch Linksdrehen aus dem Karabinerverschluß lösen und ersetzen. Zum Wechsel des **Blinkergehäuses** Handschuhfach ausbauen wie oben beschrieben. Je eine KS lösen, Haltezunge aushängen; Stecker abziehen.

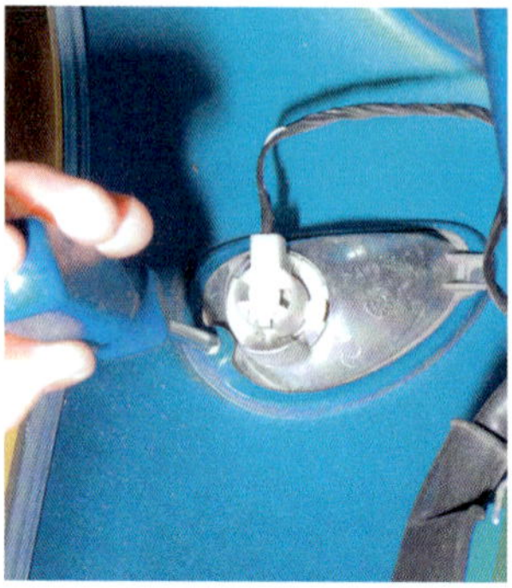

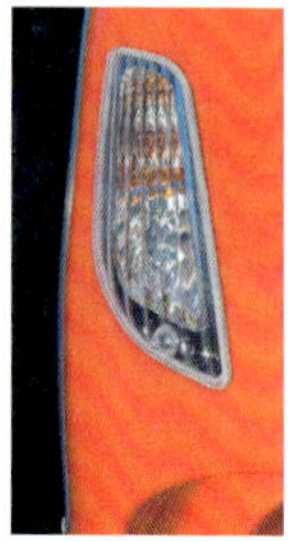

Links: Demontage des vorderen Blinkergehäuses der ET bei abgenommenem Handschuhfach. Rechts: vorderer Blinker der LX. Mitte von links: Blinker LX hinten, Ausbau Blinker vorn ET 4.

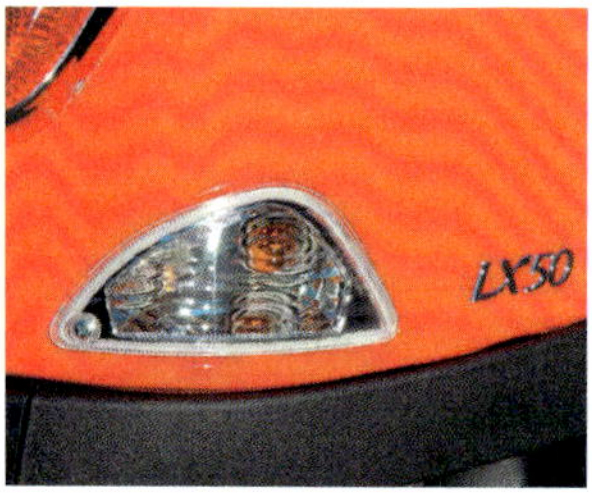

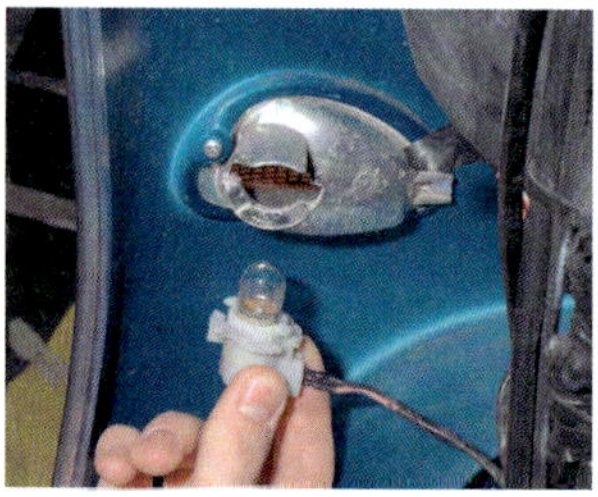

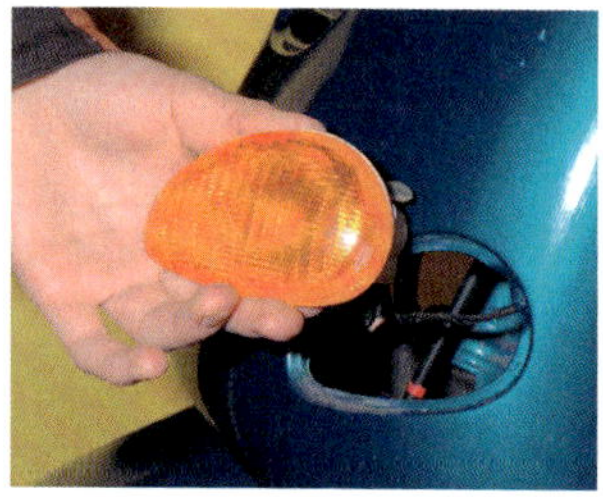

Blinker und Blinklampen hinten - Ausbau: Die rückwärtigen Blinker sind einteilig und mit je einer KS an der Karosserie befestigt. Bei herausgezogenem Gehäuse die Lampenfassung kräftig nach links drehen, Lampe aus der Fassung nehmen. Schrauben später mit Gefühl beidrehen.

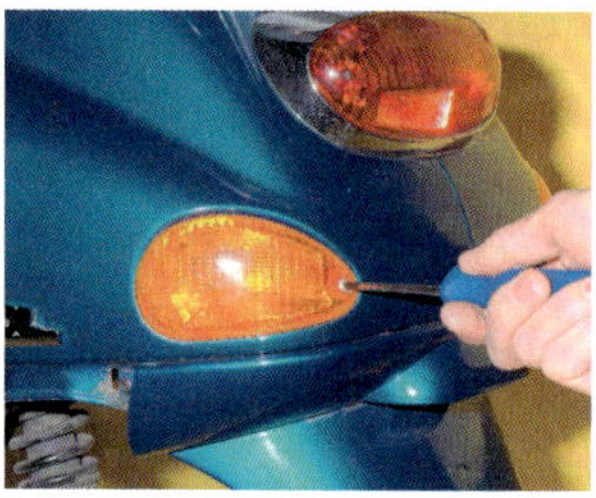

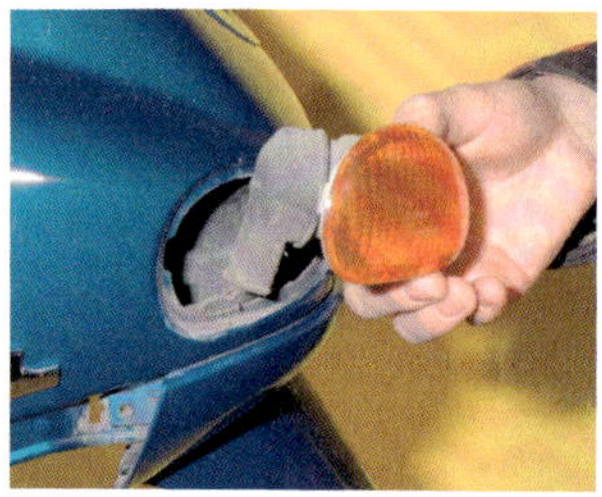

Blinkerausfall - Prüfung: *Wenn die Blinker ausfallen, kann das mehrere Ursachen haben: Lampen- und Kabeldefekt, korrodierte oder abvibrierte Anschlüsse, defekter Blinkgeber oder Fehler im Bereich der Zündelektronik. Wir schildern am Beispiel der* ***LX 125****, was bei einem vermuteten Elektronikdefekt zu tun ist, um die Fehlerursache zu finden:*
Den Multistecker von der Zündbox abziehen, den Zündschlüssel auf „On" drehen, ein Ampèremeter anschließen und prüfen, ob a) zwischen dem orangefarbenen Kabel (5) und Masse, b) zwischen Orange (5) und Schwarz (8) Spannung anliegt. Ist dies nicht der Fall, zunächst die Kabel auf Defekt untersuchen. Wird dabei nichts festgestellt, die Anschlüsse Schwarz/Blau (1) und Orange (5) überbrücken und bei eingeschalteter Zündung („On") den Blinkerschalter nach rechts und links drücken. Schalten sich dabei die Blinker ein, ist die ***Zündbox defekt*** *und muß ausgewechselt werden. Wenn sich die Blinker nicht einschalten, liegt der Fehler vermutlich an den* ***Kabeln*** *zwischen Blinkerschalter und Zündbox. Kabel prüfen und Test wiederholen.*

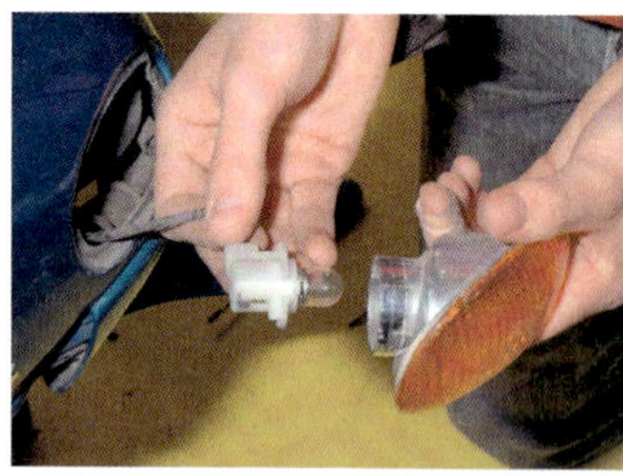

Bilder oben; Ausbau eines rückwärtigen Blinkers und Abnahme der Lampe bei einer ET 4. Unten: Der Blinkgeber sitzt hinter der Frontblende in einer Gummihülse.

Rücklicht mit Lampe - Ausbau: Das Rücklichtglas ist mit 2 KS befestigt. Das Gehäuse mit dem Reflektor ist mit zwei weiteren KS mit Flachscheiben an der Karosserie fixiert. Soll er komplett getauscht werden, den Kabelstecker trennen. Zum Auswechseln der Glühlampe die Fassung leicht nach links drehen, Lampe aus der Fassung drehen (Karabinerverschluß). Alle Teile auf einwandfreie Beschaffenheit prüfen; der Reflektor darf nicht blind sein. **Vorsicht** beim Zusammenbau: Schrauben mit Gefühl anziehen, sonst platzen die Plastikteile. **Hinweis:** Die rückwärtige Befestigung für den Tank ist nur bei ausgebautem Reflektor erreichbar (s. a. Seite 111).

Kennzeichenbeleuchtung, Heckblende: Zum Auswechseln der Glühlampe muß die kleine zentrale Plastikblende durch Ausdrehen von zwei KS abgenommen werden (erreichbar von vorn unten). Die große Blende kommt nach Lösen von zwei KS außen an den Ecken und zwei Muttern SW 10 frei, die nur schwer von unten erreichbar sind.

Hupe - Ausbau: Die Hupe ist nach Abnahme der Frontblende bestens zugänglich. Zum Ausbau die große zentrale KS lösen, die den Halter am Rahmen befestigt. Stecker abziehen und Hupe abnehmen.

Fernlichtrelais - Ausbau: Das Fernlichtrelais sitzt oben links (von vorn gesehen) hinter der Frontblende, der Halter ist mit einer KS befestigt.

Spannungsregler - Ausbau: Der Spannungsregler ist ebenfalls nach Abnahme der Frontblende zugänglich. Er ist mit zwei KS-Maschinenschrauben befestigt. Vorher muß die Hupe abgenommen werden. Prüfung des Spannungsreglers s. Kap. „Motorelektrik 3“ S. 121.

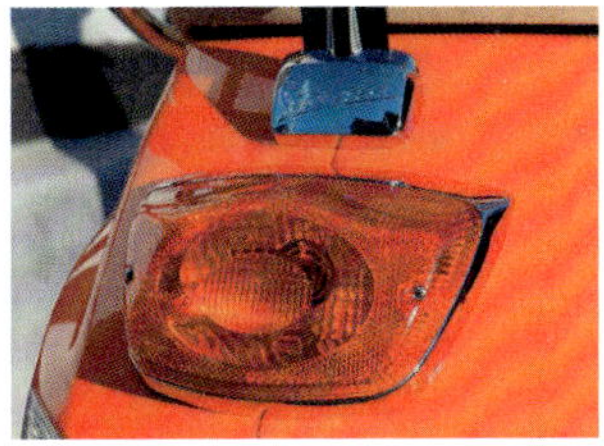

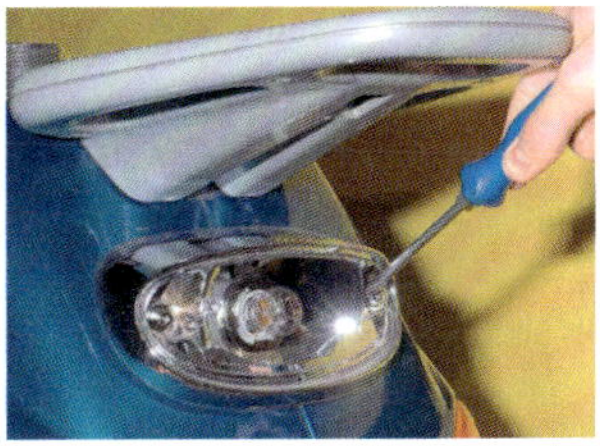

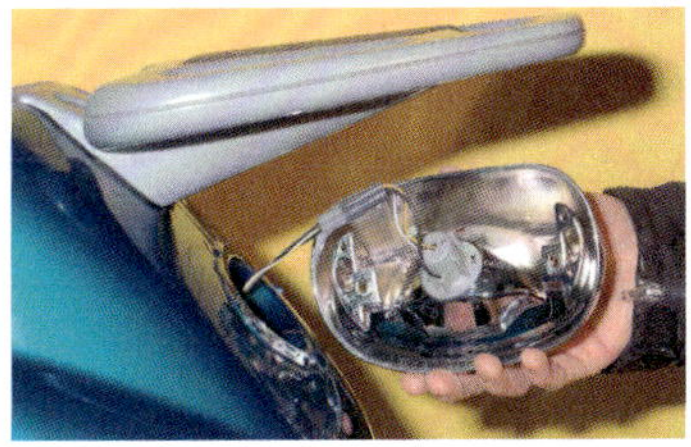

Oben links: Die Verglasung der ET-Rückleuchte ist mit zwei KS befestigt. Unten: Ausbau des Reflektors.

Oben: die LX-Heckleuchte ist deutlich größer ausgefallen. Unten: abgezogener ET-Reflektor mit Fassung.

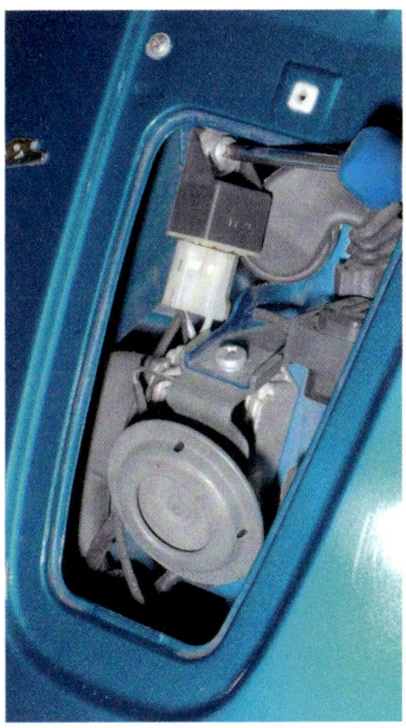

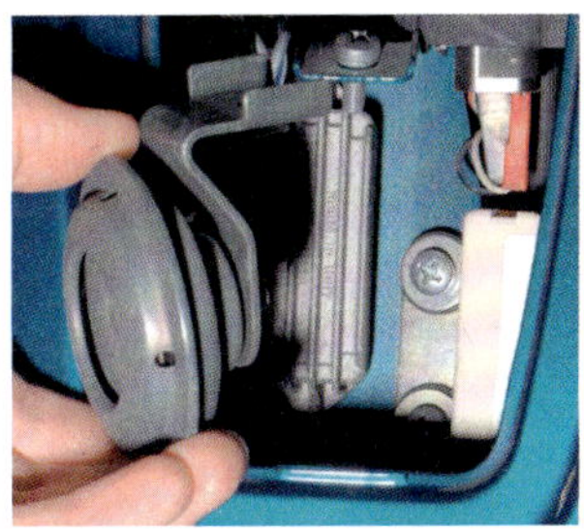

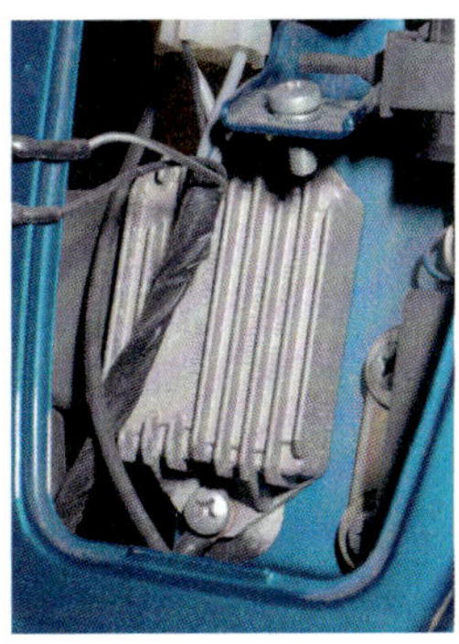

Oben links: Ausbau der Heckblende ET 4; darunter: Ausbau Fernlichtrelais bei abgenommener Frontblende. Oben rechts: Kennzeichenbeleuchtung; dar.: Hupe, Spannungsregler.

Griffgummis, Bremshebelsockel, Gasgriff, Gaszug, Tachowelle: Ausbau, Einbau, Wartung alle Zwei- und Viertaktmodelle

Zahlreiche Antriebs- und Fahrwerkselemente werden bei der Vespa auf traditionelle Weise mechanisch mit Griffen, Bowdenzügen und Wellen gesteuert bzw. betätigt. Wie der bei den ET-, LX- und S-Modellen noch vorhandene Bremsseilzug für die Trommelbremse am Hinterrad gewartet wird, steht im Kapitel „Trommelbremsen" ab S. 51. In diesem Kapitel geben wir Tips zum Ein- und Ausbau von Griffgummis, Hebelsockeln, Gasgriff, Gaszug, Tachowelle.

Links: Bei abgenommenem Handschuhfach ist der Blick frei auf die gut zugänglich verlegten Leitungen und Züge der ET 4: Tachowelle, Bremsschlauch, Gaszug, Seilzug für die hintere Trommelbremse sowie Kabelbaum.

Griffgummis - Ausbau: Es hat keinen Sinn, die Griffgummis mit Gewalt abziehen zu wollen; auch das Aufschneiden kann man sich sparen, denn der Ersatz kostet schließlich Geld. Einfach und gut geht's nur mit einer **Druckluftpistole**: Mit der Spitze zwischen Gummi-Innenrand und Lenker zielen und den Gummi mit der Druckluft praktisch aufblasen. In Sekundenschnelle trennt er sich vom Lenker. Zum leichten Wiedereinbau die Lenkerenden mit heißem Wasser benetzen.

Bremshebel und Bremshebelsockel - Ausbau: Zuerst muß die vordere und hintere **Lenkerverkleidung** abgenommen werden wie im Kapitel „Karosserie" ab S. 20 beschrieben. Der Bremshebelsockel **rechts** für die vordere Scheibenbremse ist von hinten mit 2 Inbusschrauben SW 4 befestigt. Ansonsten Hinweise im Kapitel „Scheibenbremsen" ab Seite 45 beachten. Der Hebel kommt nach Lösen der breiten Schlitzschraube mit der untenliegenden Mutter SW 10 frei.
Der Bremshebelsockel **links** für die rückwärtige Trommelbremse ist mit zwei MS SW 8 und auf der Unterseite liegenden Muttern SW 8 fixiert. Auch hier wird der Hebel von einem geschlitzten Bolzen mit Mutter SW 10 gehalten. Die Bremshebellagerungen sollten alle 5000 km gereinigt und leicht gefettet werden.

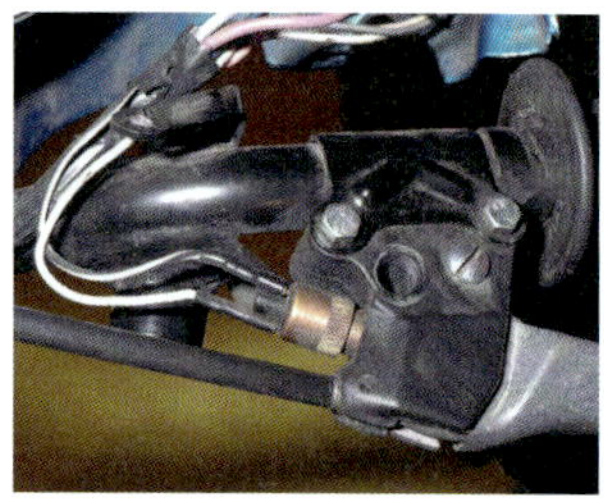

Oben links: Abnehmen eines Griff-gummis mit Druckluft; dan.: Bremshebelwerk für die Trommelbremse v. oben. Unten links: Das Gleiche von unten; dan.: Bremshebelhalter der Scheibenbremse.

Gaszug - Ausbau: Zum Trennen vom Gasgriff muß zuerst die vordere und hintere **Lenkerverkleidung** abgenommen werden wie im Kapitel „Karosserie" gezeigt. Soll der Zug komplett gewechselt werden, müssen auch Handschuhfach und Trittbrett ausgebaut werden (s. gleiches Kapitel). Den neuen Gaszug am besten mit dem alten verknüpfen (Draht, Textilklebeband) und unter Herausziehen des alten Zugs automatisch einziehen. Bei den **Zweitaktmodellen** ist der Gaszug mehrteilig.

Der vordere Zug führt zu einer Verteilerdose unter dem Trittbrett. Von da laufen zwei weitere Züge zum Vergaser und zur Ölpumpe. Bei den **Viertaktern** führt der Gaszug direkt zum Vergaser.
Der Innenzug ist am Gleitstein des Gasgriffs mit einer Madenschraube fixiert; sie wird von unten mit einem feinen Schraubendreher gelockert, bis sich der Innenzug abziehen läßt. Jetzt den Bremslichtschalter wie im Brems-Kapitel beschrieben ausbauen - er stört. Dann die Feststellmutter SW 7 am Einsteller lösen und Einsteller so weit wie möglich hineindrehen; dies ist nötig für den Wiedereinbau.

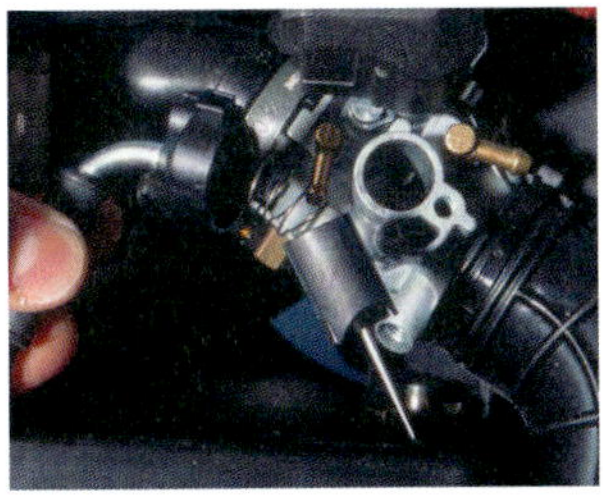

Oben: Lösen und Aushängen des Gaszugs bei der ET 4. Links: Bei den Zweitaktern wird der Gasschieber zusammen mit dem Gaszug ausgehängt.

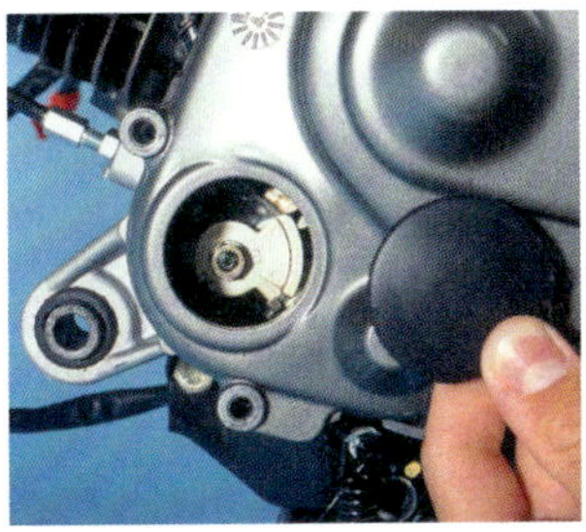

Links: Blick auf die Seilzugbetätigung der Ölpumpe bei den Zweitaktern. Unten: Geöffnete Verteilerdose mit einem ein- und zwei ausge-

Gaszug - Trennen von Vergaser und Ölpumpe: Nach dem Abnehmen vom Gasgriff am besten zuerst den Gaszug vom Vergaser abnehmen. Bei den **Viertaktern** dazu die Klemme lösen (Schraube SW 8), Gaszug nach unten schieben und Nippel aushängen. Bei den **Zweitaktern** die Schlitzschraube ausdrehen, mit denen Gasschieber, Düsennadel, Rückholfeder und Seilzug zusammen am Vergasergehäuse befestigt sind. Teile abnehmen und durch Zusammendrücken der Feder trennen, Seilzug aushängen. Hier beim **Zusammenbau** darauf achten, daß die Gasschiebernut richtig ins Gehäuse geführt wird. Feder zusammendrücken, Deckel befestigen.
Nur Zweitakter: Zum Abnehmen des Zugs von der Ölpumpe den Gummistopfen vorn an der Triebsatzschwinge entfernen, Pumpensteuerung vordrücken, Zugende aushängen.

Gaszug - Demontage Verteilerdose Zweitaktmodelle: Nach Ausbau des Trittbretts die Verteilerdose von der unteren Fahrzeugverkleidung abschrauben und öffnen: alle drei Gummitüllen abstülpen, Verschlußstopfen in der Mitte abdrücken, Deckel abnehmen. **Vorsicht:** Merken Sie sich jetzt genau die Position der drei Gaszugenden, sonst wird der Zusammenbau knifflig. Der nach vorn führende Zug greift nach rechts weit um den Drehschieber herum und ist mittig eingehakt; die beiden nach hinten laufenden Züge rasten mit den Nippeln oberhalb und unterhalb ein: oben der für die Ölpumpe, unten der für den Vergaser. Fettfüllung kontrollieren und notfalls erneuern. Die beiden rückwärtigen Züge sind zusätzlich mit einer Klemme an der Karosserie befestigt.

Gaszug - Montage Verteilerdose Zweitaktmodelle: Bei den beiden rückwärtigen Zügen gibt es keine Probleme, wenn die richtige Führung in die Verteilerdose beachtet wird; Tüllen zunächst weit zurückschieben und Zugenden mit Umhüllung in die Dose schieben; Nippel auf dem Drehschieber oben und unten so einhängen, daß sich die Zugkraft vom vorderen Zug aus reibungslos übertragen kann. Nach Montage auch des dritten, nach vorn führenden Seilzugendes Deckel und Stopfen aufsetzen; Gummitüllen so vorschieben, daß sich eine perfekte Abdichtung ergibt; Dose an der Verkleidung festschrauben. **Achtung:** Die Züge dürfen nicht geknickt werden und nicht scheuern. Die Enden müssen sauber sitzen.

Gaszug - Montage am Gasgriff: Das Einsetzen des vorderen Seilzugendes am Gasgriff erfordert Fingerspitzengefühl und Geduld. Grundvoraussetzung ist, daß der Innenzug erstens lang genug aus der Hülle vorschaut, zweitens völlig glatt ist; er darf nicht geknickt sein, einzelne Drähte dürfen nicht abstehen. Notfalls den ganzen Zug um fünf bis zehn Millimeter kürzen. Dazu 1. Hülle vorziehen, Schutzkappe abnehmen, Hülle mit Seitenschneider oder scharfer Zange kürzen, Kappe wieder aufstecken; 2. Innenzug so weit möglich vorziehen und mit Seitenschneider o.ä. um das gleiche Maß kürzen.
Jetzt muß man sich mit Spiegel und Taschenlampe einen freien Blick von unten auf den Gleitstein verschaffen - anders geht's nicht! Läßt sich der Zug nicht in die beiden hintereinander liegenden (!) Bohrungen des Gleitsteins fädeln, muß der Zug an der Verteilerdose bzw. am Vergaser geöffnet werden; Zug dort aushängen und so weit vordrücken, bis das Einfädeln klappt. Für neuere Fahrzeuge hält der Fachhandel komplett vormontierte Austauschkits bereit.
Zuletzt Madenschraube anziehen und **Gaszug einstellen**; drei Möglichkeiten: Rändelschraube am Griff, Einsteller mit Kontermutter SW 8 an Vergaser und Einsteller an der Ölpumpe (s.a. Kapitel „Gemischaufbereitung" ab S. 97).
Achtung: Bei falsch eingestellter oder nicht entlüfteter Ölpumpe droht ein Motorschaden! Alle Details dazu im Kapitel „Ölversorgung Zweitakter" ab Seite 92.

Gasgriff: Der Gasgriff ist mit einer Inbusschraube SW 5 befestigt. Nach Demontage des Griffgummis mit Preßluft (s. o.) Gaszug wie beschrieben vom Gleitstein abnehmen und Schraube lösen, die den Griff am Lenker hält. Griff zusammen mit Feder und Gleitstein abnehmen. Vor Wiedereinbau bewegliche Teile leicht einfetten; Feder korrekt einhängen.

Tachometerwelle: Zuerst Wellenhalterung links unten am Vorderrad lösen; dazu mit Stecknuß und Verlängerung Schraube SW 8 ausdrehen, Halteplättchen lösen und Wellenende ganz abziehen. Dann Spiegel und Lenkerverkleidung ausbauen wie im Karosserie-Kapitel ab Seite 12 beschrieben. Hintere Lenkerabdeckung mit Instrumenteneinheit etwas nach oben ziehen; dann von Hand oder mit einer Zange die Rändelschraube lösen, die das obere Wellenende festhält; Wellenende aus dem Tachometer ziehen, Welle bei Bedarf ganz aus der Karosserie ziehen (s. a. Seite 22).

Links: Zum Ausbau des Gasgriffs wird eine Schlitzschraube gelöst. Unten: Eine Madenschraube fixiert den Gaszug der Vespa am Gleitstein des Gasgriffs.

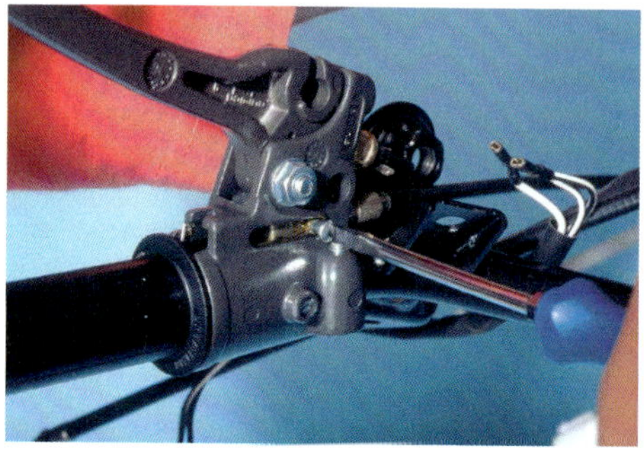

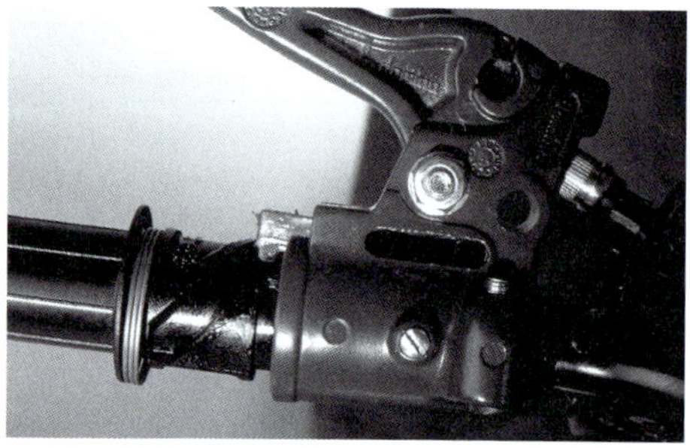

Oben: Abziehen des Gasgriffs nach Lösen der Halteschraube. Links: oberer Tachowelleneingang ET 4. Unten: Tachowellensitz am Vorderrad.

Fahrwerk 1: Vorderradführung alle Zwei- und Viertaktmodelle; Aus- und Einbau Vorderrad, Lenkung, Steuerrohr, Schwinge. Extra: Reifentips

Bei den Rollern der Baureihen ET, LX, LXV und S wird das Vorderrad wie bei den klassischen Vorläufer-Modellen von einem Steuerrohr geführt, das mit einer gezogenen Kurzschwinge kombiniert ist. Die Schwinge stützt sich über ein Federbein mit hydraulischer Dämpfung gegen das Steuerrohr ab. Während das Leichtmetall-Gußrad der ET-Modelle 10 Zoll Durchmesser hat, laufen die LX-, LXV und S-Typen auf spurstabileren 11-Zoll-Vorderrädern.

Vorderrad - Aus- und Einbau: Das Leichtmetall-Vorderrad der modernen Vespa-Typen ist nach Automobilart und damit äußerst wartungsfreundlich mit fünf Schrauben an der Radnabe befestigt. Zum Ausbau Vorderrad mit der Bremse blockieren und die fünf IS SW 6 lösen. Rad abnehmen. Rad auf mögliche Schäden prüfen: Rundlauf, Dellen in den Felgenschultern z.B. Beim Einbau die fünf Schrauben **kreuzweise** mit Drehmoment 16 Nm vor-, dann mit 26 Nm nachziehen.

Das Vorderrad ist nach klassischer Vespa-Art mit Bolzen an der Nabe befestigt. Nach Ausdrehen der fünf Inbusschrauben SW läßt es sich abnehmen. Einbau: Bolzen kreuzweise wieder anziehen und dabei Drehmomentwerte beachten: 16 Nm Stufe 1, 26 Nm bei Stufe 2.

Reifenwechsel: Alle Vespa-Typen sind mit schlauchlosen Niederquerschnittsreifen ausgerüstet, die zwar für optimale Fahrsicherheit sorgen, sich aber - anders als bei der klassischen Vespa PX - in Eigenregie nicht abziehen und austauschen lassen. Grund: Sie haben kein Tiefbett. **Achtung:** Wer versucht, mit handelsüblichen Montierhebeln den Reifen abzuziehen, beschädigt unweigerlich die Felgenhörner. Es erlischt dann auch die Garantie von Fahrzeug- und Reifenhersteller. Erforderlich ist eine rund 600 Euro teure Spezialmaschine, wie sie nur gut ausgerüstete Werkstätten besitzen. Der Preis pro Wechsel beträgt ca. 16 Euro. Ärgerlich auch, daß sich die Rollerreifen nicht reparieren lassen; die übliche Vulkanisierung ist nicht möglich.

Radnabe Vorderrad Aus- und Einbau - alle Modelle: Wie im Kapitel „Scheibenbremse" ab Seite 35 näher beschrieben, müssen zunächst Vorderrad, Bremszange und Klemmplatte der Tachowelle demontiert werden. Dann zwei Inbusschrauben der Radbefestigung in die Radnabe drehen und das Ganze mit einem geeigneten Hebel (starker Schraubendreher, Montiereisen) blockieren; am besten engagiert man dazu einen Helfer. Dann den Splint aufbiegen, Sicherungskappe abnehmen und Zentralmutter mit einer Stecknuß SW 22 gegen den Uhrzeigersinn lösen. Radnabe mit Bremsscheibe und den integrierten Radlagern abziehen. **Einbau:** Nabe mit Bremsscheibe aufsetzen;

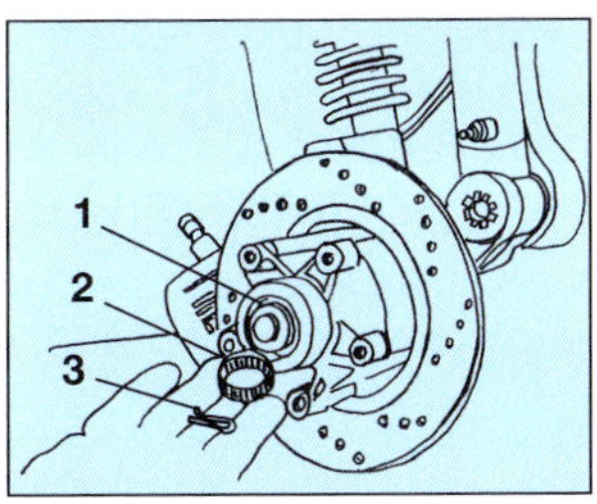

Links, unten: Foto, Zeichnung Radnabe ET-Modelle; 1 = Zentralmutter SW 22, 2 = Sicherungskappe, 3 = Splint. Bild re. unten: So ist ein neuer Splint umzubiegen.

2 Zeichnungen: STX; Vorlage: © Piaggio & C. Pontedera

notfalls mit leichten Gummihammerschlägen auf den Achsstummel treiben, damit die Lager richtig aufgleiten. Mutter aufsetzen, Nabe blokkieren und mit Nm 75 -90 Nm in zwei Stufen anziehen. Sicherungskappe aufsetzen und mit Splint sichern; dabei die Enden um die Sicherungskappe herumlegen, damit kein Spiel zwischen Sicherungskappe und Achsstummel bleibt.

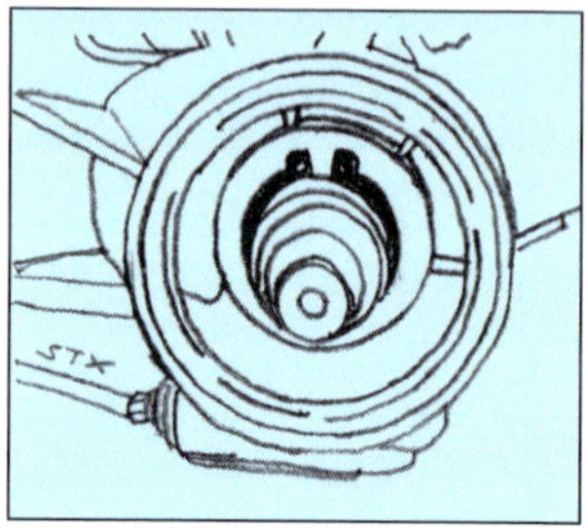

Links: Sicherung des Achsschenkels durch einen Sprengring. Mitte links; Ausbau der Radlager mit einem Spezialabzieher; daneben: Wiedereinbau der Radlager mit Spezial-Schlagdornen.

Radlager Vorderrad Aus- und Einbau: Die beiden Kugellager sind in die Radnabe eingesetzt; zuerst die Radnabe ausbauen wie oben beschrieben. Dann den Sprengring entfernen, mit dem die Lager gesichert sind. Wellendichtringe ausheben. Die Lager lassen sich mit geeigneten Schlagdornen aus der Nabe treiben - das große Richtung Radseite, das kleine Richtung Bremsscheibe. **Einbau:** Lager fetten und mit Schlagdornen (am besten aus Weichmetalll Bronze, Messing) in die Sitze treiben. Wellendichtringe und Sprengring einsetzen. Möglichst immer neue Dichtringe verwenden, vor allem, wenn die alten beim Ausbau verbogen wurden. Im Zweifelsfall Fachwerkstatt einschalten.

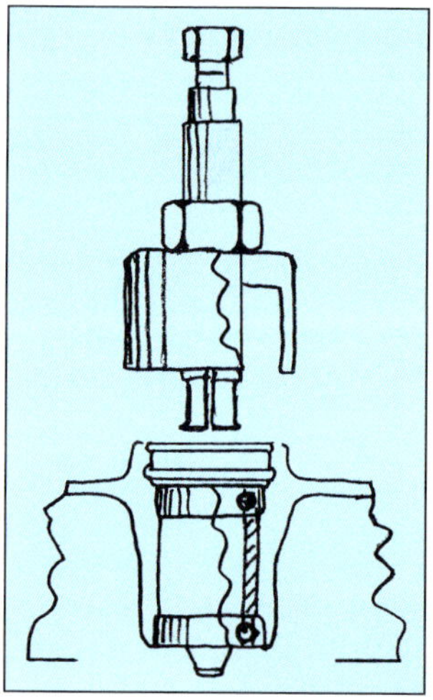

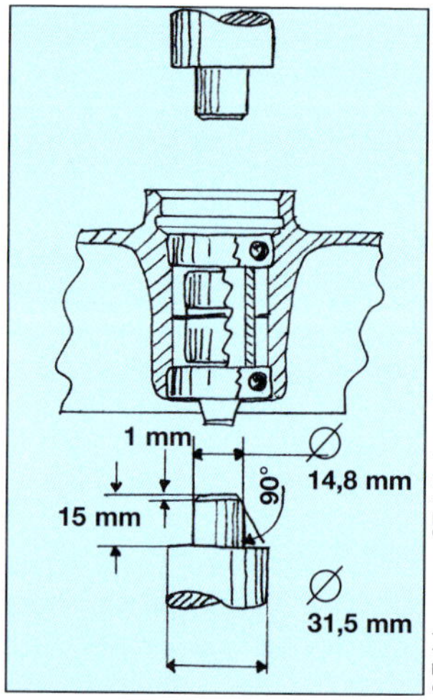

3 Zeichnungen: STX; Vorlage: © Piaggio & C. Pontedera

Radlager - Spiel prüfen: Roller aufbocken, das Vorderrad frei drehen lassen. Von der rechten Fahrzeugseite aus Rad ergreifen, eine Hand oben, eine unten; dann versuchen, das Rad quer zur Vertikalen hin- und herzukippen. Dabei darf sich kein Spiel zeigen.

Federbein Vorderrad - Ausbau- und Einbau: Federbeine mit undichten oder ausgeschlagenen Stoßdämpfern sollten komplett ausgetauscht werden, denn die Reparatur ist für den Laien nicht möglich und lohnt sich auch ansonsten nicht. Alle Vespa-Typen verfügen über eine gezogene Kurzschwinge, die sich über ein links angeschlagenes Federbein am Steuerrohr abstützt. **Vorarbeit:** Vorderrad abnehmen wie beschrieben. Dann die Federbeinverkleidung durch Lösen einer KS abnehmen. Oben ist das Federbein mit zwei Muttern SW 13 befestigt, die sich mit Stecknuß, Verlängerung und Kreuzgelenk (mühsam) erreichen lassen. An der Radnabe ist das Federbein mit zwei Inbusbolzen SW 6 und Muttern SW 13 angeschraubt. Bolzen gegenhalten und Muttern lösen; notfalls Bremssattel ausbauen (s. Kap. „Scheibenbremse"). Federbein nach unten wegziehen. Einbau in umgekehrter Folge.

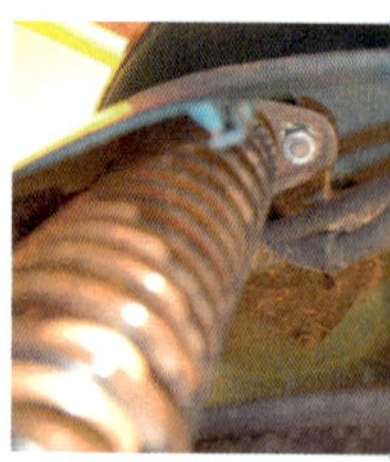

Oben: So wird das Lagerspiel am Vorderrad geprüft. Unten links, rechts: Befestigung des Federbeins am Fahrwerk.

Lenkung, Lenkkopflager, Steuerrohr - allgemeine Hinweise: *Von unwesentlichen Details abgesehen sind Lenkung, Lenkkopflager und Steuerrohr mit gezogener Kurzschwinge bei allen Vespa-Modellen gleich konstruiert. Wichtig ist die regelmäßige* **Prüfung** *von Lenkung, Lenkkopflager und Schwingenlagerung auf Spiel und Verschleiß. Zum Ausbau von Lenker, Lenkkopflager und Steuerrohr sind folgende* **Vorarbeiten** *erforderlich: Demontage Lenkerverkleidung, Instrumente, Griffe, Hebel, Bowdenzüge wie in den Kapiteln „Karosserie" und „Bremsen" beschrieben. Griffe, Hebel und die oberen Enden der Bowdenzüge und/oder Bremsschläuche müssen nur bei einem Komplettaustausch des Lenkers abgenommen werden. Bei Arbeiten am oberen Lenkkopflager genügt es, den Lenker mit den Bowdenzügen nach vorn zu klappen. Zweckmäßig ist es auch, das Handschuhfach und die Frontklappe zu demontieren (s. Kapitel „Karosserie"): Gegebenenfalls Kabelbinder durchtrennen, mit denen Kabelbaum und Seilzüge am Rahmen befestigt sind, später durch neue Kabelbinder ersetzen. Dann alle Kabel, Schläuche und Züge vorsichtig zur Seite biegen, auf keinen Fall knicken; am besten mit Schnur locker an den Rahmen binden.*

Lenker - Aus- und Einbau: Vor dem Lockern der Lenkerbefestigung die Position des Lenkers auf dem Steuerrohr mit einer Reißnadel, einem anderen scharfen Metallgegenstand oder einem wischfesten Stift markieren. Dann Plastikkappe abhebeln und Lenkerverschraubung lösen: Mutter SW 17 sitzt auf Bolzen SW 13. Achtung beim **Wiedereinbau**: Lenker genau mittig ausrichten (erfordert Augenmaß, weil keine Verzahnung existiert; Markierung als Orientierungshilfe). Der Bolzen muß - in Fahrtrichtung gesehen - von links eingeführt werden; von rechts werden aufgesetzt: Messing-Druckscheibe, Zahnscheibe, Mutter SW 17; vorgeschriebenes Anzugs-Drehmoment: 45 - 50 Nm.

Links: Verschraubung des oberen Lenkkopflagers am Beispiel eines Sfera-Rollers von Piaggio. Bei ET und LX ist das Lager genauso befestigt, der Steuerkopf ist jedoch in die Stahlkarosserie integriert. Oben: So wird die aus Bolzen SW 13 und Mutter SW 17 bestehende Lenkerverschraubung gelöst (Vespa ET 4).

Lenkkopflager - Prüfung: Wie bei allen Zweirädern hat auch bei der Vespa das Lenkkopflager entscheidenden Einfluß auf Sicherheit und Fahrverhalten. Unzulässiges Spiel, Verschleiß oder Korrosion im oberen und/oder unteren Lager können zu gefährlichen Pendelerscheinungen führen, Geradeauslauf und Spurtreue werden negativ beeinflußt. Deshalb müssen die **Lenkkopflager** in regelmäßigen Abständen, mindestens aber einmal im Jahr überprüft und nötigenfalls neu eingestellt werden. Zur Überprüfung Fahrzeug aufbocken, das Vorderrad darf keinen Bodenkontakt haben. Nun mit der linken Hand das Rad, mit der rechten Hand die Kurzschwinge ergreifen und versuchen, das Steuerrohr durch ruckartiges Ziehen und Drücken längs zur Fahrtrichtung hin- und herzubewegen; dabei darf sich keinerlei Spiel zeigen. Dann die **Lenkung** prüfen: Der Lenker muß widerstandsfrei vom rechten zum linken Anschlag fallen; zeigt sich dabei ein Festhaken oder gar Klemmen, sind die Lager zu stramm angezogen oder beschädigt. Zunächst versuchen, den Schaden durch korrektes Einstellen zu beheben (s. folgende Seite), notfalls beide Lenkkopflager austauschen.

Prüfen des Lenkkopflagers: versuchen, das Steuerrohr durch ruckartiges Ziehen und Drücken in Fahrtrichtung hin- und herzubewegen. Dabei darf sich kein Spiel zeigen.

Lenkkopflager - Aus- und Einbau, Einstellung: Beides ist erst nach Abnahme des Lenkers möglich. Zuerst den oberen **Nutenring** abschrauben; die Werkstatt besitzt einen Spezialschlüssel dafür. Es geht auch mit einem Hakenschlüssel, notfalls mit einer Wasserpumpenzange. Der darunterliegende **Druckring** läßt sich problemlos abnehmen. Es folgt die **obere Lagerschale**; sie läßt sich meist von Hand drehen, ansonsten so verfahren wie beim Nutenring. Den **Kugelkäfig** mit einem feinen Schraubendreher aushebeln. Die **untere Lagerschale** des oberen Lagers sitzt fest auf dem Rahmenrohr und läßt sich nur bei komplett ausgebautem Rohr abnehmen: Sie wird von unten mit einem ausreichend langen Dorn ausgetrieben.
Der **Einbau** erfolgt in umgekehrter Reihenfolge: Kugelkäfig und Lagerschalen mit Spezialfett (Esso Beacon 3 oder Shell Retinax A) einfetten. Kugelkäfig in untere Lagerschale setzen, obere Lagerschale aufsetzen. Austretendes Fett sorgfältig abwischen. Dann den Druckring mit dem vorgeschriebenen Drehmoment anziehen (Werte s. Anhang ab Seite 138), anschließend bei den ET-Modellen Schlüssel um 120° zurückdrehen. Bei den LX-Typen ist dies nicht mehr nötig. Nutmutter aufsetzen und mit Drehmoment (s. Anhang) anziehen. Das untere Steuerrohrlager wird dabei automatisch mitangezogen. Lenkung auf Freigängigkeit und Spiel prüfen; bei Schwergängigkeit oder zu viel Spiel noch einmal eine Korrektur durchführen.

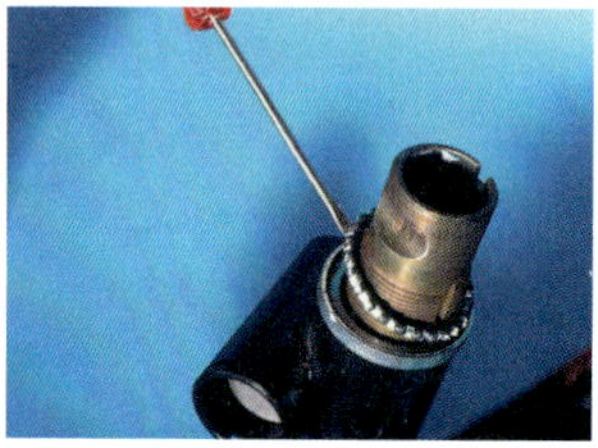

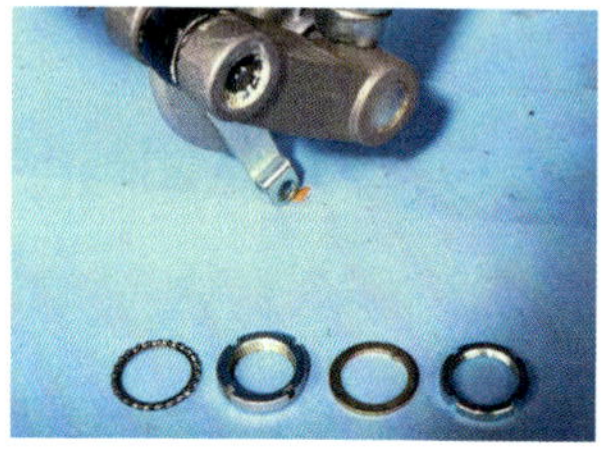

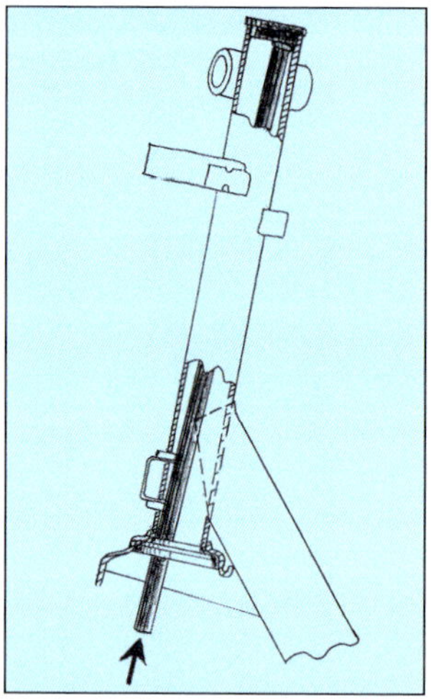

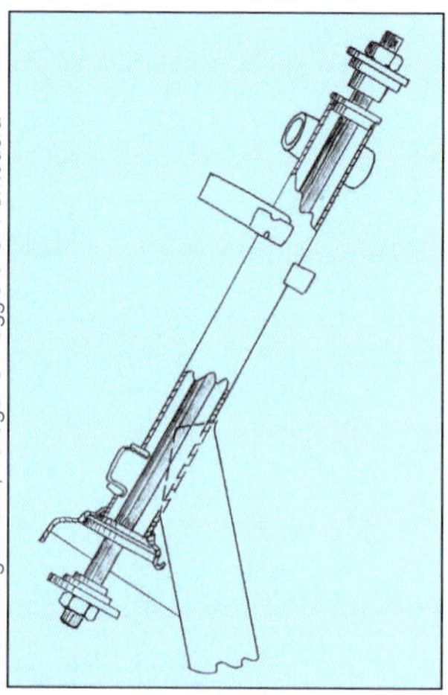

2 Zeichnungen: STX; Vorlage: © Piaggio & C. Pontedera

Oben links: Lösen des oberen Lenkkopflager-Nutrings; daneben: Lösen der oberen Lagerschale bei abgenommenem Nutring. Mitte links: Abheben des Lagerrings; daneben: die Einzelteile des oberen Lagers. Zeichnung links: Austreiben der im Führungsrohr verbliebenen Lagerringe; darunter: Einpressen neuer Lagerringe mit Spezialwerkzeug.

***Lenkung - typische Lagerdefekte:** Riefen und Risse in den Lagerschalen, defekte Kugelkäfige, herausgefallene Kugeln, Korrosion bzw. Rost durch eingetretenes Wasser, allgemeiner Verschleiß durch Staub, eingedrungenen Sand oder verbrauchtes Fett.*

Steuerrohr und unteres Lager - Ausbau: Der Steuerrohrausbau ist zwingend erforderlich, falls der **vordere Kotflügel**, der **Sperriegel des Lenkschlosses** oder das **untere Lager** ausgebaut werden müssen. Zunächst Vorderrad, Lenkerverkleidung, Frontblende und Handschuhfach ausbauen, wie in den entsprechenden Kapiteln beschrieben. Lenker und Lenkkopflager ausbauen wie gezeigt. Falls keine **Montagebühne** vorhanden ist, Fahrzeug vorsichtig auf die rechte Seite legen, Decke o.ä. unterlegen, um Lackbeschädigungen zu vermeiden. Federbeinverkleidung abnehmen (s. Kapitel „Scheibenbremse"). Tachowelle unten am Rad lösen (Schraube SW 8) und nach oben herausziehen; Bremsseilzug Hinterrad nach unten aus der Verkleidung ziehen. Jetzt Steuerrohr komplett mit Radaufhängung, Kotflügel und unterem Lager aus dem Rahmenkopf ziehen. **Achtung:** Jetzt kann der Sperriegel des Lenkschlosses samt der Scheibe aus dem Rahmenkopf genommen werden.

Der untere Laufring des **unteren Lagers** wird samt Kugelkäfig mit einem Schraubendreher abgehoben. Die oben und unten im Rahmenkopf verbliebenen Laufringe der beiden Lager werden von der jeweils passenden Seite mit einem Dorn ausgetrieben; Dorn dabei am Laufring ansetzen und mit leichten Hammerschlägen arbeiten. Lagerkontrolle wie oben beschrieben (s.a. typische Defekte); beschädigtes Lager komplett austauschen, dabei korrekt einfetten. Wie neue Lagerschalen in den Steuerkopf am Rahmen eingebaut werden, zeigt die Zeichnung links. Die Lagerschalen können auch von Hand eingesetzt und mit einem Kunststoffhammer eingetrieben werden.

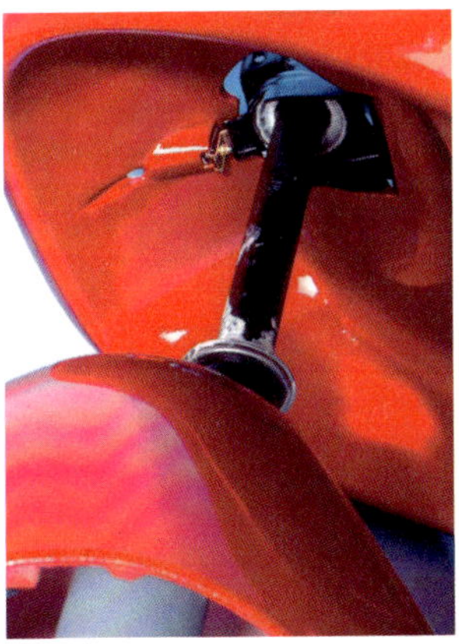

So wird das Lenkrohr samt Kotflügel und unterem Lager aus der Karosserie eines Vespa-Rollers gezogen.

Kurzschwinge Federbeinlager - Aus- und Einbau: Da, wo die Kurzschwinge am Federbein angelenkt ist, sitzen zwei Nadellager. Soll kein

> **Kurzschwingenlagerung - allgemein:** *Die gezogene Kurzschwinge der Vespa-Modelle ist vorn am Lenkrohr und hinten am Träger für Federbein und Bremssattel gelagert. Die Lager gleichen die Auf- und Abbewegungen aus, die vom Vorderrad induziert werden. Es handelt sich um jeweils zwei Nadellager, die nur mit sündhaft teurem Spezialwerkzeug ausgebaut werden können. Da der Austausch einer kompletten Vorderradführung (Lenkrohr plus Kurzschwinge) wesentlich billiger ist, besitzen in der Regel nicht mal Vespa-Fachwerkstätten die Spezialwerkzeuge. Die folgenden Hinweise haben daher nur informellen Charakter.*

neues Lenkrohr eingebaut werden, müssen die Lager ausgewechselt werden, wenn Spiel vorhanden ist oder Poltergeräusche auftreten. Lager stets paarweise austauschen. Und so wird's gemacht: Vorderrad abnehmen. Dann Radnabe, Lenkung und Lenkrohr ausbauen wie oben beschrieben. Lenkrohr mit Kurzschwinge in einen mit Alublech gefütterten Schraubstock spannen. Sprengring und Wellendichtring ausbauen. Die beiden gleich großen Nadellager mit einem Spezial-Abzieher demontieren (Fachwerkstatt). Zur Not geht's auch mit einem Schlagdorn aus Weichmetall. Vor der Montage neuer Lager die Räume zwischen den Lagern mit Spezialfett fetten. **Eingebaut** werden die beiden Nadellager mit dem Spezial-werkzeug oder exakt passenden Schlagdornen (Fachwerk-statt aufsuchen). Neuen Wel-lendichtring einsetzen, das Ganze mit Sprengring sichern. Steuerrohr mit Schwinge, Rad-nabe mit Bremsscheibe und Rad einbauen wie beschrieben.

Kurzschwinge Lenkrohrlager - Ausbau: Auch vorn am Lenkrohr bewegt sich die Kurzschwinge in zwei Nadellagern. Die Überholungsarbeiten sind aufwendig und nur mit passendem Spezialwerk-zeug durchführbar. Nicht jede Piaggio-Werkstatt ist entsprechend ausgerüstet. Am wirtschaftlichsten ist es, Steuerrohr und Schwinge komplett gegen Neuteile zu tauschen.

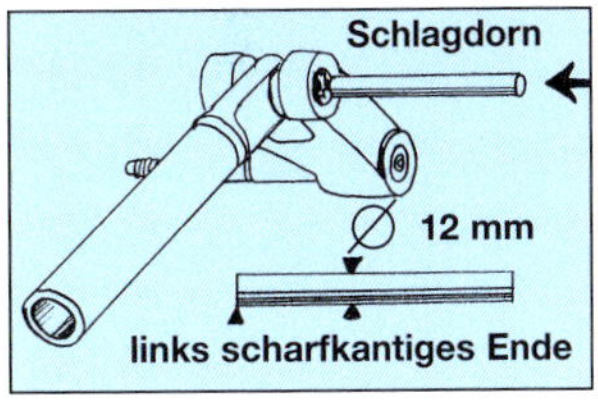

Zeichnung: STX; Vorlage: © Piaggio & C. Pontedera

Oben: eine Plastikblende deckt die Kurzschwinge ab. Unten: Zerlegung der vorderen Schwingenlagerung.

Steuerrohr mit Schwinge ausbauen wie beschrieben. Zum Ausbau der vorderen Schwingenlagerung zunächst das **Sicherungsblech** mit einem Schlagdorn zerdrücken und einem spitzen Stift entfernen. Dann das zweite Sicherungsblech auf der anderen Seite ausbauen. Der Bolzen und die beiden **Nadellager** werden mit einer speziellen Preßvorrichtung ausgedrückt. Es muß so lange am Griff gedreht werden, bis Bolzen und Lager vollständig ausgestoßen sind. Ausdrückvorrichtung auf der gegenüberliegenden Seite ansetzen und zweites Nadellager auspressen. Die dazu passenden Zeichnungen finden sich auf der nächsten Seite.

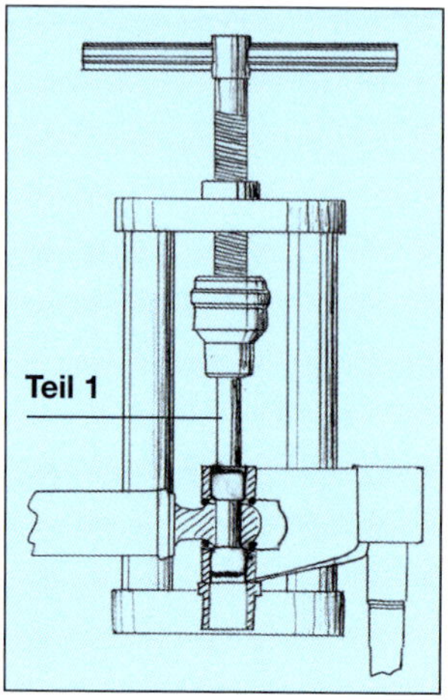

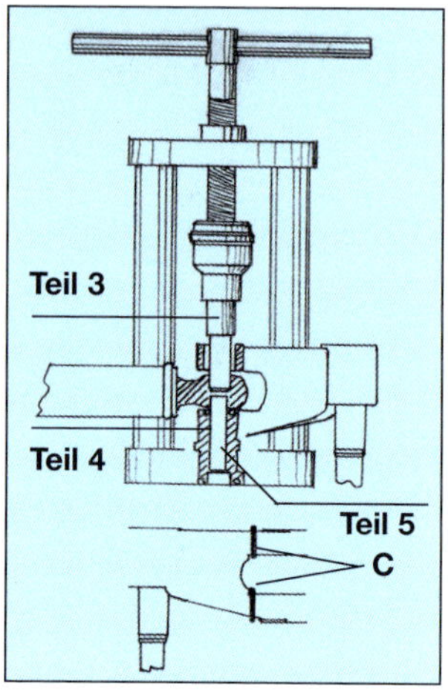

Foto oben: *Abnahme der Federbeinblende ET 4. Zeichung oben links: Auspressen von Bolzen und Nadelkäfigen mit Spezialwerkzeug; daneben: Einbau eines neuen Bolzens in die Schwinge. Unten links: Einbau neuer Nadellager, Dichtringe und Sicherungsbleche; daneben: Ausrichtung der Nadellager auf dem Bolzen.*

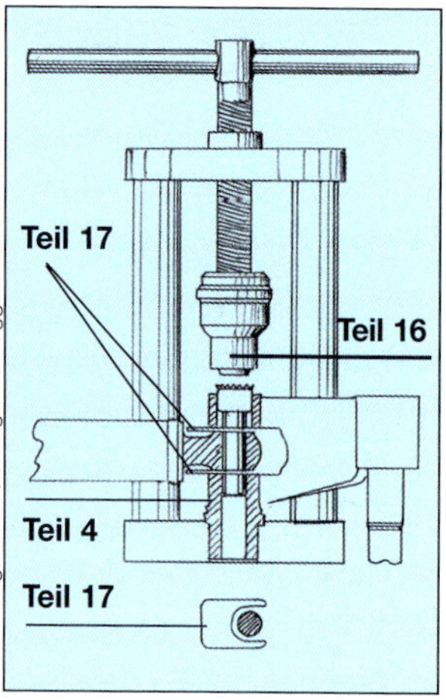

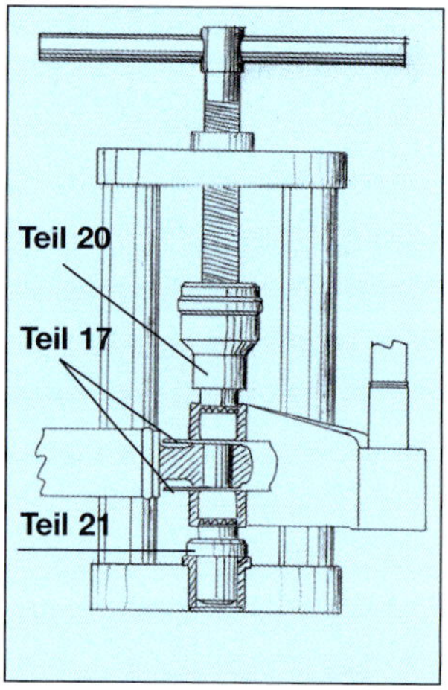

4 Zeichnungen: STX; Vorlage: © Piaggio & C. Pontedera

Kurzschwinge Steuerrohrlager - Einbau: Der Zusammenbau hat's besonders in sich. Dabei beachten: nur neue Nadellager, Bolzen, Dichtringe und Staubschutzringe verwenden. Zuerst die beiden Staubschutzringe „C" einsetzen. Dann Schwinge mit einem Führungsstift (Teil 5 in der Abb. unten links) am Steuerrohr fixieren. Spezialwerkzeug mit Teil 3 am Druckstift und Teil 4 am Boden der Vorrichtung anbringen. Den Bolzen mit Molykote-Pulver bestreichen, in die Schwingnabe einsetzen und durch Drehen des Spezialwerkzeug-Griffes so tief einpressen, bis Teil 3 auf dem Lenkrohr aufsitzt. Danach die beiden **Distanzstükke** 17 mit leichten Hammerschlägen eintreiben. Jetzt die **Dichtringe** mit Mineralöl benetzen und die Nadellager halb mit Fett (ESSO Beacon 3) füllen. Dichtring zusammen mit Nadellager und Sicherungsblech auf Bolzen aufschieben. Führungsteil (Teil 5) des Spezialwerkzeugs abnehmen, Teil 4 an Ort und Stelle lassen. Am Druckstift Teil 3 durch Teil 16 ersetzen. Durch Drehen des Griffs die Einheit Sicherungsblech/Nadellager/Dichtring so weit einpressen, bis Teil 16 auf der Schwingnabe aufsitzt. Zum Eintreiben der zweiten Einheit aus Nadellager, Sicherungsblech und Dichtring das Ganze auf der anderen Seite wiederholen, dabei das Spezialwerkzeug mit Teil 16 verwenden und Teil 4 durch Teil 22 ersetzen.

Nun müssen die **Nadellager** noch exakt auf dem Bolzen positioniert werden. Dazu das Spezialwerkzeug mit Teil 20 am Druckstift und Teil 21 von unten verwenden. So lange am Griff drehen, bis die Enden der Nadellager auf den Bolzenenden aufliegen. Abschließend die **Sicherungskränze** verkeilen (Neuteile); dazu das Werkzeug mit den Teilen 3 und 4 wie bei der Bolzenmontage verwenden und durch Drehen des Griffs die Sicherungskränze auf der Schwingnabe verkeilen. Distanzstücke 17 entfernen, den Raum zwischen Lenkrohr und Schwingnabe mit Fett ESSO Beacon 3 füllen und die Staubschutzringe einsetzen.

Vorderkotflügel - Ausbau: Er kann leider erst nach dem Ausbau des Steuerrohrs abgenommen werden. Dazu die untere Befestigung mit einem Steckschlüssel SW 10 lösen. Oben wird der Kotflügel von Schrauben mit Muttern SW 10 gehalten. Kotflügel nach oben vom Steuerrohr abziehen.

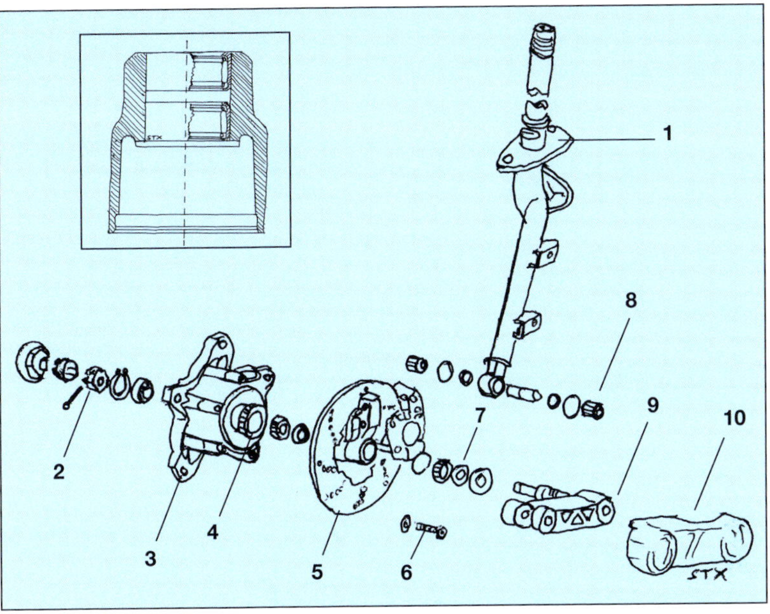

2 Zeichnungen: STX; Vorlage: © Piaggio & C. Pontedera

Kleine Zeichnung: Querschnitt durch die Lagerung des Achsschenkels bei der ET 2. Die große Zeichnung zeigt alle Elemente der Vorderradführung; 1 = Lenkrohr, 2 = Lager Radnabe, 3 = Radnabe, 4 = Ritzel Tachowelle, 5 = Bremsscheibe, 6 = Bremsscheibenbolzen, 7 = Lager Achsschenkel, 8 = Lager Kurzschwinge, 9 = Achsschenkel, 10 = Abdeckung.

Reifenschonend fahren: *Von den Reifen hängt in entscheidendem Maße die Sicherheit ab. Vernünftige Behandlung und regelmäßige Kontrolle sind daher unerläßlich. Besonders schädlich für den empfindlichen Unterbau („Karkasse") sind das Fahren mit zu geringem Luftdruck sowie das rücksichtslose Queren von Bordsteinen und scharfen Kanten. Oft entstehen dabei unsichtbare Schäden, die im Extremfall zu einem Reifenplatzer führen können. Also beachten: Reifenluftdruck regelmäßig prüfen, Reifen schonend behandeln.*

Gummimischung und Lebensdauer: *Sehr großen Einfluß auf Lebensdauer und Bodenhaftung eines Reifens hat die Gummimischung. Sie ist von Fabrikat zu Fabrikat, von Typ zu Typ unterschiedlich. Fest steht, daß harte Gummimischungen den Reifen länger leben lassen, dafür aber keine besonders gute Rutschfestigkeit bei Nässe garantieren. Mit der Zeit wird jeder Reifen von selbst härter, weil sich die Additive abbauen. Rollerreifen sollten daher aus Sicherheitsgründen alle fünf bis sechs Jahre erneuert werden, unabhängig von der Laufleistung.*

Tipp für Anfänger: *Wenn es länger nicht geregnet hat, bildet sich bei einsetzendem Niederschlag ein schmieriger Film aus Gummiabrieb, Öl und Staub auf der Straße, der erst allmählich abgewaschen wird. Also zu Beginn des Regens besonders vorsichtig fahren, gefühlvoll Gas geben und bremsen, großen Sicherheitsabstand zu anderen Fahrzeugen halten und hohe Schräglagen vermeiden. Besonders tückisch bei Nässe: Fahrbahnmarkierungen und Zebrastreifen aus aufgespritztem Kunststoff, Bitumenausbesserungen auf der Straße (zu erkennen an der schwarz-glänzenden Oberfläche), Kanaldeckel und Brückenfugen. Wegen der kleinen Reifen-Radien sind Rollerfahrer hier besonders gefährdet.*

Neukauf: keine Mischbereifung. *Wer nicht nur bei schönem Wetter fährt, sollte sich genau die Profilierung ansehen: Eine Mittelnut oder Rille am Vorderrad schützt besser vor Aquaplaning als ein Mittelsteg. Auch verhalten sich bei Nässe kräftig profilierte Pneus gutmütiger als Konstruktionen mit geringem Negativ-Profil-Anteil. Auf keinen Fall sollte hinten ein anderes Reifenfabrikat aufgezogen werden als vorne. Mischbereifungen wirken sich meist negativ auf die Fahrsicherheit aus.*

Reifenmontage: *Wie bereits im Reparaturteil erwähnt, ist von einer Reifenmontage im Do-it-yourself-Verfahren bei den modernen Vespa-Typen abzuraten. Die schlauchlosen Reifen in Niederquerschnitts-Ausführung lassen sich nur mit einer Spezialmaschine ab- und aufziehen - und das ist Werkstattsache.*

Regelmäßiges Messen der Profiltiefe ist ein Beitrag zur Fahrsicherheit. Hinweise zur Reifenpflege und Reifenkontrolle finden sich im nächsten Kapitel.

Fahrwerk 2: Hinterradführung alle Zwei- und Viertaktmodelle; Aus- und Einbau Hinterrad, Federbein, Kontrollarbeiten; Extra: Reifenpflege

***Hinterrad - allgemein:** Der Ausbau ist in zahlreichen Fällen nötig - zum Reifenwechsel, für Arbeiten an der Bremsanlage (s. Kapitel „Trommelbremsen" ab Seite 51), zum Wechsel des Getriebeöls. Das Rad läßt sich indes nur abnehmen, wenn vorher der Auspuff demontiert wurde (s. Kapitel „Ausbau Antriebseinheit" ab Seite 53). Wer keine Montagebühne mit Klemmplatten hat, braucht einen Helfer, der das Fahrzeug hält und die Bremse blockiert. Dazu müssen die Bremsen voll funktionsfähig sein.*

Hinterrad - Aus- und Einbau: Der Helfer nimmt auf der Sitzbank Platz, belastet das Hinterrad bestmöglich und blockiert beide Bremsen. Nun am Hinterrad zuerst die Schutzkappe abhebeln (falls vorhanden). Dann mit einem Seitenschneider oder einer Zange den Splint aufbiegen und herausziehen; Sicherungskrone abnehmen; Mutter mit einer Stecknuß SW 24 und einer ausreichenden Verlängerung abschrauben (normales Rechtsgewinde, also zum Lösen nach links drehen). Druckscheibe abnehmen. Bremse lösen und Hinterrad von der Nabe ziehen; notfalls mit leichten Faustschlägen nachhelfen. **Einbau:** Die Bremse muß voll entspannt sein, sonst paßt die ins Rad integrierte Bremstrommel nicht über die Bremsbacken; notfalls Bremse zurückstellen und später neu einstellen (s. Kapitel „Trommelbremsen" ab Seite 51). Rad aufsetzen, Druckscheibe auflegen, Mutter aufschrauben und in zwei Stufen mit Drehmoment Nm 115 - 125 anziehen. Dabei blockiert der Helfer wieder die Bremsen. Sicherungskrone und neuen Splint verwenden. Splintenden so umbiegen, daß die Krone fest umschlossen wird (s. a. S. 35).

Hinterrad - Spiel des Achsantriebs prüfen: Das Vespa-Hinterrad hat keine eigenen Lager, sondern sitzt auf der im Getriebe gelagerten Antriebsachse. Zur Prüfung des radialen Spiels Fahrzeug aufbocken und Heck so abstützen, daß sich das Hinterrad frei drehen kann. Dann von der linken Fahrzeugseite her Rad rechts und links mit beiden Händen ergreifen und versuchen, es quer zur Achse hin und her sowie rauf und runter zu bewegen. Es darf kein Spiel vorhanden sein (2. Foto von oben S. 43). Das Laufspiel vor und zurück ist konstruktionsbedingt.

Schwingenlagerung prüfen: Die Triebsatzschwinge der Vespa ET und LX ist drehbar an einem Rahmenausleger gelagert, der seinerseits mit einem starken Bolzen starr am Rahmen befestigt ist (Bolzen SW 19 von links, Mut-

Oben: Die Hinterrad-Zentralmutter läßt sich nur lösen, wenn das Fahrzeug belastet und blockiert ist; Verlängerung verwenden. Bilder unten: Abziehen des Sicherungssplints, freiliegende Mutter, demontiertes Hinterrad mit Sicherungsteilen: Druckscheibe, Mutter, Krone, Splint.

ter SW 19 rechts). Die beim Ein- und Ausfedern entstehende Drehbewegung wird von dem zweiten Bolzen (SW 17 von rechts, Mutter SW 17 links) aufgefangen, an dem die Triebsatzschwinge direkt gelagert ist (s. Kapitel „Ausbau Antriebseinheit“ ab Seite 53). Für die nötige Elastizität sorgen zylindrische **Silentblöcke** in der Schwingenlagerung, die einem natürlichen Alterungsprozeß ausgesetzt sind. Ein seitliches oder radiales Spiel führt zu einer fortschreitenden Verschlechterung der Fahreigenschaften. Das Fahrzeug fängt an zu pendeln, kann vor allem in Kurven aus der Spur geraten. Beste Vorbeugemaßnahme ist die regelmäßige **Kontrolle**: Roller aufbocken und Heck so abstützen, daß sich das Hinterrad frei drehen kann. Nun mit der rechten Hand das Fahrzeug festhalten und mit der linken Hand das Ende der Triebsatzschwinge ergreifen (s. 1. Foto oben). Dann versuchen, die Schwinge quer zur Fahrtrichtung hin- und herzubewegen. Dabei dürfen die Gummilager in jeder Richtung um einige Millimeter nachgeben; es darf jedoch kein freies Spiel vorhanden sein, feststellbar am ruckartigen Anschlagen. Defekte Gummilager müssen in der Werkstatt ausgetauscht werden, nur sie hat die erforderlichen Spezialwerkzeuge.

Oben: Prüfung der Schwingenlagerung; darunter: Prüfung des Hinterradantriebs; es darf „quer“ kein Spiel vorhanden sein; das Laufspiel vor/ zurück ist indes nötig. Kleines Foto unten: Lö-sen der oberen Federbeinverschraubung mit Schraubendreher zum Gegenhalten und Schlüssel SW 13; darunter: Lösen des Bolzens unten. Grosses Foto: das ausgebaute Federbein der ET 4.

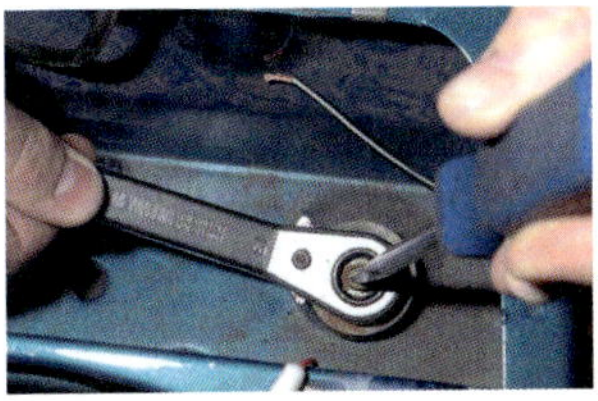

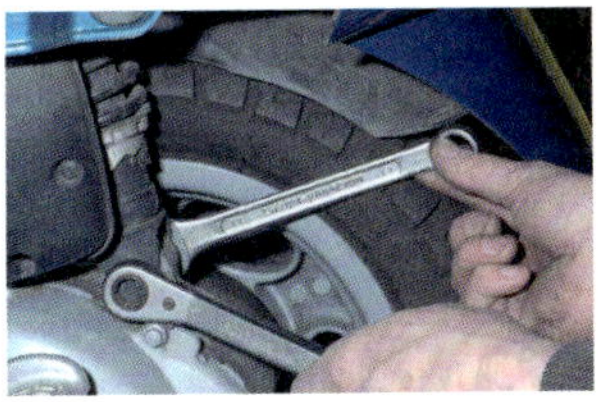

Federbein - Aus- und Einbau: Der Zustand des hinteren Federbeins beeinflußt Fahrverhalten und Fahrkomfort entscheidend. Typische Defekte sind mangelhafte Dämpfung und durchschlagende Federung. Auch dann, wenn der Dämpfer undicht geworden ist, muß das Federbein ausgetauscht werden; es läßt sich in Eigenregie nicht reparieren. Verbogene Federn sind ebenfalls Schrott. Vor dem Ausbau müssen zunächst Batterie mit Grundplatte und die linke Seitenverkleidung abgenommen werden (S. Kapitel „Motorelektrik 1 ab S. 112)“. Dann das Fahrzeugheck abstützen, damit es nicht herunterfallen kann.

Das **untere Federbeinauge** ist mit einem von links durchgesteckten Bolzen SW 13 an der Triebsatzschwinge befestigt. Bolzen mit einem Steck- oder Ringschlüssel festhalten und mit einem Schlüssel SW 17 die am Bolzenende aufgesetzte Mutter lösen; sie ist selbstsichernd und sollte erneuert werden. **Oben** stützt sich das Federbein über ein Gummilager am Rahmenheck ab. Mit einem Ringschlüssel die Mutter SW 13 von der Dämpferstange abschrauben, gleichzeitig mit einem kräftigen Schraubendreher verhindern, daß sich die Stange mitdreht. Bei Problemen einen Helfer bitten, das unten gelöste Federbein leicht zu verdrehen. Ganz entfernt wird die Mutter mit einem Steckschlüssel. **Einbau** in umgekehrter Reihenfolge; dabei Federbein zuerst oben einführen, Gummipuffer und große Scheibe, sowie Mutter aufsetzen. Muttern oben und unten mit Drehmoment 20 - 27 Nm anziehen.

Kotflügel hinten - Ausbau: Befestigt ist er mit zwei Schrauben: eine kurze mit Kreuzschlitz vorne rechts über dem Schalldämpfer, eine lange Inbus SW 5, die gleichzeitig auch den Luftfilterkasten hält. Besser kommt man heran, wenn die schmalen Seitenverkleidungen abgenommen werden. Beim Zusammenbau müssen Luftfilterkasten und Kotflügel zusammen befestigt werden.

Kippständer: Er ist an drei Punkten des Motorgehäuses befestigt. **Tipp:** Wenn an Motor und Antrieb in ausgebautem Zustand gearbeitet werden soll, ist der ausgeklappte Ständer eine ideale Abstützung - also in solchen Fällen nicht abmontieren. Zum Aus-bau zunächst die beiden Schrauben SW 13 links und rechts hinten lösen. Dann den Bolzen SW 13 vorn gegenhalten und Mutter SW 13 abschrauben. Beim Einbau Drehmoment von Nm 15-20 beachten.

So wird der Rundlauf von Rad und Felge geprüft: Fahrzeug so aufbocken, daß sich das Vorderrad frei drehen kann; der gegen die Schwinge gedrückte Stift markiert beim Drehen mögliche Unwuchten.

Luftdruck: häufig prüfen. *Gefährlich (und teuer) lebt, wer den Luftdruck vernachlässigt. Wir empfehlen eine Kontrolle alle vier Wochen, vor größeren Fahrten und beim Wechsel auf das Fahren mit/ohne Sozius. Wichtig ist, daß der Reifendruck nur bei kalten Reifen kontrolliert wird; bei erwärmtem Pneu - und das ist schon nach wenigen Kilometern der Fall - zeigt das Meßgerät zu hohe Werte an (vor allem im Sommer).* ***Achtung:*** *Chronischer Unterdruck führt zu instabilem Fahrverhalten vor allem in Kurven, hohem Verschleiß und in extremen Fällen sogar zu Laufflächenablösungen infolge Überhitzung. Die von Piaggio empfohlenen Werte stehen im Anhang. Bei längeren Fahrten mit voller Zuladung empfiehlt es sich, den Luftdruck vorn um 0,2 und hinten um 0,4 bar zu erhöhen. Die Reifen werden dann weniger stark gewalkt, erhitzen sich nicht so sehr, verschleißen weniger schnell und bieten mehr Stabilität. Beim Fahren auf unbefestigten Pisten (Strand, Feldwege) hingegen kann es nützlich sein, den Luftdruck um einige Zehntel abzusenken. Auf festem Untergrund dann nicht vergessen, die Werte wieder zu erhöhen!*

Profiltiefe, Beschädigungen: Sichtkontrolle. *Niemals sollte eine* ***Mindestprofiltiefe von 2 mm*** *unterschritten werden. Die meisten modernen Pneus sind mit Abnutzungsanzeigern versehen, die eine schnelle Kontrolle gestatten. Es handelt sich dabei um 2 mm dicke Erhöhungen im Negativprofil (also in der Rille); liegen die Anzeiger in gleicher Höhe mit dem Positiv-Profil, müssen die Reifen gewechselt werden. Regelmäßig kontrolliert werden muß auch, ob die Reifen an den Flanken oder im Bereich der Lauffläche Beschädigungen aufweisen (Schnitte, Risse, Blasen, Profilablösungen etc.) Beschädigte Reifen sofort austauschen. Das gilt auch dann, wenn sich nach Vollbremsungen sogenannte „Bremsplatten" gebildet haben. Nutzen sich die Reifen ungleichmäßig ab (Sägezahnbildung z.B.), sind Federung und Dämpfung nicht in Ordnung - also prüfen und reparieren.*

Räder, Felgen: Zustand prüfen. *Nicht nur die Reifen, auch die aus einer Leichtmetallegierung gefertigten Räder bedürfen regelmäßiger Kontolle. Empfindlich ist vor allem der Felgenbereich, auf dem die Reifen sitzen. Sind die Felgenhörner deformiert oder eingedellt - z.B. durch hartes Bordsteinfahren - ist das ganze Rad reif für den Schrott. Beschädigte oder verzogene Räder müssen schnellstmöglich ausgetauscht werden - Unfallgefahr!*

Den ***Rundlauf des Rades*** *kann man leicht selbst überprüfen. Zunächst die* ***Vorderradkontrolle:*** *Maschine aufbocken und Vorderrad von Hand in Drehung versetzen. Mit der anderen Hand einen Stift oder ein Stück Kreide so an die Vorderradführung legen, daß die Felge den Stift beim Drehen in mindestens einem Punkt berührt. Anschließend Rad so lange weiterdrehen, bis sich der größtmögliche Abstand zwischen Stift und Felge einstellt. Jetzt diesen Abstand messen, dies ist das Maß des Seitenschlags. Die Toleranzgrenze liegt bei nur 0,5 mm. Ist der Schlag größer, ist das Rad auszutauschen.*

Hinterradkontrolle: *Maschine aufbocken und Heck so abstützen, daß sich das Hinterrad frei drehen kann. Motor starten und mit leicht erhöhter Drehzahl laufen lassen, damit das Rad langsam rotieren kann.* ***Achtung:*** *Motor nicht in geschlossenen Räumen oder Garagen laufen lassen - Vergiftungsgefahr! Stift oder Kreide wie beschrieben an Federbein anlegen und Seitenschlag bestimmen.*

Ob die Räder ***richtig ausgewuchtet*** *sind, läßt sich mit Hausmitteln nur unzureichend prüfen; die innere Reibung in Lagern und Antrieb ist zu groß für eine Unwuchtbestimmung von Hand. Am besten Räder immer bei der Montage neuer Reifen auswuchten lassen. Auch dann, wenn sich beim Fahren eine Unwucht zeigt (Höhenschlag), Reifen-Fachwerkstatt zu Rate ziehen. Zentrale Radbefestigungen regelmäßig prüfen, Drehmomente und saubere Versplintung beachten!*

Scheibenbrems-Hydraulik: Bremsbeläge und Bremsflüssigkeit wechseln, Demontage und Kontrolle aller Bauteile - alle Modelle

1992 stellte Piaggio zum ersten Mal einen Motorroller mit hydraulisch betätigter Scheibenbremse am Vorderrad vor - den Quartz. Seit 1995 sind alle Piaggio-Roller mit Scheibenbremsen vorn ausgerüstet, also auch die ET-, LX- und S-Modelle. Aufbau und Funktionsweise sind bei der Piaggio-Scheibenbremse im Prinzip überall gleich, Unterschiede gibt es zum Teil bei der Sicherung der Bremsbeläge (Bolzen mit Seegerring oder Splint).
Für Wartungsarbeiten muß in jedem Fall das Vorderrad ausgebaut werden; die entsprechenden Hinweise finden sich im Fahrwerkskapitel ab Seite 35. Die an der Scheibenbremsanlage durchführbaren Arbeiten beschreiben wir wieder am Beispiel unserer ET 4 von 1996: Bremsbeläge prüfen und wechseln, Ausbau von Radnabe, Bremsscheibe und Bremszangenträger, Revision von Hauptbremszylinder und Bremszange, Entlüften der Anlage und Befüllen mit neuer Bremsflüssigkeit.

Aufbau, Funktion der Vespa-Scheibenbremsanlage: *Das System entspricht normalem Motorrad-Standard. Bei der* ***Vorderradbremse*** *wirkt der rechte Handhebel direkt auf den Kolben des am Lenker festgeschraubten Hauptbremszylinders; der Bremsflüssigkeitsbehälter ist oben aufgesetzt. Der Druck wird über einen Gummi-Bremsschlauch zur Festsattel-Bremszange weitergeleitet und preßt dort über zwei Kolben die Bremsplaketten gegen die Scheibe.*
Wichtiger Hinweis: *Vom Funktionieren der Bremsanlage hängt die Verkehrssicherheit des Fahrzeugs ab. Wer nicht über die nötigen handwerklichen Fähigkeiten verfügt, sollte Arbeiten am Bremssystem der Fachwerkstatt überlassen. In jedem Fall ist äußerste Sorgfalt geboten. Unsere Hinweise haben nur Informationscharakter, eine Haftung lehnen wir grundsätzlich ab.*

Bilder oben: Die Scheibenbremsanlagen von ET 4 (links) und LX 50 sind weitgehend baugleich. Es handelt sich um hydraulisch betätigte Zweikolben-Festsattelbremsen.

Bremsbeläge prüfen, Vorbereitung Ausbau - alle Modelle: Die Bremsbeläge müssen regelmäßig auf Abnutzung kontrolliert werden. Die Verschleißgrenze ist erreicht, wenn die Beläge nur noch 1,5 mm dick sind. **Achtung:** Nicht die Trägerplatte mitmessen, nur die Stärke der aufgeklebten Reibbeläge ermitteln! Zum Ausbau der Plaketten müssen zunächst das betreffende Rad und die Bremszange ausgebaut werden (s. Fahrwerks-Kapitel ab S. 35).

Links: Der Festsattel ist mit 2 Inbusschrauben SW 6 befestigt, läßt sich nach Lösen derselben mit den Belägen nach hinten ziehen (unten).

Bremszange vom Träger nehmen - alle Modelle: Die beiden IS SW 6 lösen, mit denen die als Festsattel ausgelegte Bremszange am Träger befestigt ist; Bremsschlauch nicht abschrauben. Nach dem Lösen läßt man die Zange einfach an der Bremsleitung herunterhängen. **Achtung:** Bremshebel bei ausgebauter Zange nicht betätigen. Beim **Einbau** die untere IS zusammen mit zwei Unterlegscheiben einsetzen; die flexible Drahtführung für die Tachowelle beachten.

Bremsbeläge Aus- und Einbau - alle Modelle: Zuerst Deckel des Bremsflüssigkeitsbehälters abschrauben (2 KS). Dann an der Bremszange Schutzabdeckung abnehmen, Sicherungssplint oder Seegerring entfernen, Sicherungsbolzen von rechts mittels eines Dorns austreiben, Druckfeder abnehmen (dabei auf die ursprüngliche Lage achten) und Bremsbeläge aus dem Schacht ziehen. **Einbau:** Vor dem Einbau der Plaketten Bremskolben von Hand oder mit einem Holz zurückdrücken; keine scharfkantigen Gegenstände verwenden. **Achtung:** Darauf achten, daß beim Zurückdrücken keine Bremsflüssigkeit aus dem Behälter tritt; notfalls absaugen. Belagschacht - falls nötig - mit Spiritus oder Bremsenreiniger säubern; auf keinen Fall ölhaltige Reinigungsmittel oder Benzin verwenden! Prüfen, ob die Gummimanschetten an den Kolben trocken und damit dicht sind. Bei Dichtungsdefekten muß die Bremszange überholt werden (s. u.). Neue Plaketten einsetzen. Dann die Druckfeder so einsetzen, daß der eingestanzte Pfeil außen liegt und nach oben zeigt. Feder festhalten, Bolzen durchstecken (nicht fetten!) und neuen Sicherungssplint bzw. Seegering anbringen.
Achtung: Vor dem Losfahren Bremsflüssigkeitsstand kontrollieren bzw. regulieren und Behälterdeckel festschrauben. Bremshebel mehrmals betätigen, damit sich die Beläge der Scheibe anpassen können.

Radnabe Vorderrad Aus- und Einbau - alle Modelle: Zum Ausbau der vorderen Bremsscheibe müssen zunächst Vorderrad und Bremszange demontiert werden wie im Fahrwerks-Kapitel gezeigt. Auf der linken Seite Klemmplatte der Tachowelle abnehmen (Schraube SW 8) und Welle abziehen. Dann die Radnabe ausbauen; die Bremsscheibe ist in Fahrtrichtung links an der Nabe befestigt und kommt mit frei. **Achtung:** Die Nabe muß von einem Helfer blockiert werden (Details und Fotos siehe Kapitel „Fahrwerk“). Splint aufbiegen, Sicherungskappe abnehmen und Zentralmutter mit einer Stecknuß SW 22 lösen. Dann Bremssattel ausbauen wie beschrieben und frei hängen lassen; Bremse nicht mehr betätigen. Radnabe mit Bremsscheibe abziehen. **Einbau:** Nabe mit Scheibe aufsetzen, Bremssat-

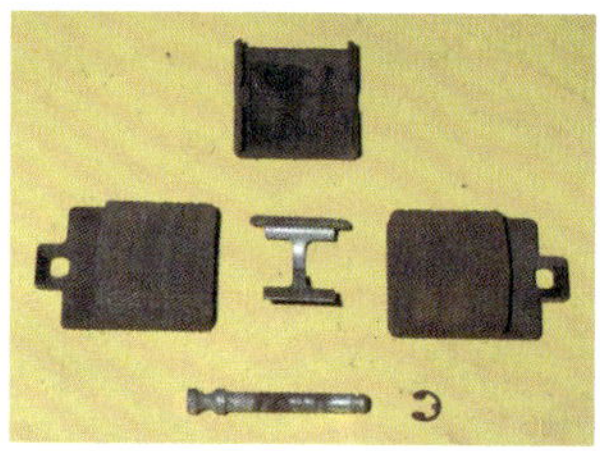

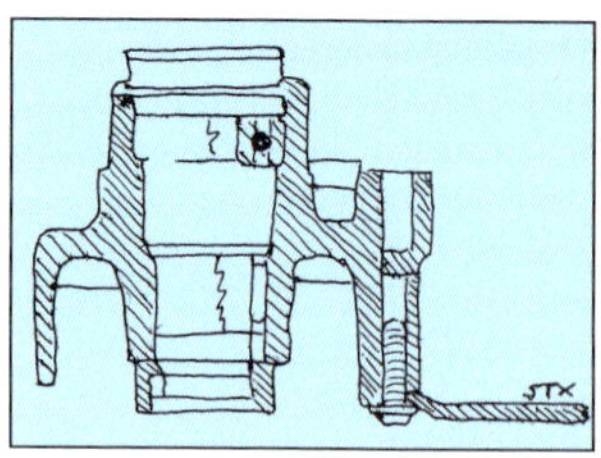

Oben links: Radnabe, Bremsscheibe und Bremszange der ET 4; darunter: zuerst die Plastikkappe abnehmen. Rechte Bildleiste von oben: Abnehmen der Sicherung, Austreiben des Sicherungsbolzens, Abziehen der Bremsbeläge, kompletter Belagkit. U.: Schnitt Radnabe mit Lagerung.

Zeichnung: STX; Vorlage: © Piaggio & C. Pontedera

tel montieren, Rad blockieren. Dann Mutter aufsetzen und mit Nm 75 - 90 anziehen. Sicherungskappe aufsetzen und mit Splint sichern. Splintenden so biegen, daß kein Spiel zwischen Sicherungskappe und Achsstummel bleibt (s. a. Kapitel „Fahrwerk").

Bremsscheibe Aus-, Einbau, Kontrolle - alle Modelle: Nach dem Ausbau der Radnabe (Vorderrad) kann die Bremsscheibe abgenommen werden; sie ist mit fünf Inbusschrauben SW 6 befestigt. Schrauben ausdrehen, Scheibe abnehmen und prüfen. Die Scheibe darf an den Rändern nicht übermäßig eingelaufen sein und keine starken Riefen haben. Schlägt oder vibriert die Bremse spürbar, Scheibe mit einer Meßuhr auf Seitenschlag und Verzug prüfen lassen (Bremsen-Fachwerkstatt). Der Seitenschlag darf nicht größer als 0,1 mm sein.
Einbau: Bremsscheibe sorgfältig von Öl- und Bremsflüssigkeits-Rückständen reinigen und dann so einbauen, daß der eingeprägte Laufrichtungspfeil auf der Federbeinseite liegt. Schraubengewinde mit Schraubensicherung (z. B. Loctite 242) bestreichen, Schrauben einsetzen und mit 5 - 6,5 Nm anziehen.

Bremszangenträger Aus- und Einbau: Diese Arbeit ist nur im Rahmen einer Unfallreparatur erforderlich oder wenn das Federbein ausgewechselt werden soll. Zuerst Tachowelle, Bremszange, Radnabe und Bremsscheibe abnehmen wie oben beschrieben. Den Bremszangenträger vom Federbein abschrauben; er ist mit zwei IS SW 6 und zugehörigen Muttern befestigt. Dann auf der rechten Seite den Seegering ausbauen, der den Träger auf dem Achsstummel hält. Demontage der Radlager siehe Fahrwerks-Kapitel ab Seite 35. **Einbau:** Träger auf den Achsstummel schieben und mit Seegering sichern. Träger wieder am Federbein befestigen, Bolzen einführen, Muttern mit Drehmoment 20 - 25 Nm anziehen.

Hauptbremszylinder und Bremsflüssigkeitsbehälter Aus- und Einbau, Revision - alle Modelle: Lenkerverkleidung abnehmen wie im Karosserie-Kapitel beschrieben. Der Hauptbremszylinder für das Vorderrad sitzt zusammen mit dem integrierten Bremsflüssigkeitsbehälter am rechten Lenkerende. **Deckel** nach Lösen von 2 KS lösen, zusammen mit Dichtung und Gummimenbran abheben. Zunächst **Bremsflüssigkeit** ablassen. Schutzkappe des Entlüftungsventils an der Bremszange entfernen und transparenten Schlauch aufstecken. Anderes Schlauchende in ein Gefäß halten. Entlüftungsventil mit einem Gabelschlüssel SW 8 öffnen und Bremshebel solange betätigen,

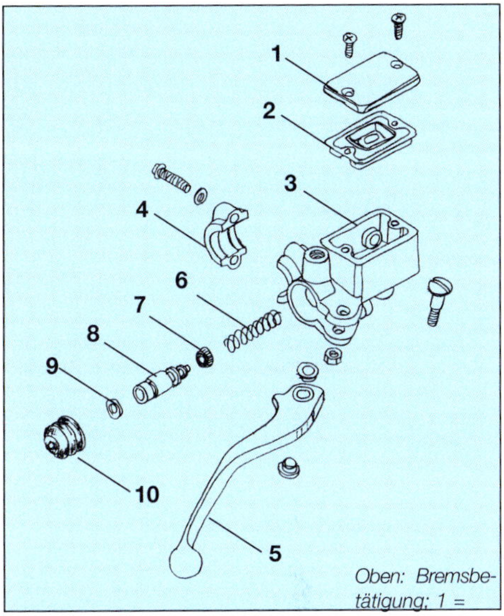

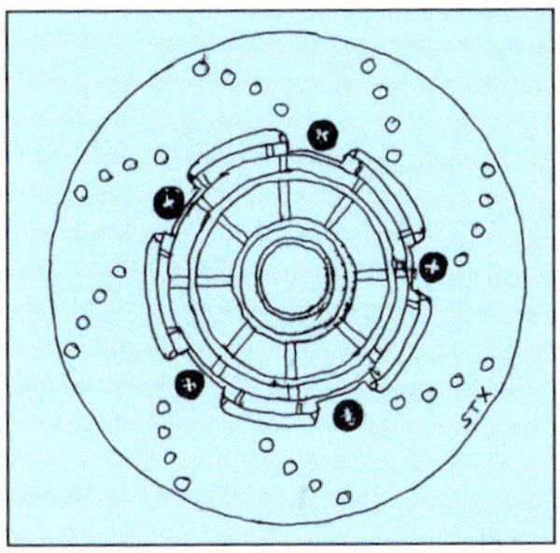

Oben: Bremsbetätigung: 1 = Deckel Behälter, 2 = Membrane, 3 = Flüssigkeitsbehälter, 4 = Klemmschale, 5 = Bremshebel, 6 = Feder, 7 = Dichtung, 8 = Kolben, 9 = Staubschutzring, 10 = Gummibalg; Links: Vordere Bremsscheibe ET, LX.

bis keine Flüssigkeit mehr ausströmt. **Bremsschlauch** vom Hauptbremszylinder abschliessen. Klemmschale (u.U. auch Bremshebel) lösen und Hauptbremszylinder komplett vom Lenker nehmen.
Zum **Zerlegen** (nur in Ausnahmefällen, da normalerweise Werkstattsache) Sprengring am Druckbolzen lösen, Staubschutzmanschette und Kolben mit Dichtmanschette entnehmen. Kolben und Zylinderlaufbahn dürfen keinerlei Korrosion oder Riefen zeigen. Eintrittsloch, Entlüftungsbohrung und Abflußöffnung dürfen nicht verstopft sein, mit Preßluft durchblasen. Defekte Dichtringe und geschwollene Gummiteile ersetzen (Reparatursatz verwenden, falls erhältlich). Alle Teile vor dem Zusammenbau penibel reinigen. **Achtung:** Dazu nur Spiritus oder denaturierten Alkohol, niemals Benzin oder Petroleum verwenden. Alle Fett-, Diesel- oder Ölspuren sorgfältig beseitigen. Die Gummiteile dürfen nicht länger als 20 Sekunden in Alkohol liegen und müssen nach der Reinigung perfekt getrocknet werden.

Einbau in umgekehrter Reihenfolge. Dichtungsringe in frische Bremsflüssigkeit tauchen. Metallteile können dünn mit Bremszylinder-Spezialpaste bestrichen werden (Fachhandel, z.B. FIAT PFR1). Nach Komplettierung Funktion prüfen: Kolben in den Zylinder drücken und loslassen; er muß schnell zurückgleiten. Bei der Montage die Drehmomente für die Verbindungsschrauben beachten (s. Anhang). Fabrikneue Bremsflüssigkeit DOT 4 in den Behälter füllen, System unter Druck setzen und entlüften wie weiter unten beschrieben. Prüfen, ob alle Verbindungen absolut dicht sind.

Aufbau vordere Scheibenbremsanlage: : 1 = Flüssigkeitsbehälter, 2 = Hauptbremszylinder, 3 = Kolben, 4 = Bremshebel, 5 = Bremsschlauch, 6 = Entlüftungsschraube, 7 = Bremszange, 8 = Staubschutzmanschette, 9 = Dichtring, 10 = Kolben, 11 = Bremsbelag, 12 = Bremsscheibe.

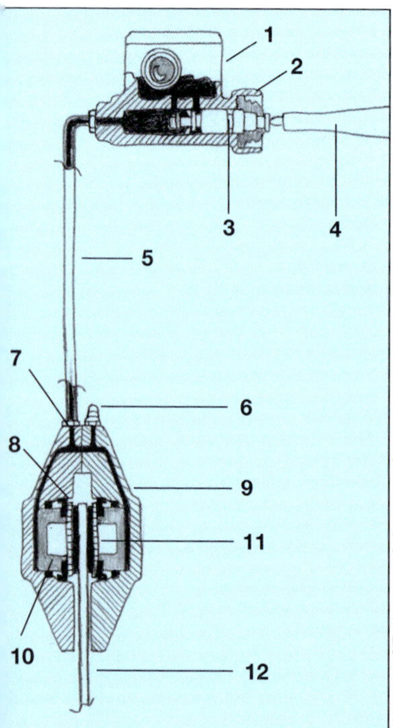

Zeichnung: STX; Vorlage: © Piaggio & C. Pontedera

Achtung: Bei allen Arbeiten darauf achten, daß keine Bremsflüssigkeit auf lackierte Teile tropft; es können Schäden entstehen. Spuren von Bremsflüssigkeit auf der Bremsscheibe mit Spiritus oder Bremsenreiniger entfernen. Mit Bremsflüssigkeit benetzte Beläge müssen ausgetauscht werden, da die Bremswirkung sonst empfindlich herabgesetzt würde. Den Aufbau von Hauptbremszylinder und Scheibenbremse für das Vorderrad zeigt die Graphik links unten.
Achtung: keine Bremsflüssigkeit DOT 5 einfüllen oder mit DOT 4 vermischen; die beiden vertragen sich nicht.

Bremszange Zerlegung, Revision - alle Modelle: Die Festsattel-Bremszangen der Vespa-Modelle funktionieren nach dem gleichen Prinzip. Die ET- und LX-Modelle verfügen über Zweikolben-Sättel am Vorderrad. Zunächst Bremsbeläge ausbauen wie vorn beschrieben. Dann Bremsflüssigkeit ablassen wie im Abschnitt „Hauptbremszylinder" gezeigt. Bremszangen ausbauen und Bremsschlauch abnehmen wie beschrieben. Zum Zerlegen zwei IS SW 6 lösen. Die beiden Hälften der Zange ablegen. Nun die **Innenteile** herausnehmen; dazu - falls nötig - Preßluft in die äusseren Bohrungen für die Bremsflüssigkeit schicken; nicht mit hohem Druck arbeiten, sonst fliegen die Einzelteile durch die Gegend. Hand oder Lappen schützend davorhalten. Jede Hälfte enthält einen Staubschutzring, eine Dichtmanschette und einen Leichtmetallkolben. Außerdem gibt es einen zentralen O-Dichtring (s. Graphik S. 39). Kolbenlaufbahnen prüfen; falls Kratzer oder Korrosion festgestellt werden, muß die Zange komplett ausgetauscht werden. **Achtung:** Die inneren Einzelteile müssen laut Piaggio nach jedem Zer-

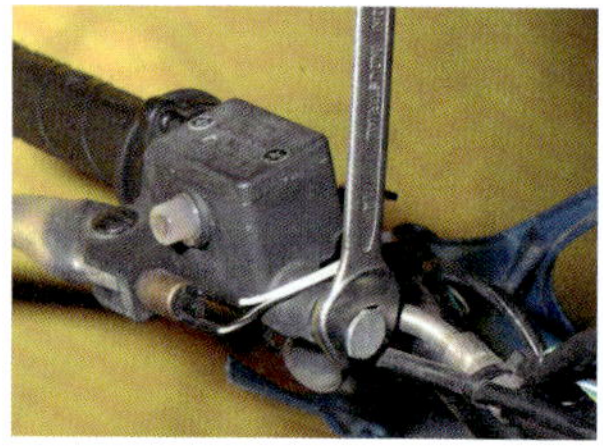

Von oben nach unten: Bremsflüssigkeitsbehälter mit Bremslichtschalter ET 4; Lösen der oberen Hohlschraube am Bremsschlauch; geöffneter Hauptbremszylinder mit Dichtung und Membran; zum Zerlegen des Bremssattels müssen zwei IS SW 6 ausgedreht werden (nur ausführen bei ausgebautem Sattel).

legen der Zange erneuert werden, auch wenn keine Beschädigungen festzustellen sind. Für Reinigung und Zusammenbau gelten ansonsten die gleichen Grundsätze und Sicherheitshinweise wie in den Abschnitten „Hauptbremszylinder“ weiter oben.

Zusammen- und Einbau: Alle Teile mit Bremsenreiniger oder Spiritus reinigen wie beschrieben; Spuren von Fett und Öl sorgfältig entfernen. Gummiteile kurz in Bremsflüssigkeit tauchen, u.U. dünn mit Bremszylinder-Paste bestreichen (z. B. FIAT PFR1). Genauen Sitz aller Einzelteile prüfen. Anschließend Funktion prüfen: Kolben in die Zange drücken und loslassen; er muß schnell zurückgleiten. Hälften der Zange zusammenfügen und fest verschrauben. Bremszange am Träger befestigen (Drehmoment 10 - 12 Nm), Bremsschlauch anschliessen (Drehmoment 20 - 25 Nm), Bremsbeläge einsetzen, Anlage befüllen und entlüften wie weiter unten beschrieben.

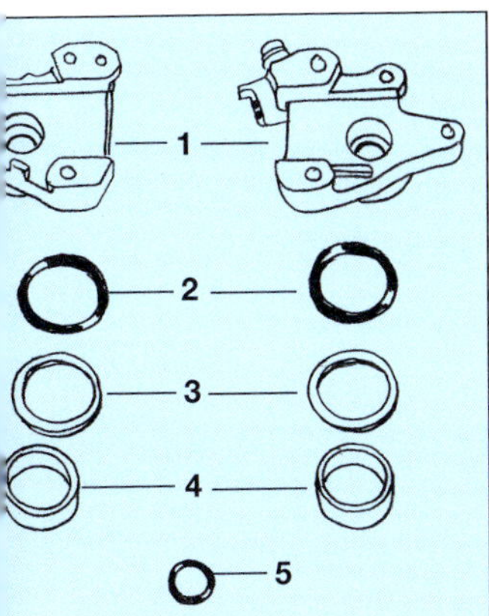

Zeichnung: STX; Vorlage: © Piaggio & C. Pontedera

Elemente der Bremszange vorn: 1 = Zangenhälften, 2 = Staubschutzmanschetten, 3= Dichtringe, 4 = Kolben, 5 = Dichtung zwischen den Hälften.

Bremsanlage entlüften - alle Modelle: Nach allen Arbeiten an der Bremsanlage muß das System entlüftet werden (und gefüllt, falls vorher entleert). Entlüftet werden muß auch, wenn die Bremse sich schwammig anfühlt und erst nach mehrmaligem Betätigen des Hebels richtig Wirkung zeigt. Zunächst stets prüfen, ob die Anlage dicht ist. Entweicht beim Entlüften ständig weiter Luft durch den Entlüftungsschlauch, müssen alle Verbindungen geprüft und gegebenenfalls nachgezogen werden. Zum Entlüften benötigt man eine Dose mit 500 cm^3 Bremsflüssigkeit **DOT 4**, einen durchsichtigen Plastikschlauch mit 3,0 mm Innendurchmesser, einen Gabelschlüssel SW 10, ein sauberes Haushaltsglas und einen Helfer.

Zunächst Deckel des Bremsflüssigkeitsbehälters abnehmen. Dann ungefähr 100 cm^3 Bremsflüssigkeit in das Glas füllen. Fahrzeug auf einer ebenen Fläche aufbocken. Gummikappe von der **Entlüftungsschraube** der Bremszange abnehmen und den Plastikschlauch aufschieben; er muß luftdicht abschließen. Das andere Ende des Schlauchs in das mit Bremsflüssigkeit gefüllte Glas halten. Entlüftungsschraube mit dem Gabelschlüssel eine halbe Umdrehung öffnen. Dann betätigt der Helfer den Bremshebel bis zum Anschlag. Die mit Luft durchsetzte Bremsflüssigkeit entweicht über die Leitung ins Glas; Entlüftungsschraube schließen, Helfer läßt Hebel wieder los. Vorgang so lange wiederholen, bis keine Luftbläschen mehr austreten und sich fühlbarer Gegendruck zeigt.

Achtung: Der Schlauch darf nicht aus der Bremsflüssigkeit herausrutschen. Während des Entlüftens immer so viel Bremsflüssigkeit nachfüllen, daß der Pegel im Vorratsbehälter nicht unter „Min“ sinkt. **Achtung:** Während des Vorgangs kann Flüssigkeit aus der Bohrung der Entlüftungsschraube treten und Bremszange sowie Bremsscheibe verunreinigen; Elemente in diesem Fall sorgfältig mit Spiritus oder Breakcleaner reinigen und trocknen. Tritt keine Luft mehr aus, Hebel am Anschlag halten und gleichzeitig Entlüftungsschraube schließen. Erst dann Hebel loslassen. Zum Abschluß Bremse mehrmals kräftig betätigen; es muß ein gleichmäßig deutlicher, unnachgiebiger Druckpunkt zu spüren sein.

Tip: Gebrauchte Bremsflüssigkeit umweltgerecht entsorgen (Sondermüll); sie darf nicht mit Altöl vermischt werden.

Oben: zuerst Gummikappe vom Entlüftungsventil abnehmen; unten: Entlüften einer hydraulischen Bremse am Beispiel eines Booster-Rollers von MBK. Transparenten Schlauch auf Entlüftungsventil stecken, anderes Ende in Glas mit Bremsflüssigkeit halten. Bei Piaggio-Rollern nur Flüssigkeit DOT 4 verwenden.

Bremsflüssigkeit kontrollieren - alle Modelle: Der Bremsflüssigkeitspegel im Behälter am Lenker darf nie unter die Minimum-Marke absinken. Sinkt die Flüssigkeit unter die Minimal-Marke, kann beim Bremsen Luft angesaugt werden - die Bremswirkung läßt dramatisch nach. Die Kontrolle sollte einmal pro Monat durchgeführt werden.
Achtung: Bei starkem Flüssigkeitsverlust nicht einfach nachfüllen, sondern die Ursache suchen. In Frage kommen undichte Schraubverbindungen, poröse oder beschädigte Bremsschläuche, undichte Manschetten an Haupt- und Radbremszylinder. Bei Bedarf nur frische Bremsflüssigkeit der Qualitätsklasse **DOT 4** nachfüllen. **Achtung:** Werden andere Flüssigkeiten (Motoröl zum Beispiel) eingefüllt, lösen sich die Gummidichtungen der Bremsanlage auf, die Bremse fällt aus. **DOT 4 nicht mit DOT 5 vermischen.**

Zum Einfüllen neuer Bremsflüssigkeit den Deckel des Hauptbremszylinders öffnen und Membran entfernen. Nicht über Maximalstand füllen, nicht verschütten; der Lack könnte angegriffen werden. Nur Qualitätsflüssigkeit DOT 4 verwenden.

Bremsflüssigkeit nachfüllen - alle Modelle: Zum Nachfüllen von Bremsflüssigkeit Fahrzeug so aufbocken, daß es absolut gerade steht. Dann Verschlußkappe des Behälters aufschrauben bzw. die beiden Deckelschrauben am Behälter lösen und Deckel mit Membrane und Dichtung abnehmen. Stets frische Bremsflüssigkeit DOT 4 aus zuvor versiegeltem Behälter verwenden. Beim Einfüllen darauf achten, daß keine Flüssigkeit auf lackierte Teile oder Teile aus Kunststoff tropft. Geht trotzdem etwas daneben, den betroffenen Bereich mit viel klarem Wasser abspülen. **Achtung:** Bremsflüssigkeit nimmt Wasser aus der Luft auf und verliert damit an Wirkung (sie ist hygroskopisch). Unter starker Belastung (Paßfahrten) kann dann die Bremse ausfallen (Fading). Unter normalen Fahrbedingungen sollte die Flüssigkeit alle zwei Jahre ausgetauscht werden, bei härterem Einsatz öfter.

Bremsanlage prüfen - alle Modelle: Wenn trotz sorgfältigen Entlüftens immer wieder Luft ins System eindringt, müssen alle Anschlüsse und Komponenten der Bremsanlage überprüft werden. Bremsschläuche mit Rissen, Scheuerstellen oder Aufquellungen sofort austauschen. Dazu zunächst Bremsanlage ganz entleeren und Bremsflüssigkeit auffangen. **Umwelttip:** Gebrauchte Flüssigkeit nicht wegschütten, sondern zur Müllsammelstelle bringen; Bremsflüssigkeit ist giftig und darf nicht ins Grundwasser gelangen. Auf keinen Fall darf, wie bereits erwähnt, Bremsflüssigkeit mit Altöl zusammengekippt werden. Derart verunreinigtes Öl kann nicht mehr oder nur mit größtem Aufwand recycelt werden. Besonders darauf achten, daß der Bremsschlauch richtig verlegt ist und nirgends scheuert. **Achtung:** Bremsschläuche aus Sicherheitsgründen grundsätzlich alle vier Jahre erneuern, auch wenn keine Schäden erkennbar sind. Piaggio empfiehlt für alle Modelle der Baureihen ET, LX, LXV und S einen Wechsel alle 30.000 km.

Bremsschläuche - Kontrolle, Austausch: Die Bremsflüssigkeit wird über flexible Bremsschläuche vom Hauptbremszylinder zur Bremszange transportiert. Der Schlauch ist so etwas wie die Arterie des Fahrwerks: Wird er verletzt, läuft die Flüssigkeit aus; Druckverlust und Bremsausfall sind die Folge. Daher muß der Zustand des Bremsschlauchs regelmäßig, spätestens aber alle 5000 km oder einmal im Jahr überprüft werden. Angerissene oder spröde gewordene Schläuche müssen unverzüglich gewechselt werden.
Zum **Austausch** Bremsflüssigkeit über das Entlüftungsventil am Bremssattel abpumpen wie im Abschnitt „Bremsen entlüften" gezeigt. Flüssigkeit umweltgerecht entsorgen. An den Hauptzylindern und am Bremssattel sind die metallischen Ringmündungen der Schläuche mit Hohlschrauben befestigt. Sie werden mit einem passenden Schlüssel SW 14 (u. U. SW 13) ausgedreht. Stets neue Dichtringe verwenden. Bei der Montage neuer Schläuche die Hohlschrauben mit Gefühl bzw. Drehmoment anziehen: Am Hebel mit 8 bis 12 Nm, an der Zange mit 15 - 25 Nm. Anschließend Bremse mit neuer Flüssigkeit **DOT 4** befüllen und entlüften wie beschrieben. Bremshebellager alle 5000 km leicht fetten.

Trommelbrems-Mechanik: Bremsbeläge wechseln, Trommel prüfen, Seilzüge einstellen, warten, wechseln - alle Modelle

Trommelbremsen - allgemeine Hinweise: *Bei den Piaggio-Motorrollern der Baureihen ET, LX, LXV und S wurden die bei älteren Modellen üblichen Trommelbremsen an den Vorderrädern durch Scheibenbremsen ersetzt. Klassische Trommelbremsen finden sich nur noch an den Hinterrädern dieser Modelle. Sie liegen nach Ausbau von Schalldämpfer (s. Kapitel „Motorausbau“) und Hinterrad (s. Kapitel „Fahrwerk“) frei und lassen sich mühelos prüfen und warten. Der Austausch der kompletten Bremsbacken ist sehr einfach. Der Verschleiß ist minimal, oft halten die Beläge hinten 30.000 km und mehr. Erst wenn die Beläge bis auf eine Stärke von 1,5 mm abgenutzt sind (gemessen ohne Backen), müssen sie ausgetauscht werden. Kontroll-Sichtfenster oder Verschleißanzeiger fehlen leider.*

Bremstrommeln prüfen: Nach Ausbau von Schalldämpfer und Hinterrad den Zustand der ins Rad integrierten Bremstrommeln prüfen. Falls sich starke Riefen, Rillen oder andersartige Beschädigungen zeigen, müssen die Trommeln in einem Fachbetrieb nachgedreht werden. Das gilt auch für Trommeln, die sich verzogen haben und daher unrund sind (bei Vespa-Rollern indes äußerst unwahrscheinlich); Anzeichen dafür wäre ein schlagendes, ungleichmäßiges Ansprechen oder ein starkes Rubbeln. Das höchstzulässige Übermaß der Trommeln beträgt 0,4 mm. Bei irreparablen Schäden muß das komplette Rad gewechselt werden.

Bremsbeläge prüfen, ausbauen: Die Beläge sind auf die Bremsbacken aufgeklebt. Die Backen sind komplett auszutauschen, wenn die **Mindestbelagstärke von 1,5 mm** erreicht ist oder falls sich starke Riefen oder Beschädigungen zeigen. Die Rückholfedern dürfen keine Verformungen aufweisen. Ausgebaut werden die Bremsbacken, indem man sie einfach zusammen mit den Federn über Nocken und Widerlager nach außen klappt. Notfalls einen Schraubendreher zu Hilfe nehmen, der zur Schonung der Belagkanten mit einem Lappen umwickelt wird.

Bei **verölten Belägen** kann Getriebeöl über undichte Wellendichtringe in die Bremstrommel gesickert sein. In solchen Fällen unbedingt der Ursache auf den Grund gehen und Schaden an der Quelle beseitigen, sonst macht der Belagwechsel keinen Sinn. Der Aufwand ist allerdings enorm: Ausbau der Antriebseinheit, Zerlegung von Antrieb und Getriebe, Austausch des nur von der Getriebeseite her zugänglichen Wellendichtrings, der die Antriebsachse gegen das Gehäuse abdichtet (Einzelheiten s. Kapitel „Motorausbau“, „Antrieb“, „Getriebe“.) Verölte Beläge auf jeden Fall ersetzen; Reinigen mit Lösungsmittel hilft nicht, weil Öl tief in die Belagstruktur eindringt. Vor dem **Auflegen neuer Bremsbacken** alle Elemente reinigen: Ankerplatte, Nocken, Widerlager. Korrosionsspuren mit feinem Schmirgelleinen entfernen. Nocken und Widerlager nicht einfetten, die Teile gleiten aufgrund der Materialbeschaffenheit ohne Reibungsverlust. Backen aufsetzen und mit leichten Hammerschlägen in den Sitz treiben; dabei nicht direkt auf die Beläge schlagen.

Oben: Trommelbremse der ET 4 mit Seilzug (Klemme sitzt auf diesem Bild nicht korrekt). Links: Prüfen der Bremstrommel (Sfera). Un.: Die Bremsbacken werden abgeklappt und komplett gewechselt.

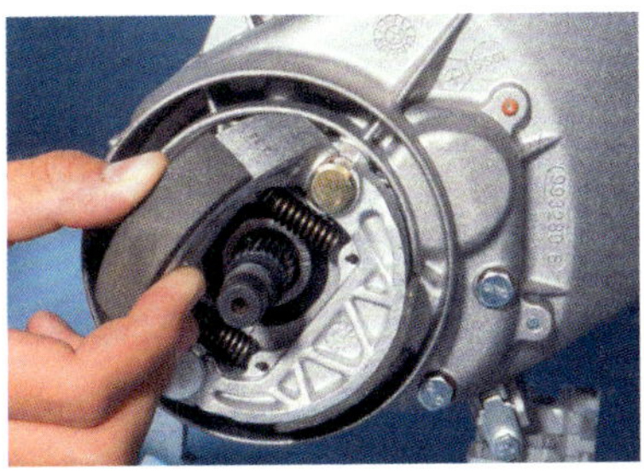

Bremsen einstellen: Im Rahmen der regelmäßigen Wartung und immer dann, wenn neue Bremsbacken aufgelegt wurden, muß die Vespa-Hinterrad-Trommelbremse neu eingestellt werden. Die Arbeit ist einfach. Kontermutter SW 10 am Bremshebel unterhalb des Antriebsgehäuses lösen, dabei Einsteller mit zweitem Schlüssel SW 10 festhalten. Zum Verringern des Spiels Einsteller von Hand (bei entlastetem Bremshebel) im Uhrzeigersinn drehen, zum Vergrössern gegen den Uhrzeigersinn. Die Einstellung ist dann korrekt, wenn sich - bei aufgebocktem Fahrzeug - das Hinterrad bei nicht betätigter Bremse vollkommen frei drehen kann, beim Ziehen der Bremshebel aber sofort abgebremst wird. In der Regel hat der Bremshebel dann am unteren Ende ein **Spiel von 5 bis 7 mm**. Nach der Korrektur Einsteller wieder kontern. Weitere Hinweise im Abschnitt „Hinterradbremszug".

Hinterradbremszug - Ausbau: erforderliche Vorarbeiten: Ausbau von Lenkerverkleidung, Handschuhfach und Trittbrett wie im Kapitel „Karosserie" beschrieben. Dann den Einsteller am Hinterrad entsichern (Schlüssel SW 10) und ausdrehen. Bowdenzugklemme von der rechten Fahrzeugunterseite her mit einem Schlüssel SW 8 lockern. Die Seilzughalteöse an der Ölwanne (vor der Ablaßschraube) mit einem Steckschlüssel SW 8 abschrauben, Seilzug aus Führungsblech unter der Schwinge aushängen. Linke Gummitülle am Lenker zurückschieben, Seilzugnippel um 90 Grad drehen und nach unten drücken; Seilzug aus der Karosserie fädeln. Beim Wiedereinbau den Seilzug von vorn in das Widerlager am Antriebsgehäuse stecken; alle anderen Arbeiten in umgekehrter Reihenfolge. Seilzug

Von oben nach unten: Nachstellen des Bremszugs bei gleichzeitigem Gegenhalten; Fixieren der Hülle mit der kleinen Klemmplatte hinten; Zughalter unter der Ölwanne; korrekte Führung im Antriebsbereich.

einstellen wie im vorangegangenen Abschnitt erläutert.

Bremshebel am Hinterrad ausbauen: Zuvor müssen Schalldämpfer, Hinterrad und Bremsbacken ausgebaut werden wie beschrieben. Dann die Schraube SW 8 lösen, die den Hebel auf der Bremsnockenwelle fixiert. Hebelstellung markieren und Hebel abnehmen. Jetzt läßt sich auch der Bremsnocken abziehen und überprüfen; er darf keine groben Riefen oder Kerben zeigen und kein übermäßiges Verschleißbild haben.

Bremsseilzug warten und pflegen: Von der einwandfreien Funktion hängen Betriebs- und Fahrsicherheit ab. Bei beschädigtem Bremsseilzug besteht Unfallgefahr! Die typischen Mängel sind: mangelhafte Schmierung und daraus resultierende Schwergängigkeit, Knick- und Bruchstellen an der Seilzughülle, durchgescheuerte Einzeldrähte. Ein Bowdenzug mit geknickter Hülle oder beschädigtem Drahtzug muß sofort ausgewechselt werden.
Da **Vorbeugen** besser ist als Heilen, empfiehlt es sich, den Bremsseilzug bei jeder Inspektion zu ölen. Dazu Lenkerverkleidung abbauen, Einsteller am linken Radbremshebel lösen und Seilzug am Lenker aushängen wie beschrieben. Oberes Seilzugende senkrecht halten und mit Ölkännchen oder Sprühdose einige Tropfen Motoröl zwischen Seil und Hülle träufeln. Zweckmässig ist es, aus Plastikfolie einen kleinen Trichter um den Bowdenzug zu legen und ihn unten abzukleben. Im Zubehörhandel sind auch professionelle Seilzugöler zu haben.

Mit einem Seilzugöler aus dem Zubehörhandel lassen sich Bowdenzüge perfekt schmieren. Erforderlich ist zuvor allerdings der Ausbau der Lenkerverkleidung.

Bremshebel am Lenker: Schon bei einem leichten Umfaller können die Bremshebel beschädigt werden. Zum Austausch Lenkerverkleidung abnehmen. Am Bremshebel Seilzug aushängen wie gezeigt. Haltebolzen von oben mit einem Schraubendreher festhalten, von unten mit einem Ringschlüssel SW 10 die Mutter lösen; beim Abziehen des Bolzens auf die Feder achten. Der Bremshebel für die Hydraulikbremse rechts ist gleichermaßen befestigt.

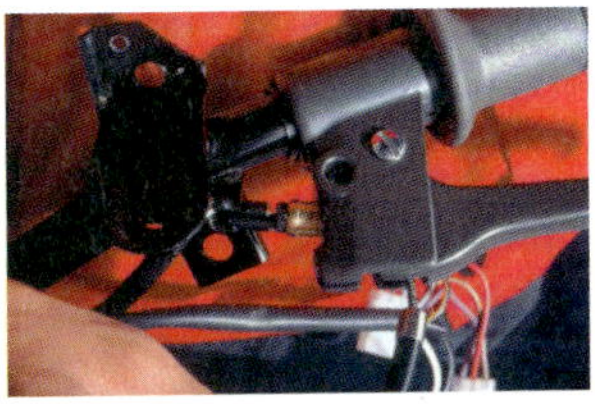

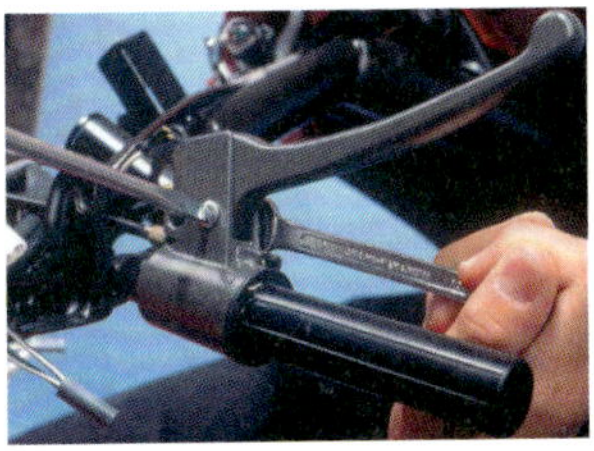

Oben: Seilzug um 90° verdrehen. Unten: Lösen des Hebels vom Sockel.

Bremslichtschalter: Jeder der beiden Bremshebelsockel ist mit einem Bremslichtschalter mit Messinggehäuse und Kontaktstift ausgerüstet. Die jeweils zwei Kabel werden einfach abgezogen und können später beliebig wieder aufgesteckt werden. Die Schalter lassen sich leicht von Hand ausdrehen und auswechseln - siehe Foto unten; notfalls Spitzzange zu Hilfe nehmen.

Triebwerksblock, Auspuff Aus- und Einbau alle Modelle; Lösen der Kabelverbindungen

***Motor und Antrieb** sind bei allen Automatikrollern von Piaggio miteinander verblockt und werden dementsprechend als Einheit aus- und eingebaut. Seit Einführung der ersten Zweitakt-Sfera 1990 hat sich an diesem Prinzip nichts geändert. Mehr noch: Alle nachfolgenden **Zweitakt-Typen** und damit auch die in diesem Buch behandelten Modelle **ET 2, LX 50 , LXV 50 und S 50** sind antriebstechnisch weitgehend mit der Sfera identisch. Die **Viertakter ET 4 und LX 125** unterscheiden sich nur oberhalb des Kurbel- und Antriebsgehäuses von den klassischen Zweitaktmodellen: Zylinder, Zylinderkopf mit Ventilsteuerung, Kühlung und Gemischaufbereitung. Der **Ausbau der Antriebseinheit** wird in diesem Kapitel am Beispiel einer **Vespa ET 4** beschrieben. Die Unterschiede zu den übrigen Typen sind minimal; **bei ET 2, den LX-, LXV- und S-Modellen analog vorgehen. Achtung:** Vor Motorausbau Batterie abklemmen! Auf Kabelanschlüsse achten.*

Auspuff - Aus- und Einbau: Die Vespa-Auspuffanlage besteht aus zwei Hauptelementen - kurzer Krümmer vom Zylinder weg und einteiliger Schalldämpfer. Für zahlreiche Arbeiten muß der Dämpfer abgenommen werden: Hinterradausbau, Getriebeölwechsel, Wartung der Hinterradbremse, Ausbau des Anlassers etc. Der **Schalldämpfer** ist bei allen Modellen seitlich mit zwei langen IS befestigt, die mit einem Innensechskantschlüssel SW 6 ausgedreht werden. Anschließend werden die beiden Schrauben SW 10 mit den beiden Sprengringen vom Flansch abgeschraubt. Schalldämpfer und Flanschdichtung abnehmen. Durchgerostete Dämpfer ersetzen - das dient dem Lärmschutz und erhält die Leistung. Bei den Zweitaktern **Verbrennungsrückstände** in Eingangs- und Auslaßöffnung abkratzen. Dämpfer nicht ausbrennen; es entstehen giftige Dämpfe. **Achtung:** Bei Montage eines neuen Schalldämpfers nur Originalteile oder Zubehörteile mit ABE oder EBE verwenden. Beim Einbau von Auspuffanlagen ohne TÜV-Siegel und ABE erlöschen Betriebserlaubnis und Versicherungsschutz für das Fahrzeug. Der **Auspuff** ist mit zwei Muttern SW 10 direkt am Zylinder befestigt und läßt sich bei

Oben: Lösen des Schalldämpfers vom Krümmer. Mitte, unten: Lösen, Abnahme des Dämpfers vom Motor.

***Antriebsblock - Ausbau allgemein:** Ausgangssituation: abgebaut sind alle störenden Karosserieteile, außerdem Auspuff sowie Hinterrad mit Kotflügel wie in den vorangegangenen Kapiteln beschrieben. Die Abnahme von Benzin- und Öltank ist nicht unbedingt erforderlich. Wartungsklappe am Mitteltunnel abnehmen; die beiden schmalen Plastikverkleidungen unterhalb des Karosseriehecks ausbauen (je eine KS); Batterie abklemmen.*

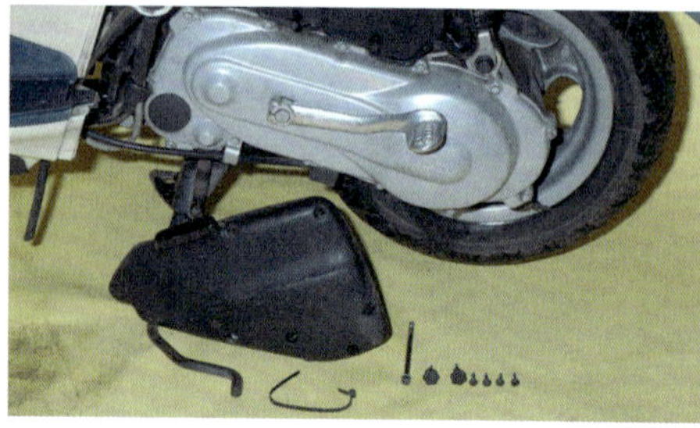

eingebautem Motor leicht abnehmen. Wir empfehlen, beim **Einbau** erst sämtliche Teile der Anlage lose vorzumontieren und immer **neue Flanschdichtungen** zwischen Zylinderkopf und Krümmer sowie zwischen Krümmer und Dämpfer zu verwenden. Schrauben bzw. Muttern nur in folgender Reihenfolge anziehen und dabei die erforderlichen Drehmomente nicht überschreiten (Werte in Klammern): 1. Schrauben SW 10 Dämpfer an Krümmer (Nm 11 - 13); 2. Muttern SW 10 an Zylinder (Nm 11 - 13); 3. Schrauben mit Zylinderkopf Inbus SW 6 an der Triebsatzschwinge (Nm 24 - 27).

Luftfilterelement - Ausbau: Zuerst Sitzbank hochklappen und Helmfach herausheben. Vor Ausbau des Luftfilterkastens muß das Filterelement abgenommen werden. Dazu von außen vier KS und eine IS SW 5 ausdrehen. Dann von innen zwei RM lösen (schwer zugänglich, notfalls Spitzzange zu Hilfe nehmen); Schlauchbinder am Ansaugstutzen mit Seitenschneider durchknipsen, später durch neuen ersetzen. Filterelement herausnehmen (Wartung: s. Kap. „Gemischaufbereitung"). Zum Ausbau des Luftfiltergehäuses von außen zweite IS SW 5 lösen, Schelle zum Vergaser öffnen.

Elektrische Verbindungen trennen ET 2: Zuerst wegen der Kurzschlußgefahr die Batterie abklemmen (s. Kap. „Motorelektrik 1" ab S. 112). Nun müssen alle Kabelverbindungen zwischen Motor und Rahmen getrennt werden. Den Kerzenstecker von der Zündkerze abziehen, Zündkabel an der Zündbox lassen. Dann die drei Kabel von der Zündbox trennen: Gummitüllen zurückstreifen und Flachstecker abziehen; Kabelfarben von links: rot, weiß, grün. Jetzt kann auch die Zündbox abgenommen werden; sie ist mit zwei Muttern SW 8 befestigt. Prüfung Zündbox: s. „Motorelektrik 3" ab S 119.
Jetzt Tülle vorn am Kabelbaum zurückziehen und Steckverbindung des Regler-Kabels trennen. Doppelkabel grau/schwarz, das zum automatischen Choke am Vergaser führt, etwas aus der Hülle ziehen und Steckverbindung trennen. Zuletzt die beiden Anlasserkabel abnehmen, und zwar 1. vom Anlasser-Relais (sitzt oben am Rahmenheck; isolierter Flachstecker), 2. vom Regler (auffällig durch Leichtmetall-Verrippung); KS lösen, mit der die Öse des Massekabels befestigt ist. Am Rahmen wird das Anlasserkabel durch Kabelbinder und Klemmen geführt; beides lösen.
Achtung: Bevor Sie die Kabel aus ihrer Position ziehen, merken sie sich genau, wie sie verlegt sind; das erspart mühsames Suchen und falsches Einfädeln beim Zusammenbau; beachten Sie zur Kabelverlegung auch die Abbildungen sowie die Elektrik-Schaltpläne ab Seite 124.

Oben: Triebsatzschwinge ET 2 mit abgenommenem Luftfiltergehäuse. Mitte: Gehäuse-Abbau ET 4. Unten: Abnahme Automatik-Choke ET 2.

Bowdenzug- und Schlauch-Verbindungen lösen ET 2: Alle Bowdenzüge, die zu Motor und Antrieb führen, müssen an den jeweiligen Eingängen abgenommen werden: Gaszug 1 vom Vergaser, Gaszug 2 von der Ölpumpe, Bremsseil von der Hinterradbremse; dazu die beiden Bremskabel-Klemmschrauben SW 8 mit Gabel- bzw. Steckschlüssel ausdrehen; Seil hinten durch Lösen der Mutter SW 10 abnehmen, dabei mit zweitem Schlüssel SW 10 gegenhalten; Bremshebel entlasten und Seil aushängen (s.a. Fahrwerks- und Karosserie-Kapitel). Außerdem abziehen: Benzin- und Unterdruckleitung vom Vergaser, Ölleitung vom Öltank.

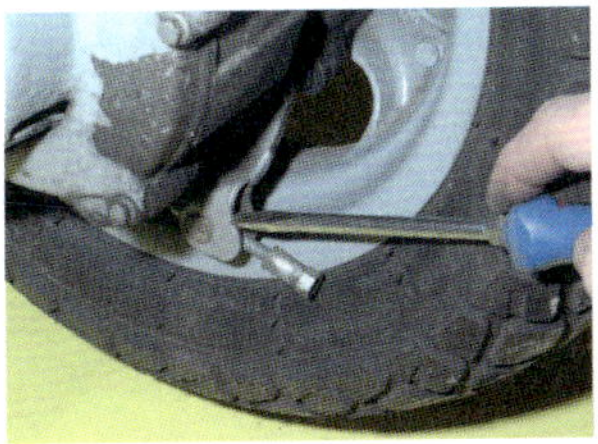

Motor und Antrieb vom Rahmen trennen

ET 2: falls noch nicht geschehen, das untere Federbeinauge vom Antriebsblock trennen: Bolzen SW 13 und Mutter SW 17. Antrieb hinten absenken. Dann die **Schwingenachse ausbauen**, mit der Motor und Antrieb vorn am Rahmenausleger gelagert sind: Die Achse mit einem Ring- oder Steckschlüssel SW 17 festhalten (rechte Seite) und Mutter SW 17 auf der linken Seite ausdrehen. Achtung: Beim Wiedereinbau selbstsichernde Muttern stets erneuern! Die Achse läßt sich meist nicht einfach herausziehen, sondern muß mit Schlüssel und Knarre ausgedreht werden; nicht mit metallischen Gegenständen auf das Achsende schlagen - das Gewinde würde dabei beschädigt. Antrieb auf dem ausgeklappten Mittelständer ruhen lassen und festhalten. Helfer hebt den kompletten Rahmen hoch und trennt so Chassis und Antrieb. Die Zerlegungsarbeiten können beginnen. **Achtung beim Wiedereinbau der Schwingenachse:** Der Bolzenkopf muß rechts, die Mutter links in Fahrtrichtung angesetzt werden. Anzugsdrehmoment: 38 - 52 Nm. Der Rahmenausleger zwischen Schwingenachse und Chassis ist genau andersherum befestigt: Bolzen von links, Mutter von rechts - beides SW 19; er muß nicht demontiert werden.

Bildleiste oben: Abnahme des Bremsseilzugs zum Hinterrad als Voraussetzung für den Motorausbau; links; Lösen des Einstellers; Mitte: Zurückdrücken des Bremshebels; rechts: Lösen des Halters an der Ölwanne. Bilder links: Mit Schlüsseln SW 13 und SW 17 wird die Schwingenachse ausgebaut. Bolzen mit Gummihammer austreiben.

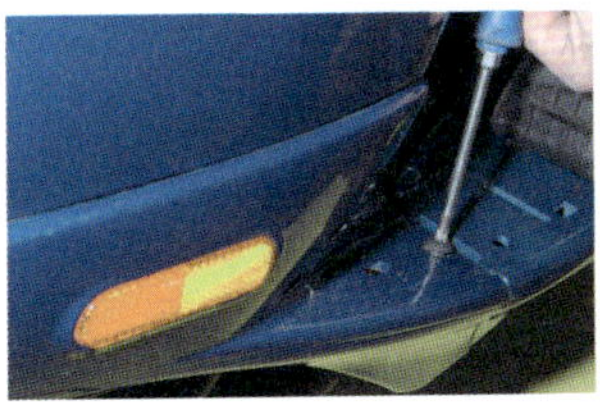
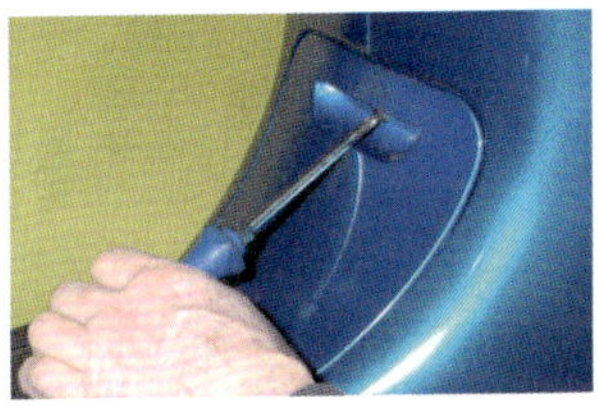
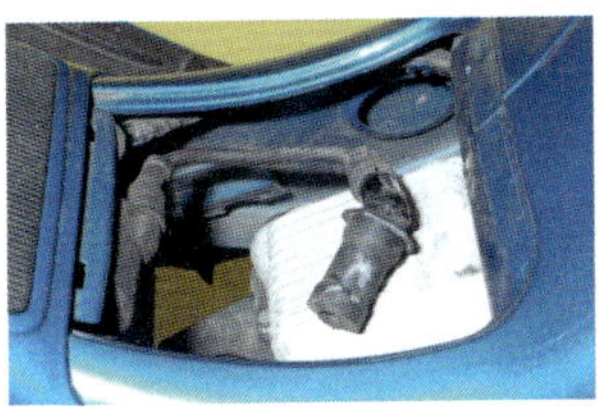
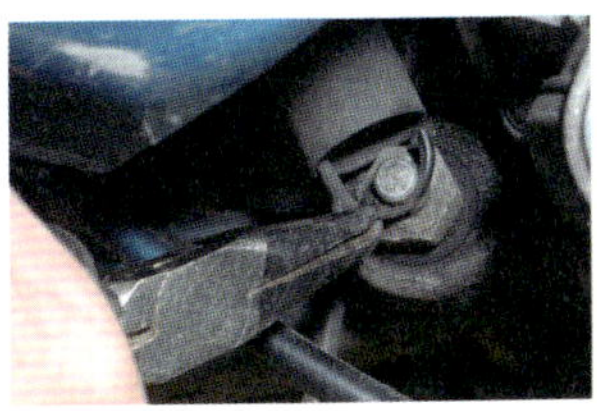

Ganz links: Lösen der unteren Federbeinbefestigung. Mitte oben, rechts: Lösen Seitenverkleidung, Mittelabdeckung. Mitte unten, rechts: Abnahme Zündkabel, Dämpferfeder.

Antriebsblock Vespa ET 4, LX 125 - Ausbau: Im Prinzip wird bei den Viertaktern genauso vorgegangen wie bei den Zweitaktern. Bei den Kabelverbindungen gibt es aber einige wichtige Unterschiede. Zusätzlich ist unten die Feder am Schwingungsdämpfer auszuhängen. Wir zeigen die Arbeiten, die anders sind als bei Zweitaktern. **Achtung:** Vor Motorausbau Batterie abklemmen!

Kabelverbindungen der Elektrik trennen ET 4, LX: Auch hier wieder wegen der Kurzschlußgefahr zuerst die Batterie abklemmen (Details s. ab S. 112). Dann Zündkabel abziehen; Verbindung zur **CDI-Einheit** trennen; dazu Tülle zurückziehen, dann Multistekker abziehen und Kabel aus der Karosserie Richtung Motor fädeln. Störende Kabelbinder mit Seitenschneider auftrennen. Kabelbaum zum **Regler** trennen; dazu Tülle am Rundstecker zurückziehen und Rundstecker abziehen. **Startautomatik** vom Vergaser abnehmen; sie ist mit einer KS befestigt; Kabel mit dem Plastikclip aus dem Gebläsegehäuse ziehen. **Ansaugschlauch** vom Vergaser und vom Luftfilterkasten ziehen; dazu Kabelbinder am Vergaser und zwei weitere am Luftfilterkasten trennen. **Luftfilterkasten** ausbauen wie bei ET 2 beschrieben. **Kurbelgehäuseentlüftung** abnehmen. **Anlasserkabel abnehmen:** Mit Gabelschlüssel SW 8 Befestigungsschelle des Anlasserkabelbaums lösen. Mit Steckschlüssel SW 10 die MS lösen, die das dicke **Massekabel** am Anlasser fixiert, Kabel abnehmen. Mit Schlüssel SW 8 das zweite, dünne Massekabel lösen. **Stromkabel** lösen - **Achtung:** die Befestigung ist durch eine stabile Tülle verdeckt, Tülle kräftig zurückdrücken; nicht die beiden KS der kleinen Kabelführungsplatte lösen! KS am Hauptkabelhalter ausdrehen und Kabel abnehmen. Gummilasche abnehmen, von der die diversen Kabelstränge zusammengehalten werden.

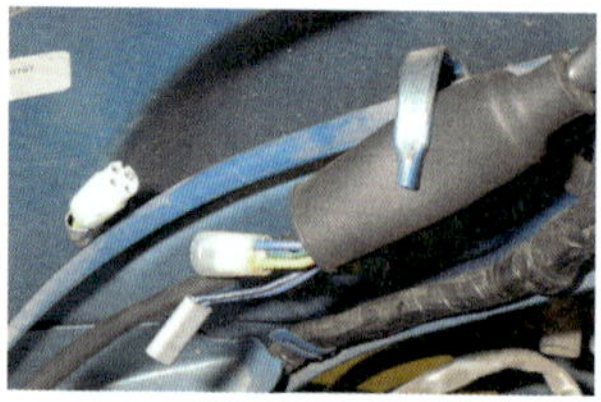

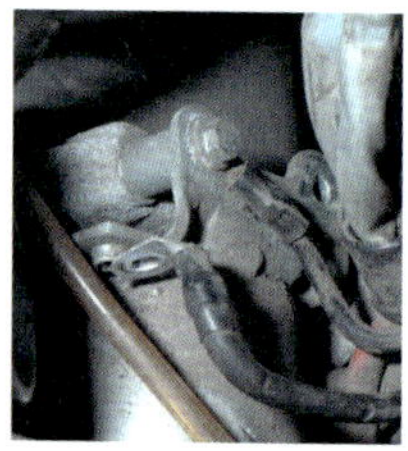

Oben links: So wird der Kabelbaum getrennt; darunter: Abnahme des Automatik-Choke ET 4. Oben: Zündbox mit Kabelstekker. Mitte links, rechts: Abnahme Massekabel vom Anlasser. Großes Bild links: Blick auf die Unterdruck-Vergaseranlage Mikuni BS 24 der ET 4. Unten links: Abnahme der Schläuche von Variatorkühlung und Luftfilter. Ganz unten: Lösen des Gaszugs.

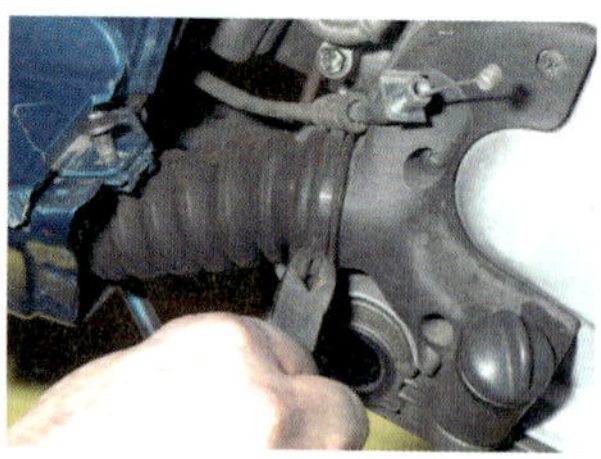

Vergaser abnehmen ET 4, LX: Benzinschlauch und Unterdruckschlauch abziehen, dazu die entsprechenden Klemmen lösen; **Benzinschlauch** mit Schraube M6 verschliessen, auch wenn unmittelbar kein Treibstoff austritt. Die beiden **Entlüftungsschläuche** hochziehen. **Gaszug** aushängen; dazu Mutter SW 8 an der Stütze lösen und den Zug nach unten schieben. Zuletzt den Schlauch der **Variatorkühlung** abziehen; dazu den Kabelbinder auftrennen.

Antrieb vom Chassis trennen ET, LX: Zuerst **Federbein** unten lösen wie bei ET2 (Bolzen SW 13, Mutter SW 17), Fahrzeug hinter dem Hauptständer auf **Kanthölzer** setzen und damit **solide abstützen**. Falls **Auspuff** noch nicht abgenommen wurde, ist dies jetzt zu tun: zwei Schrauben und Muttern SW 10 am Krümmer, zwei IS SW 6 mit Innenscheiben am Triebswerksblock lösen. **Steckachse** vorn am Chassis lösen wie beschrieben: Bolzen SW 17 rechts, Mutter SW 17 links. **Helfer** hebt Fahrzeug hinten an, Antrieb kann nach unten und hinten komplett weggezogen werden.

Oben: Bei aufgebocktem Fahrzeug wird der komplette Triebwerksblock nach hinten weggezogen; ein Helfer hebt dabei den Roller an. Unten: Antriebseinheit der ET 4 von 1996.

Antriebsblock Vespa ET 4, LX - Einbau: Die Arbeiten laufen logischerweise in umgekehrter Reihenfolge ab. Die einzelnen Schritte in Stichworten: Helfer hebt das zuvor aufgebockte Fahrzeug hinten an; dann Antriebseinheit - am besten mit montiertem Hinterrad - von hinten so weit nach vorn führen, bis die **Schwingenachse** eingebaut werden kann. Da dies fummelig ist, muß mit Führungsdorn, ersatzweise Schraubendreher gearbeitet werden: Antrieb so positionieren, daß von links ein Dorn durchgesteckt werden kann, dann mit zweitem Dorn von rechts Führung herstellen, Dorn wieder herausziehen und Achse einführen, dabei linken Dorn ausstoßen. Achse mit Ringschlüssel SW 17 festhalten, links neue selbstsichernde Mutter SW 17 aufsetzen und mit Drehmoment 38 - 52 Nm festziehen. Nun **Federbein** unten fixieren: Bolzen SW 13 von links durchstoßen und mit Mutter SW 17 befestigen; Drehmoment 38 - 52 Nm. **Bremskabel** durch die beiden Halter an Ölwanne und Antriebsgehäuse führen und Bremse einstellen, wie an anderer Stelle beschrieben. **Vergaser anschließen:** Gaszug einhängen und mit Klemme fixieren; Startautomatik einsetzen, auf sauberen Sitz des O-Rings achten. Halter festschrauben; Benzin Vor- und Überlauf sowie Unterdruckleitung anschließen und mit Federklemmen sichern. **Elektrik anschließen:** Multistecker an CDI-Einheit, Kabelbaum zum Regler mit Rundstecker anschließen, Kabel mit neuen Kabelbindern fixieren. Bei abgenommenem Hinterrad den vormontierten Anlasser anschließen: dünnes und dickes Massekabel, Pluskabel wie bereits an anderer Stelle beschrieben.

(Hinterradaus- und -einbau s. Kapitel „Fahrwerk“ ab S. 32.) **Schwingungsdämpfungsfeder** an Schwingenachse links und an Karosserie (innen darüber, verdeckt) einhängen. **Batterie** anschließen wie ab Seite 112 beschrieben. **Achtung:** Vor dem Starten **Motor- und Getriebe-Ölstand** kontrollieren (Details s. Motor- und Getriebe-Kapitel ab S. 61).

Vespa ET 2, LX 50 mit gebläsegekühltem Zweitaktmotor: Zylinderkopf, Zylinder zerlegen, reinigen, prüfen, überholen

Bereits die erste Vespa von 1946 war von einem gebläsegekühlten Zweitaktmotor angetrieben. Zweitakt-Motorroller mit Keilriemen-Automatik produziert der italienische Hersteller seit 1990. Erstes Modell war die in riesigen Stückzahlen hergestellte Sfera. Die Vespa ET 2 50 erschien 1996 als modernes Nachfolgemodell, wurde 2003 abgelöst von der stilistisch aktualisierten LX 50. Die Zweitaktmotoren von Piaggio sind höchst ausgereift, sehr robust und gut für hohe Laufleistungen. Wir zeigen alle erforderlichen Spezialarbeiten am Beispiel einer Sfera 50, die motortechnisch mit den ET- und LX-Modellen fast identisch ist.

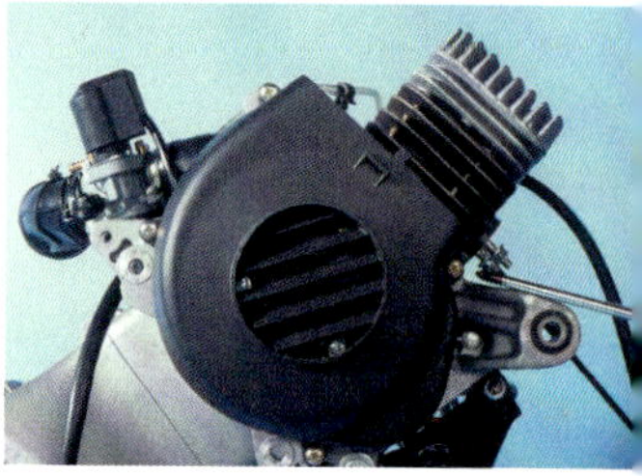

Ganz oben: ausgebauter Piaggio-Zweitakt-Triebwerksblock; darunter links, rechts: Lösen von Gebläsehaube und Gebläseabdeckung. Oben: Abnahme des Ölschlauchs, Zylinderkopfbefestigung, Rechts: korrektes Abziehen des Zylinders.

Gebläsehaube, Gebläseabdeckung, Gebläse - Aus-/ Einbau Zweitaktmodelle:

Für Arbeiten an Kolben und Zylinder müssen alle Gebläseabdeckungen abgenommen werden (Besonderheiten ET 2 Iniezione s. ab S. 103; der Einspritzmotor hat einen ganz anderen Zylinderkopf). Die **obere Gebläsehaube** ist mit zwei kräftigen KS am Zylinder befestigt und über einen Clip mit der hinteren Abdeckung verbunden. Vor Abnahme die beiden Halter herausziehen, die den Ölschlauch vom Tank zur Pumpe leiten.

Die **untere Gebläseabdekkung** ist mit vier KS am Motorgehäuse befestigt. Jetzt liegen Gebläse und Schwungradmagnetzünder frei. Auf dem Schwungrad ist das **Gebläse-Element** mit drei KS befestigt. **Achtung beim Zusammenbau:** Führungen und Schrauben liegen asymmetrisch.

Zylinderkopf, Zylinder - Ausbau:

Der Vespa-Zweitaktmotor mußte früher in Abständen von nur 4000 km teildemontiert und **von Rückständen gereinigt** werden. Bei den modernen Modellen ist dies nur bei Leistungsabfall und Verdacht auf Schäden nötig. **Voraussetzungen für die Zylinderdemontage:** Abbau von Auspuff, Vergaser, Ansaugstutzen, Einlaßmembran, Gebläsehaube und -abdeckung wie bereits erklärt. Die Zündkerze sollte ebenfalls ausgeschraubt werden (Hinweise zur Zündkerzenpflege im Kap.

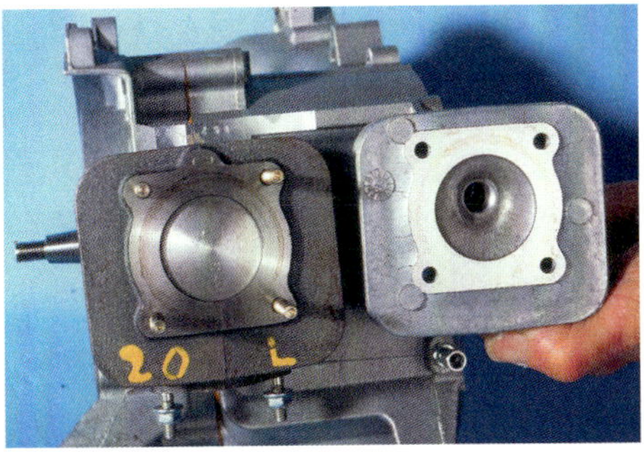

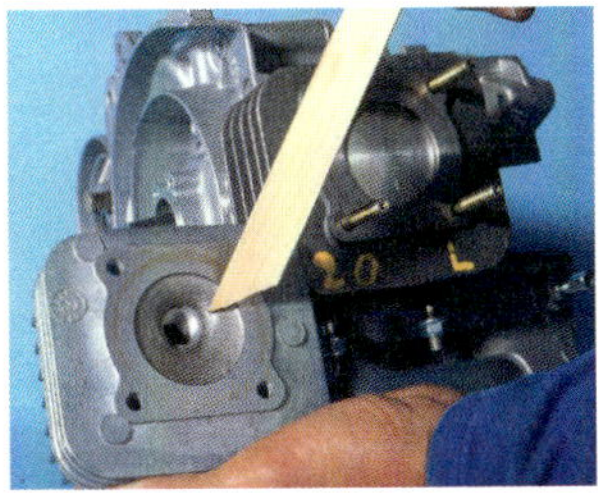

Links: Zweitakt-Zylinder mit abgenommenem Zylinderkopf, Abschaben des Brennraums. Bildleiste unten: Reinigen von Kolbenboden und Zylinder. Ganz unten links: Abnahme des Zylinders mit Fußdichtung.

„Motorelektrik 3" ab S. 119). Der **Zylinderkopf** oder besser: **Zylinderdeckel** ist mit vier Muttern SW 10 befestigt. **Achtung:** Bei zweien davon handelt es sich um verlängerte Doppelmuttern; sie tragen die Gebläsehaube und befinden sich - von vorn gesehen - links oben und rechts unten. Dies beim Zusammenbau unbedingt beachten! Sollte sich der Zylinderdeckel nicht lösen, mit leichten Schlägen eines Kunststoff- oder Holzhammers nachhelfen. Kein Metall zum Schlagen verwenden, die Kühlrippen brechen leicht. Eine Zylinderkopfdichtung ist nicht vorhanden.
Jetzt kann der **Zylinder** von den Stehbolzen gezogen werden. **Achtung:** Kolben und Kolbenringe so schützen, daß sie nicht verkratzt oder beschädigt werden können. Sind Reinigungsarbeiten geplant, muß das Kurbelgehäuse sorgfältig mit einem flusenfreien, sauberen Lappen abgedeckt werden. **Zylinder und Zylinderfußdichtung** abnehmen, notfalls mit leichten Gummihammerschlägen nachhelfen.

Zylinderkopf, Zylinder, Kolben - Reinigung: Zuerst ist eine Sichtkontrolle fällig. Zylinderwand und Kolben dürfen **keine Riefen** haben. Leichte Verfärbungen oberhalb der Kolbenringe sind bedeutungslos. Abgenutzte oder gar gebrochene Kolbenringe ersetzen. Nun zuerst die **Brennraummulde** des Zylinderkopfs von Rückständen befreien. **Achtung:** Dazu auf keinen Fall scharfkantige Gegenstände aus Metall wie Schraubendreher oder Messer verwenden. Auch Schmirgelpapier ist tabu. Schonend und doch gründlich läßt sich die Reinigung mit einem Hartholz- oder Kunststoff-Spachtel erledigen. Ebenso beim **Kolbenboden** verfahren; dazu den Kolben in den oberen Totpunkt bringen und mit einem Lappen das Kurbelgehäuse abdichten. Anschließend den **Auslaßkanal** des Zylinders ebenfalls mit einem Holzspan so weit wie möglich auskratzen. Dann alle Teile mit Kaltreiniger säubern; dazu Auffangwanne unterstellen. Auch die **Kühlrippen** von Zylinderkopf und Zylinder bedürfen einer intensiven Säuberung, sonst können sie ihre Aufgabe nicht mehr richtig erfüllen. **Achtung:** Zum Reinigen kein Benzin verwenden; es enthält krebserregende Stoffe wie Toluol und Benzol. Zum Abschluß genau kontrollieren, ob sich keine Dreckpartikel mehr auf Zylinderwand und Kolben sowie im Brennraum befinden. Vor allem Sandkörner können zerstörerisch wirken.

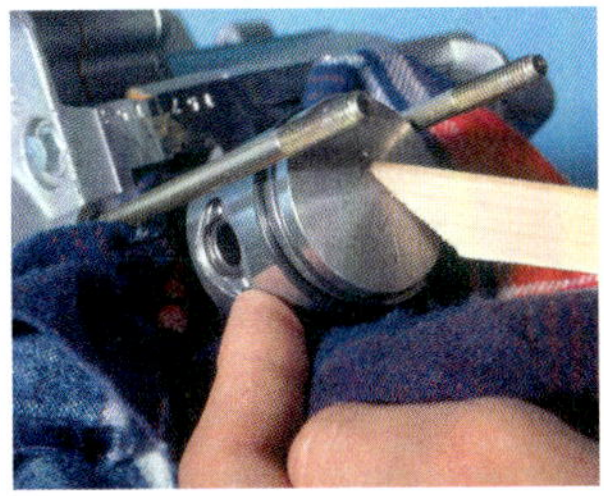

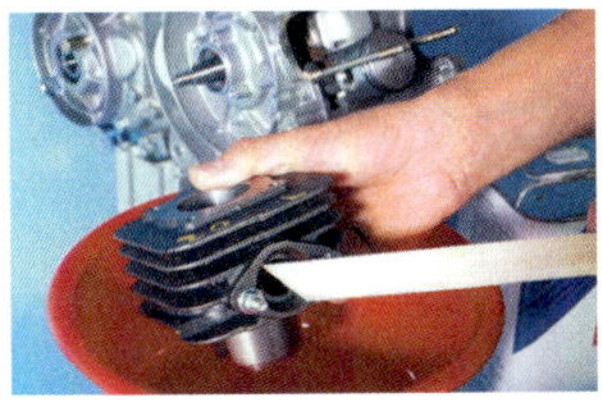

Zylinder, Kolben - Spielkontrolle, Ausschleifen, Austausch: Zwischen Zylinder und Kolben darf kein unzulässiges Spiel vorhanden sein. Wenn bestimmte **Grenzwerte** überschritten sind, muß der Zylinder ausgeschliffen werden. Entsprechende **Kolben mit Übermaß** hält der Handel bereit. Beachten Sie dazu bitte auch die Tabellen im Anhang ab Seite 140. Das Ausmessen und Ausschleifen des Zylinders wird zu günstigen Konditionen von Motoreninstandsetzungs-Betrieben erledigt. Auch die Piaggio-Werkstatt ist natürlich in der Lage, Zylinder und Kolben korrekt zu vermessen. Oft genügt es auch, nur die **Kolbenringe** zu wechseln; fragen Sie danach ihren Händler.

Kolben - Aus-/Einbau: Der Kolben ist mit dem Kolbenbolzen drehbar im Auge der Pleuelstange gelagert. Auch hier darf kein Spiel vorhanden sein. Zum Ausbau von **Kolben und Kolbenbolzen** müssen die beiden Sicherungsringe mit einer Seegering- oder passenden Spitzzange zusammengedrückt werden. Beim Einbau stets neue Sicherungsringe verwenden. Den Kolben stets so wieder einbauen, daß der **Pfeil** auf dem Kolbenboden **Richtung Auslaß** zeigt. Die Sicherungsringe sollten nach Möglichkeit mit Spezialwerkzeugen eingesetzt werden, die nur die Fachwerkstatt besitzt. Mit Fingerspitzengefühl geht es jedoch auch anders - Zange verwenden, aber darauf achten, daß der Kolben bei der Fummelei nicht verkratzt wird. Die **Sicherungsringe** müssen genau in den vorgesehenen Vertiefungen einrasten, sonst macht sich der Kolbenbolzen selbständig und verursacht einen kapitalen Motorschaden.

Zylinder, Zylinderkopf - Einbau: (Besonderheiten ET 2 Iniezione s. ab S. 103; der Zylinderkopf besitzt eine zahnriemengesteuerte Einspritzpumpe und ein Einspritzventil.) Bei allen Modellen stets eine neue Zylinderfußdichtung verwenden; sie besteht aus Metall und muß paßgenau eingesetzt werden. Dabei haben die **Ausformungen nach oben** zu weisen. Alle Dichtflächen an Motorgehäuse und Zylinder müssen peinlich sauber und fett- bzw. ölfrei sein. Zum Einführen des Kolbens die Kolbenringe so zusammendrücken, daß sich die Zylinderwand leichtgängig überstreifen läßt. **Achtung:** Die Enden der Kolbenringe müssen exakt rechts und links der Stege in den Nuten stehen! Zylinder absenken und den gereinigten Zylinderkopf aufsetzen. Muttern zuerst von Hand, dann kreuzweise mit Drehmoment Nm 10-11 anziehen. Montage der Anbauteile wie oben beschrieben.

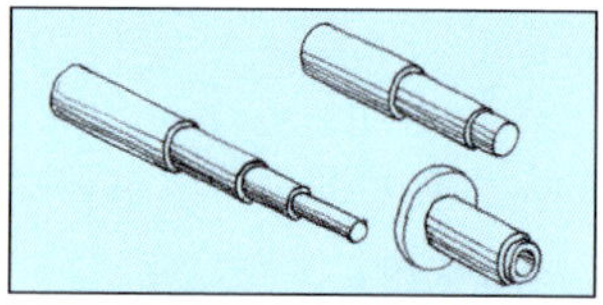

Oben: Kolben mit Pfeil nach unten, Ringe versetzt einbauen; darunter: Spezialwerkzeuge zum Ausbau von Kolben und Bolzen. Links: Ausbau der Kolbenbolzensicherungen. U.: Abziehen des Zylinders, Anziehen der Kopfmuttern mit Drehmoment.

2 Zeichnungen: STX; Vorlage: © Piaggio & C. Pontedera

Kompression prüfen: Mangelhafte Kompression im Zylinder ist eine Folge übermäßiger Abnutzung und führt zu starkem Leistungsverlust. Bei den Zweitaktmotoren können verschlissene oder beschädigte Kolbenringe, eine riefige und ausgeriebene Zylinderwand oder Undichtigkeiten zwischen Zylinderkopf und Zylinder die näheren Ursachen sein. Wie die Kompression geprüft werden kann, erläutern wir im Zusammenhang mit den Viertaktmotoren auf Seite 74.

Ohc-Viertaktmotor: Zylinderkopf, Zylinder, Ventile, Anbauteile etc. Ausbau am Beispiel ET 4 125, 150 bis 2000

Zweitaktmodelle *genügen nicht mehr den modernen Abgasgesetzen. Daher werden die aktuellen Vespa-Typen der Baureihen ET, LX, LXV und S von gebläseluftgekühlten Einzylinder-Viertaktmotoren mit obenliegender, kettengetriebener Nockenwelle und zwei Ventilen angetrieben.*
Den Ohc-Motor gibt es mit 50, 125 und 150 cm³ Hubraum. In den Modellen ET 4 125 und 150 bis Baujahr 2000 findet sich der ***Viertaktmotor*** *der ersten Generation, der* ***1995*** *mit der* ***Sfera 125*** *erstmals Einzug in eine Rollerserie von Piaggio hielt.* ***1998*** *wurden Zylinderkopf, Kolbenringe und Schmiersystem modifiziert, um den Ölverbrauch zu senken. Vereinzelt war es wegen Ölmangels zu Motorschäden gekommen.*
2000 *führte Piaggio den verbesserten, ebenfalls luftgekühlten* ***„LEADER"-Motor*** *ein, der nach wie vor in allen Hubraumklassen der oben genannten Baureihen verwendet wird. Die (in diesem Buch nicht behandelten), ab 2003 produzierten GTS-Modelle sind mit flüssigkeitsgekühlten Vierventil-LEADER-Motoren ausgerüstet, die über elektronische Benzineinspritzung und G-Kat verfügen.*
Der ***luftgekühlte*** *LEADER-Motor ist von außen durch die größere Ölwanne ohne Schauglas und die Ölfilterkartusche zu erkennen, weist zudem geringfügig andere Leistungsdaten auf (s. technische Daten im Anhang). Technisch bedeutsamste Änderung am LEADER-Triebwerk ist die* ***Gleitlagerung der Kurbelwelle*** *mit modifiziertem Gehäuse. Ab Herbst 2008 bot Piaggio zusätzlich die Vespa S 50 Quadrovalvole mit Vierventil-Zylinderkopf und einer obenliegenden Nockenwelle an.*

In diesem Kapitel beschreiben wir alle Arbeiten am ***Basis-Viertakter bis 2000,*** *die beim LEADER-Triebwerk weitestgehend genauso ablaufen. Änderungen und Ergänzungen behandeln wir kurz im Anschluß an dieses Kapitel.*
Vom Piaggio-Zweitaktmotor, wie er in den Baureihen Sfera, TPH oder ET 2 eingesetzt wird, unterscheidet sich der Viertakt-Triebwerksblock deutlich im Bereich Zylinderkopf, Zylinder, Vergaser, Schmierung und diversen Anbauteilen.
Kurbel- und Antriebsgehäuse, Kurbeltrieb, Keilriemenautomatik mit Variator, Fliehkraftkupplung, Getriebe und Hinterradantrieb sind - abgesehen von geänderten Paßmaßen und Übersetzungen - weitgehend identisch.

Oben: Computergraphik des luftgekühlten LEADER-Motors, wie er seit 2000 in Vespa-Viertaktmodelle von 50 bis 150 cm³ eingebaut wird. Unten: Antriebseinheit der ET 4 von 1996, die wir für dieses Buch zerlegt haben. Es ist der Viertakter der ersten Generation 1995 bis 2000.

Farbzeichnung: © Ufficio Stampa Gruppo Piaggio, Pontedera

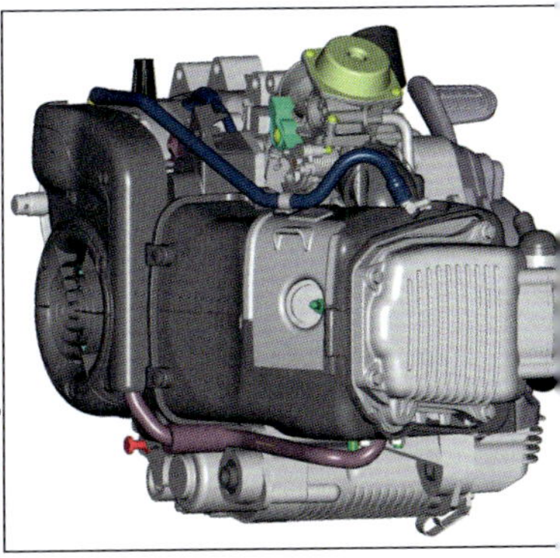

Zylinderkopf - Vorbemerkungen: *Der Zylinderkopf des Vespa-Viertakt-Motors besteht aus drei Baugruppen: Leichtmetallhaube mit Kühlluftführungen aus Kunststoff, Nockenwellenträger mit Nockenwelle und Schlepphebeln, Zylinderkopf mit Ein- und Auslaßventil. Technisch handelt es sich um eine Ohc-Konstruktion mit obenliegender Nockenwelle, die über eine Kette von der Kurbelwelle aus angetrieben wird und über einstellbare Schlepphebel auf die beiden im Kopf hängenden Ventile wirkt. Zerlegung und Zusammenbau erfordern besondere Sorgfalt. Wir haben alle Arbeiten fachgerecht ausgeführt und geben die nötigen Tipps.*

Kühlluftführungen, Ölfiltergehäuse - Ausbau: Das auf dem Lichtmaschinenrotor befestigte Gebläserad führt dem Zylinder wie bei den Zweitakt-Motoren über Luftleitelemente aus Kunststoff Kühlluft zu. Die einzelnen Arbeitsschritte sind:

1. Zündkerzenstecker: einnfach abziehen.

2. Filterdeckel auf Schwungrad: Auf der Schwungradhaube ist ein perforierter Deckel befestigt, der sich nach Lösen von vier KS abnehmen läßt. Darunter befindet sich ein **Staubfilter** aus Schaumstoff, der ausgeklopft bzw. gereinigt werden sollte. (Zur Demontage der Luftführung ist diese Arbeit nicht erforderlich.)

3. Luftführung auf Schwungrad: 2 KS-Maschinenschrauben seitlich oben, eine seitlich unten links ausdrehen; von oben eine Blech-KS zusammen mit dem **Alu-Hitzeschutz** für den Vergaser lösen; unten rechts mit Steckschlüssel SW 13 MS ausdrehen, die gleichzeitig teilweise den **Ölkühler** befestigt; zuletzt von vorne unter dem Zylinder eine weitere KS lösen; Haube abnehmen.

4. Gebläserad: Die Kühlluft wird von einem gefächerten Gebläseelement aus Kunststoff in Bewegung gebracht. Weil nur so die untere Ölkühlerleitung zugänglich wird, muß das Gebläseelement zuerst abgenommen werden; es wird von drei KS mit Feingewinde gehalten, die mitunter sehr fest sitzen. In diesem Fall Gebläse mit einem Schraubendreher blockieren und Schrauben mit schräg angesetztem, scharfem Meißel gegen den Uhrzeigersinn freischlagen. Gebläserad abnehmen.

5. Ölfiltergehäuse (nur ältere ET 4-Modelle): Die obere Luftführung kann nur abgeschraubt werden, wenn zuvor das Ölfiltergehäuse abgenommen wurde (es verdeckt eine Schraube); dazu mit einer Stecknuß SW 8 die obere lange, mit einem Gabelschlüssel SW 8 die untere kurze Schraube ausdrehen. Gehäuse abnehmen, dabei austretendes Öl auffangen. Die Leader-Motoren sind mit einer leicht abnehmbaren Ölfilterpatrone ausgerüstet.

6. obere Luftführung: drei KS lösen - zwei oben, eine in Fahrtrichtung unten links (sie greift in eine fest geführte Mutter SW 8 und ist mit der unteren Abdeckung verschraubt).

7. untere Luftführung: zwei KS-MS von unten lösen, auf Distanzhülsen achten.

Links oben u. darunter: Abnahme des Staubfilters vom Gebläse. Rechts und darunter: Abschrauben und Abhebeln der großen Luftführung. Die untere Schraube hält gleichzeitig den Ölkühler.

Linke Spalte unten: festsitzende Schrauben mit einem scharfen Meissel lösen. Oben: Lichtmaschine bei abgenommenem Gebläserad; darunter: Lösen der unteren Luftführung.

Vergaser, Ansaugkrümmer, Zündkerze - Ausbau: Der Vergaser ist per Schlauchbinder oder Schlauchschelle am Krümmer befestigt. Halterung lösen, Vergaser abnehmen. Der Ansaugkrümmer wird von zwei MS gehalten; diese mit einer Nuß SW 8 ausdrehen. Zündkerze mit Spezial-Kerzenschlüssel SW 16 ausdrehen.

Obere Zeile links: Lösen der Schlauchschelle, die den Vergaser am Ansaugstutzen festhält; daneben: Schwimmerkammer von unten am Vergaser Mikuni BS 24 der Vespa ET 4 1996. Untere Zeile von links: Abnehmen des Ansaugkrümmers, Ausbau der Zündkerze; dazu ist ein Schlüssel SW 16 nötig.

Zylinderkopfhaube - Ausbau: Die verrippte Leichtmetallhaube ist mit vier MS befestigt; sie werden mit einer Stecknuß SW 8 ausgedreht. Nun liegen Ventiltrieb und Zylinderkopfbefestigung frei.

Links: Die Zylinderkopfhaube ist mit vier MS der Größe SW 8 befestigt und dichtet über einen Form-O-Ring ab. Nach Abnahme ist der Nockenwellenantrieb zugänglich.

Kettenspanner, Zahnrad Nockenwelle - Ausbau: Der Kettenspanner ist mit zwei MS am Zylinder befestigt; diese mit einer Stecknuß SW 8 ausdrehen und Kettenspanner abnehmen. Nun **Zahnrad der Nockenwelle blockieren**; falls kein Spezialwerkzeug zur Hand ist, kann man sich auf folgende, gut funktionierende Weise helfen: aus einem leeren Ölkanister einen ca. 2 x 8 cm großen **Plastikstreifen** ausschneiden und ihn flach auf die obere Dichtfläche des Zylinderkopfs legen; einen **Inbusschlüssel SW 5** mit dem kurzen Ende in eine der beiden Lochungen im NW-Rad stecken, das lange Ende flach auf die Plastikzunge legen, und zwar so, daß das NW-Rad beim Lösen gegen den Uhrzeigersinn blockiert wird. **Achtung:** Die Verschraubung des Nockenwellenrads hat normales **Rechtsgewinde**, wird also gegen den Uhrzeigersinn gelöst, und zwar mit einem Ringschlüssel SW 10; dabei aufpassen, daß die Blockierung satt aufliegt und nicht abrutscht; die Schraube sitzt mitunter sehr fest.

Links: Die Ventilsteuerung ist filigran ausgelegt. Rechts: Lösen der Ritzelverschraubung; wir blockieren mit Inbusschlüssel und schützendem Plastikstreifen.

Die mittige Bohrung des Nockenwellen-Rads ist an einer Seite flach verengt und ist so paßgenau auf der Nockenwelle fixiert. Das Rad sitzt recht fest und muß meist mit einem Schraubendreher von hinten losgehebelt werden; dabei gefühlvoll vorgehen, **keine Gewalt anwenden**. Der zierliche Vespa-Viertaktmotor ist ein schönes Stück Feinmechanik und entsprechend empfindlich. Die **Antriebskette der Nockenwelle** wird mit einem Stück Draht gegen Hineinfallen ins Kurbelgehäuse gesichert und dann vom NW-Rad abgenommen.

Links: Nach Ausdrehen der Ritzelverschraubung das Ritzel vorsichtig abhebeln. Rechts: Zylinderkopf mit abgenommenem Nockenwellen-Ritzel.

Ölkühler - Ausbau: Der Viertaktmotor der modernen Vespa ist thermisch hoch belastet. Bei Drehzahlen bis 7500/min (ET) bzw. 8000/min (LX) wäre die Gebläsekühlung als einzige Kühlmethode restlos überfordert. Daher ist der Motor mit einem leistungsfähigen Zusatzölkühler ausgerüstet, der voll im Luftstrom liegt. Er muß vor dem Ausbau des Zylinderkopfs abgenommen werden. Der Kühler ist mit zwei IS SW 5 befestigt. Zum Abnehmen auch die **Ölleitungen** demontieren, die untere (Schraube SW 13) wurde bereits zusammen mit der Luftführung gelöst; die zweite Schraube SW 13 lösen und Kühler zusammen mit Leitungen, Dichtringen und Vibrationsdämpferscheiben aus Nylon-Gummi-Gewebe abnehmen. Auslaufendes Öl auffangen.

Nockenwellenträger, Zylinderkopf, Zylinder - Ausbau: Vier Muttern SW 13 halten zusammen Nockenwellenträger und Zylinderkopf. Muttern ausdrehen und zunächst den **Nockenwellenträger** mit den Schlepphebeln von den Stehbolzen abheben. Zum Ausbau des **Zylinderkopfs** muß zusätzlich auf der linken Seite eine IS SW 5 ausgedreht werden; dazu eignet sich am

Großes Bild links oben: Zylinder mit abmontiertem Ölkühler. Oben rechts: Lösen der Ölkühlerverschrau bung; Mitte: Lösen der Ölleitung; unten: Sicherung der NW-Kette. Links: Lösen der Zylinderkopfmuttern
.

besten ein simpler, doppelt gekröpfter Montageschlüssel von IKEA; notfalls am freien Ende Steckschlüssel zur Unterstützung aufsetzen. Kopf mit Dichtung abnehmen; sollte der Zylinderkopf festgebacken sein, mit leichten Gummihammerschlägen nachhelfen. Auf keinen Fall Eisenhammer verwenden!
Der **Zylinder** wird von den vier Stehbolzen geführt und ist unten links mit einer Schraube SW 8 gesichert. Schraube lösen und Zylinder vorsichtig über den Kolben nach oben ziehen; **Achtung:** Kolben nicht hart an die Kanten des Kurbelgehäuses anschlagen lassen. Sauberen Lappen unterlegen und damit gleichzeitig verhindern, daß Schmutz ins Kurbelgehäuse eindringen kann. Die Zylinderfußdichtung abheben, Dichtungsreste vorsichtig mit einem Spachtel aus Kunststoff oder Hartholz entfernen. Kurbelgehäuse dabei abgedeckt halten. Die beiden **Kunststoff-Schienen** der Nockenwellen-Kettenführung bleiben im Kurbelgehäuse. Darauf achten, daß sie nicht verbogen werden.

Oben links, rechts: Zylinderkopf mit demontiertem Nockenwellenträger. Mitte links: Lösen der seitlichen Schraube; daneben NW-Träger. Links: gelöster Zylinderkopf. Bilder unten: Abnahme von Zylinderkopf (mit den Ventilen) und Zylinder.

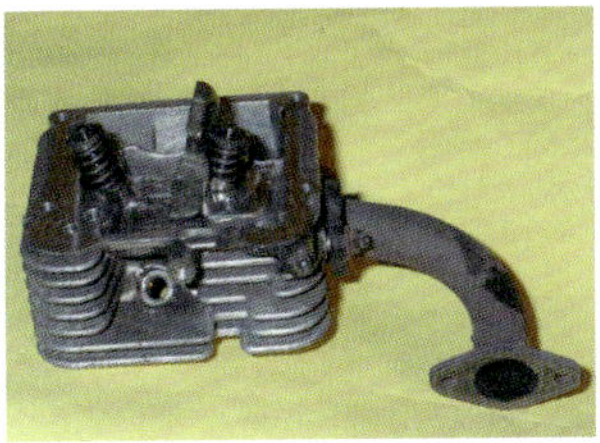

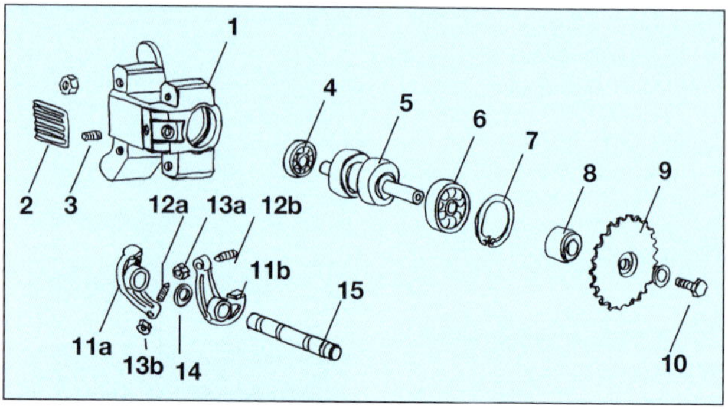

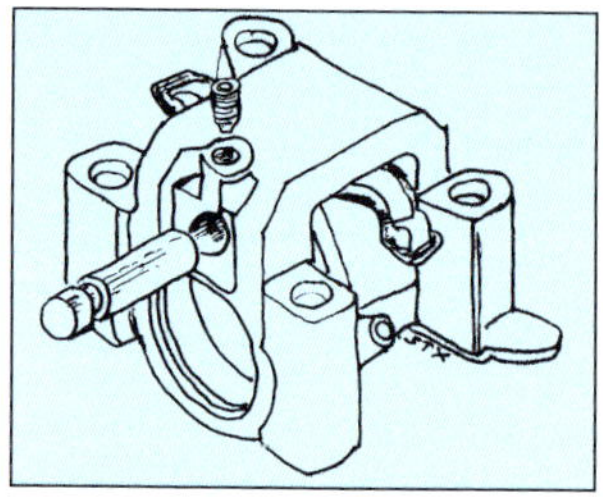

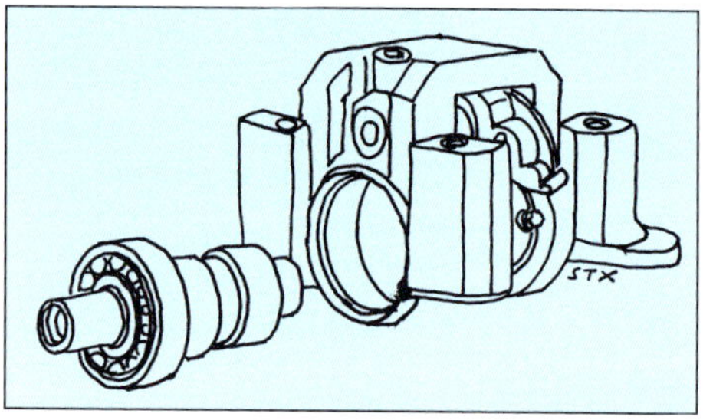

Graphik oben: 1 = Nockenwellenträger, 2 = Abdeckung, 3 = Sicherung der Schwinghebelwelle, 4 = inneres Lager, 5 = Nockenwelle, 6 = äußeres Lager, 7 = Sprengring, 8 = Buchse, 9 = Antriebszahnrad, 10 = Sicherungsbolzen, 11a/b = Schwinghebel, 12a/b = Stellschrauben, 13a/b = Muttern dazu, 14 = Distanzscheibe, 15 = Schwinghebelwelle: Zeichnungen: STX; Quelle: Piaggio.

Foto: Lösen der Madenschraube zur Sicherung der Schwinghebelwelle. Graphik daneben: Träger mit ausgebauter Schwinghebelwelle. Graphik unten: Träger mit ausgebauter Nockenwelle samt Lager.

Nockenwelle - Ausbau: Die Nockenwelle wird zusammen mit dem großen Kugellager ausgebaut; dazu das **Distanzstück** von der Wellenverzahnung abziehen und den grossen **Sprengring** entfernen; dann die **Nockenwelle** komplett **mit dem großen Kugellager** aus dem Träger ziehen. Kugellager von der Nockenwelle mit einem geeigneten Abzieher abziehen. Das **innere, ölkühlerseitige Kugellager** mit einem Schlagdorn austreiben, der voll auf dem äußeren Lagerring aufsitzt, das Gehäuse aber nicht berührt; Gehäuse so unterstützen, daß es beim Schlagen nicht reißen kann. Beide **Kugellager prüfen**; sie müssen glatt und geräuschfrei rundlaufen, dürfen kein Spiel haben; anderenfalls auswechseln. **Nocken der Nockenwelle** auf Abnutzung (Pittingbildung, Riefen); bei sichtbarem Verschleiß austauschen.

Schwinghebel - Ausbau, Prüfung: Die Schwinghebel übertragen den von den Nokken erzeugten Hub auf die Ventile. Sie laufen auf einer Achse, die im Nockenwellenträger sitzt. Zuerst mit einem Innensechskantschlüssel SW 2 den **Stift** ausdrehen, der die **Schwinghebelachse** im Nockenwellenträger von oben sichert. Schwinghebelachse seitlich herausziehen; die beiden **Schwinghebel** und ein **Distanzring** kommen dabei frei; Elemente so ablegen, daß sie später nicht vertauscht werden können. Schwinghebel mit starken Abnutzungserscheinungen auswechseln. Prüfen, ob die **Ölbohrung** zur Schmierung der beweglichen Elemente vollkommen frei ist. Verstopfungen mit Druckluft entfernen.

Ventile - Dichtigkeits-Prüfung: Die **Ventile** sind schräg hängend im Zylinderkopf angeordnet. Wenn die Ventile dicht und an den Sitzen nicht verschlissen sind, müssen sie nicht ausgebaut werden. **Dichtigkeitsprüfung:** Über Schlauch und Trichter etwas Benzin in die Einlaß- und Auslaßöffnung des Zylinderkopfs füllen. Wenn kein Benzin unten an den Ventilsitzen heraustropft, schließen die Ventile völlig dicht ab.

Ventile, Ventilfedern - Ausbau, Prüfung: Zum Ausbau der Ventile müssen die **Ventilfedern** zusammengedrückt werden, am besten mit einem Spezialwerkzeug. Bei zusammengepreßten Federn die **Ventilteller** abnehmen; Federn entlasten und entfernen; Ventile herausziehen. Die Länge der entspannten Federn messen; das Sollmaß beträgt für beide Federn 29,9 mm; Verschleiß-Grenzwert: 29,5 mm (ET 4). **Ventile prüfen:** Sie dürfen an den Rändern nicht eingerissen, verbrannt oder verzogen sein. Verkru-

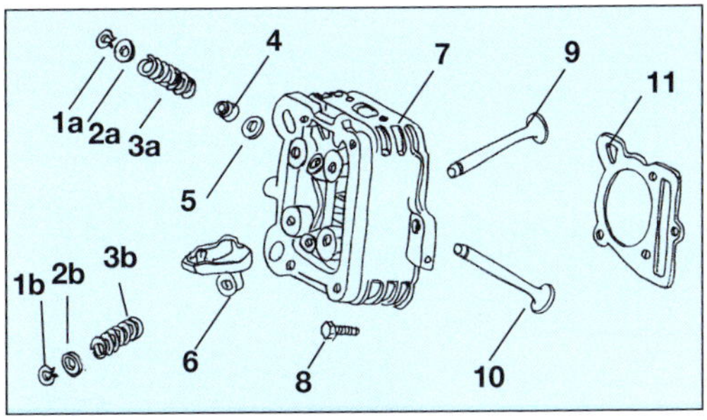

Zeichnung: STX; Vorlage: © Piaggio & C. Pontedera

Graphik oben: 1 = Ventilsicherung, 2 = Druckteller, 3 = Ventilfeder, 4 = Ölschutz Einlaßventilführung , 5 = Scheibe, 6 = Halter, 7 = Zylinderkopf, 8 = seitliche Zylinderkopfsicherung, 9 = Einlaßventil, 10 = Auslaßventil, 11 = Zylinderkopfdichtung; Zeichn. STX; Qu. Piaggio

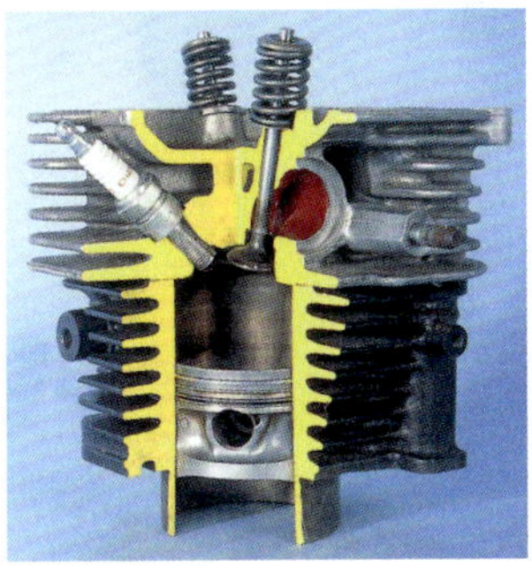

Links: Schnittmodell Zylinder und Zylinderkopf Viertaktmotor; vorn Einlaßventil, links Zündkerze.

stungen gründlich entfernen, Ventile komplett reinigen. Die Stößel oder Schäfte dürfen oben nicht eingeschlagen sein. Den Durchmesser der Schäfte an mehreren Stellen radial mit der Mikrometerschraube messen. **Toleranzwerte** für **Einlaßventil**: 4,987 bis 4,972 mm; Abnutzungsgrenze: 4,96 mm; **Toleranzwert** Durchmesser für **Auslaßventil**: 4,960 mm; keinerlei Abweichung zulässig (alle Werte ET 4 bis 2000).

Zylinderkopf - Prüfung, Nachbearbeitung: Oben auf der Ventilführung des Einlaßventils befindet sich eine **Schutz- und Abdichtkappe**. Sie muß für die Kontrolle der **Ventilführung** abgenommen werden. Beide Führungen gründlich und vorsichtig reinigen, es dürfen keine Kratzer entstehen. Anschließend Zylinderkopf umdrehen und **Brennraum** reinigen; dabei im Prinzip vorgehen wie im Kapitel „Zweitakt-Motor" gezeigt. Schlacke mit Kunststoff- oder Holzspachtel entfernen; keine scharfen Gegenstände, kein Schmirgelpapier verwenden! Kontrollieren, ob am Zylinderkopf **keine Risse** vorhanden sind. Dann prüfen, ob die **Dichtfläche** absolut eben ist; dazu ein geeichtes Flacheisen verwenden, Ebenheit rundum diagonal prüfen; höchstzulässige Verformung: 0,05 mm (Fühlerlehre verwenden).

Ventilsitze, Ventilführungen prüfen: Auch die Ventilsitze dürfen keine Schäden oder Risse zeigen. Zuerst **Innendurchmesser der Ventilführung** an den Enden der Arbeitsbereiche kontrollieren; der Toleranzwert beträgt für Ein- und Auslaßführung 5,0 bis 5,012 mm. Abnutzungsgrenzwert: 5,022 mm. Dann die **Abdruckbreite** der Ventile an den Ventilsitzen messen; der maximal zulässige Wert beträgt 1,8 mm. **Achtung:** Wenn die Grenzwerte überschritten werden, muß der Zylinderkopf ausgewechselt werden.

Ventile einschleifen: Kleinere Unebenheiten können durch Schleifen beseitigt werden, wenn die Grundwerte noch innerhalb der Toleranzen liegen; neue Ventile in jedem Fall auf die Ventilsitze einschleifen. Dazu **Spezial-Schleifmittel** auf die Ventilsitze auftragen. Ventil von unten einführen, Werkzeug zur Drehung des Schafts anbringen und Ventil unter leichtem Zug abwechselnd nach rechts und links drehen, bis eine hundertprozentige Angleichung erreicht ist; Dichtigkeit mit Benzin prüfen wie oben beschrieben.

Zylinder, Kolben - Prüfung: Kolben und Zylinderwände dürfen keine Riefen, Freßspuren oder andere Abnutzungen zeigen. Ölkohlereste mit Hartholzspachtel vom Kolbenboden abkratzen. Zum **Ausmessen** von Zylinder und Pleuelauge sind Meßuhren erforderlich. Bei Überschreitung der zulässigen Toleranzwerte (maximal 0,03 mm über Nennmaß, s.a. Anhang) muß der Zylinder auf das nächste Übermaß ausgeschliffen werden; dann muß natürlich auch ein Kolben mit Übermaß eingebaut werden (Zylinder vermessen und ausschleifen = Fachwerkstattsache).
Die drei **Kolbenringe** dürfen nicht mehr als 0,08 mm Spiel in der Nut haben; Messung mit Prüflehre zwischen Ring- und Nutkante durchführen. Das Stoßmaß zwischen den Kolbenringenden wird ermittelt, indem die Ringe einzeln in den Zylinder geschoben werden, Kolbenboden dabei als Preßwerkzeug benutzen (Sollmaße im Anhang). Sind die Ringe verschlissen, Kolben und Zylinder aber noch intakt, können die Ringe ausgetauscht werden (immer alle drei Ringe gemeinsam). Sie lassen sich durch leichtes Spreizen abnehmen, doch **Vorsicht:** das Material ist sehr zerbrechlich.

Ohc-Viertaktmotor: Zylinderkopf, Zylinder, Ventile etc. Einbau; Steuerzeiten, Ventilspiel einstellen; Beispiel: ET 4 125, 150 bis 2000

Zeichnung; STX; Vorlage: © Piaggio & C. Pontedera

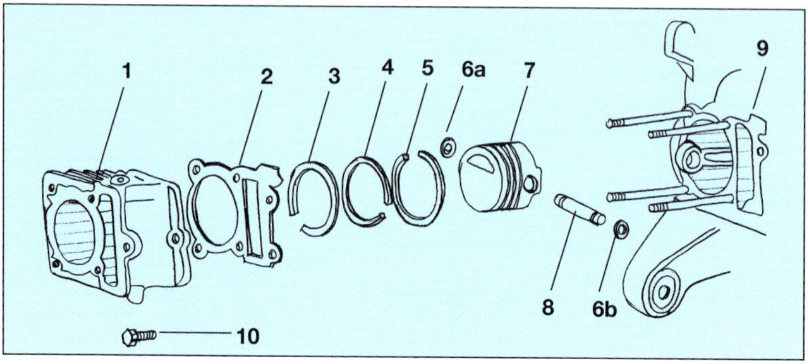

Graphik links: Zylinder und Kolben im Detail; 1 = Zylinder, 2 = Zylinderfußdichtung, 3 = Kompressions-Kolbenring, 4 = Mittel-Kolbenring, 5 = Ölabstreif-Kolbenring, 6 = Kolbenbolzensicherungen, 7 = Kolben, 8 = Kolbenbolzen, 9 = Pleuelstange, 10 = seitliche Zylindersicherung.

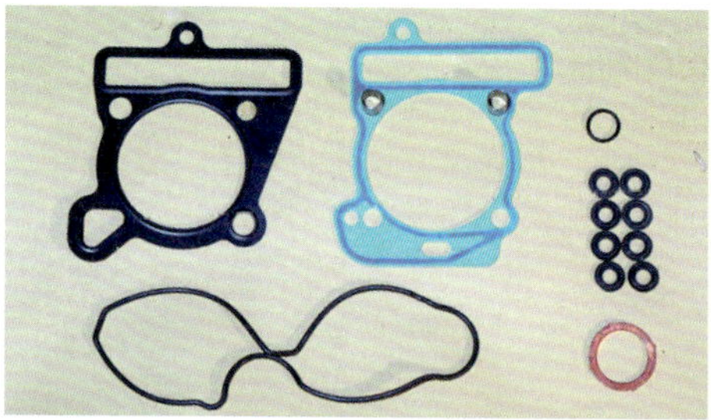

Links: Dichtungssatz mit Kopf- (links) und Fußdichtung, O-Ring für den Deckel, Dichtringen Ölkühler.

Kolben, Zylinderfußdichtung einbauen, Kolbenringe ausrichten: Beim Zusammenbau des Motors mit dem Kolben beginnen. Die Markierung „SC“ (sofern vorhanden) muß Richtung Auslaß zeigen. Kolbenbolzen einpressen und Haltering so einsetzen, daß die Öffnung längs zur Zylinderachse verläuft. Nach Reinigung der Dichtfläche (wie beschrieben) eine neue **Zylinderfußdichtung** auflegen; dabei auf die **Paßhülsen** am Steuergehäuse achten. **Achtung:** Der Originaldichtungssatz enthält bei bestimmten Modellen Zylinderfußdichtungen in drei Stärken. Wurde der Zylinderkopf nicht nachgeschliffen, die Dichtung in der bisherigen Stärke verwenden. Dicke alt/ neu muß mit einer **Mikrometerschraube** verglichen werden. Wurde der Kopf z.B. um 0,2 mm abgeschliffen, muß eine um 0,2 mm dickere Dichtung verwendet werden. Die Dichtung über Stehbolzen und Kolben nach unten führen. Nun die **Stoßenden der Kolbenringe** ausrichten; sie müssen um jeweils **120° zueinander versetzt** sein; der mittlere Ring muß mit der zahnähnlichen Ausbuchtung nach unten zeigen. Grenzmaße für Kolbenbolzen/Pleuelauge s. Anhang (Messungen mit Meßuhr und Mikrometerschraube).

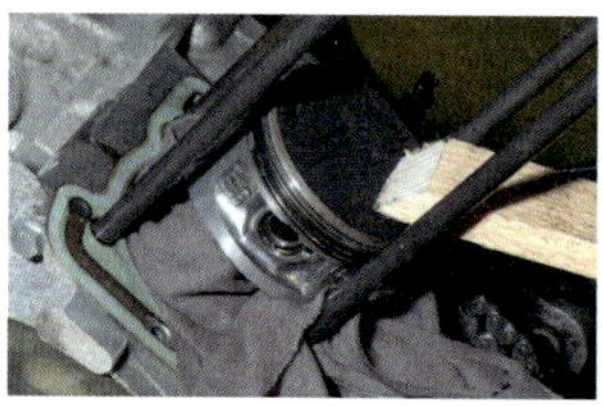

Oben links: Reinigen des Kolbenbodens; daneben: Zylinderfußdichtung mit Paßhülse. Mitte: Aufsetzen der Fußdichtung. Unt. links: Einführen der Kolbenringe mittels Plastikstreifens; daneben: Aufsetzen des Zylinders.

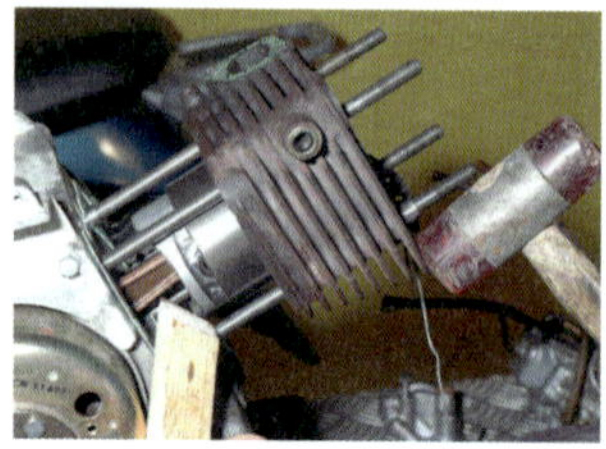

Zylinder - Einbau: Zylinder und vor allem Zylinderlaufbahn sorgfältig **reinigen** und auf Beschädigungen prüfen. Riefige oder innen unrunde Zylinder müssen **ausgeschliffen** oder ersetzt werden. Nach dem Ausschleifen **Kolben mit Übermaß** verwenden (s. Tabelle im Anhang). Zum Einbau Laufbahn leicht **einölen** (Motoröl) und Zylinder über Stehbolzen und Kolben nach unten absenken; dabei **Steuerkette** mit einem Draht durch das Steuergehäuse führen und festhalten. Darauf achten, daß die **Gleitschienen** der Steuerkette paßgenau in den Schacht gleiten.
Das Schwierigste ist das **Schieben des Zylinders über die Kolbenringe**. Die Werkstatt hat ein Spezialwerkzeug, das die Kolbenringe zusammendrückt. Mit einigem Geschick und angemessener Vorsicht geht es aber auch so: Einen Ring nach dem anderen **von Hand zusammendrücken** und die unten im Bereich von 2 mm schräge und etwas breitere Zylinderlaufbahn auf den Ring setzen. Den derart leicht vorgespannten Ring dann **ganz vorsichtig** mit einem schmalen **Hartholzstück** und einem **Kunststoffhammer** in die Laufbahn schlagen. Ein **Helfer** hält derweil den Zylinder in Position. Nach Einführen aller drei Ringe den Zylinder vollständig absenken.
Achtung: MS SW 8 am Zylinderfuß ansetzen, aber (ebenso wie später die IS SW 5 seitlich am Zylinderkopf) erst anziehen, wenn der Zylinderkopf eingebaut ist und die Muttern mit Drehmoment angezogen worden sind! Sonst können sich die Leichtmetallelemente verziehen. Vor dem Einbau des Zylinderkopfs beschreiben wir die Montagearbeiten im Ventil- und Nockenwellenbereich.

Ventile, Ventilfedern - Einbau: Zuerst die Schutzkappe oben auf die Einlaßventilführung setzen. Ventile im Stößelbereich leicht einölen und von unten in die Führungen schieben. Ölfangteller des Ablaßventils einsetzen. Die Federn aufsetzen und mit geeignetem Werkzeug zusammenpressen. Sicherungsteller einsetzen; dabei **Achtung:** Die kegelförmigen Teller müssen sicher einrasten; sonst können die Federn herausspringen und Schäden am Zylinderkopf bzw. Verletzungen an Personen hervorrufen. Mit einem Kunststoff- oder Gummihammer leicht oben auf die Ventilstößel schlagen, damit sich die Ventile richtig setzen können; prüfen, ob die Ventile sauber anliegen und korrekt schließen. **Achtung Verletzungsgefahr:** Nicht zu stark auf die Stößel schlagen und dadurch womöglich die Sicherungsteller lösen; die Federn könnten herausspringen und Sie am Kopf treffen.

Oben: Zylinder des ET-Motors auf den Stehbolzen, Kolben, NW-Antriebskette. Links: Nockenwellenträger mit Nockenwelle und Schwinghebeln sowie Zylinderkopf mit Schacht für die Kette und Ventile samt Federn.

Schwinghebel mit Achse, Nockenwelle mit Kugellagern - Einbau: Zuerst die beiden Schwinghebel in den Nockenwellenträger einbauen. Dabei die Schwinghebelachse von links durch Träger, Schwinghebel und Distanzscheibe führen. Achse so weit einführen, bis die umlaufende Einkerbung genau unter der **Blokkierschraube** sitzt; Schraube mit 6 Nm Drehmoment anziehen.
Dann das kleine Lager in den Nockenwellenträger einbauen; dabei mit einem passenden Schlagdorn auf den äußeren Lagerring einwirken; keine Gewalt anwenden, Lager nicht verkanten. Das Lager bis zum Anschlag in seinen Sitz treiben. Das große Lager in einem Ölbad auf ca. 120° C erwärmen, mit einer geeigneten Zange aus dem Bad nehmen und bis zum Anschlag auf die Nockenwelle schieben. **Vorsicht:** Verbrühungsgefahr! Nockenwelle mit Lager in den Träger schieben und mit Seegerring sichern; der Ring muß korrekt in der Nut sitzen. Distanzstück aufschieben.

Zylinderkopf und Nockenwellenträger - Einbau: Alle Elemente müssen **perfekt gereinigt** sein. Alle Paßflächen sowie die Dichtung müssen absolut sauber und fett-/ölfrei sein. Zuerst eine **neue Zylinderkopfdichtung** über die Steuerkette ziehen und aufsetzen; den **Sitz der Paßhülsen** oben links und unten rechts kontrollieren. Dann Zylinderkopf über die Stehbolzen und Paßhülsen bis zum Anschlag auf den Zylinder setzen; dabei rastet die lange Gleitschiene ein. **Schwinghebel** bei dieser Operation hochziehen und innen am Spritzblech vorbeiführen. Die beiden **Nocken müssen nach unten zeigen**, sonst klemmt's. Den seitlichen Sicherungsbolzen (IS SW 5) anbringen, aber noch nicht festziehen, da sich dadurch der Zylinderkopf verziehen könnte.

Nun den komplett vormontierten **Nockenwellenträger** über die Stehbolzen schieben. Dabei auf den dritten Satz **Paßhülsen** achten, der sich am Steuergehäuse befindet. Die vier **Spezialmuttern SW 13**, die gleichzeitig Zylinder, Zylinderkopf und Nockenwellenträger fixieren, leicht mit Motoröl benetzen, von Hand beidrehen, dann **bei ET 4 125/150** über Kreuz zunächst **mit Drehmoment** 10 Nm, dann mit 28 - 30 Nm anziehen. **Achtung:** für alle neueren Viertakter **ET 4 50, LX, LXV und S** gelten **andere Werte,** s. Anhang S. 134.

Erst jetzt die seitliche **Sicherungsschraube** IS SW 5 mit 12 - 14 Nm festziehen. Nicht vergessen, anschließend die **Zylinderfußschraube** SW 8 anzuziehen, ebenfalls mit Drehmoment 12 - 14 Nm.

Nockenwellen-Antriebsritzel und Steuerkette werden erst später aufgesetzt und eingestellt - s.u. **Achtung:** Möglichst neue Zylinderkopfmuttern verwenden; Piaggio empfiehlt es zumindest so.

Oben links: So wird die Zylinderkopfdichtung aufgesetzt. Oben rechts: Nockenwellenträger über die Stehbolzen schieben. Links: Anziehen der Muttern mit Drehmoment. Foto unt.: Fluchtung Rotor/ Gehäuse (Pfeile).

Steuerzeiten einstellen: Vor dem Auflegen der Steuerkette müssen die **Steuerzeiten** mittels Fluchtung der **Strichmarkierungen** eingestellt werden. Vorarbeiten, falls nicht schon ausgeführt: **Zündkerze** ausdrehen und **Gebläserad** vom Rotor durch Lösen der drei Befestigungsschrauben (wie bereits beschrieben) abnehmen; anschließend werden die **Markierungen** auf dem Rotor sichtbar, die für das Einstellen der **Steuerzeiten** wichtig sind.

Nun den Kolben auf den oberen Totpunkt bringen; dies geschieht, indem der Rotor so weit gedreht wird, bis die **Strichmarkierung** auf dem Rotor der **Markierungsnadel** unten am Kurbelgehäuse exakt gegenübersteht; wir haben auf dem Foto wegen der besseren Erkennbarkeit Pfeile als Hilfmarkierungen drübergelegt. Eine gedachte Gerade läuft nach oben weiter zur Mitte der Rotorverschraubung.

Nun die **Nockenwelle** grob so drehen, daß alle Ventile vollständig geschlossen sind; dies ist der Fall, wenn alle Stößel in höchster Position stehen und die Nocken nach unten zeigen; **Achtung:** Die Einstellschrauben müssen dabei vollständig entlastet sein; notfalls Konterung lösen und Schrauben lockern.

Steuerkette auf das Nockenwellenrad legen und beides paßgenau (Abflachungen beachten) auf die Nockenwelle schieben. Dabei muß die Mar-

kierung auf dem Nockenwellenrad mit der Markierung auf dem Nockenwellengehäuse **exakt fluchten**. (Bei geschlossenen Ventilen ergibt sich schon fast automatisch die richtige Position.) Überprüfen, daß gleichzeitig die Markierungen am Rotor übereinstimmen wie oben beschrieben. Stimmen die Markierungen nicht überein, NW-Rad mit Kette noch mal von der Welle ziehen und Kette um ein Glied vor- oder zurücksetzen; Rad wieder aufsetzen und Marken prüfen. Wenn alles genau paßt, Nockenwellenrad mit Spezialwerkzeug oder Inbusschlüssel plus Plastikunterlage in dieser Position genauso **blockieren** (jetzt im Uhrzeigersinn), wie beim Ausbau beschrieben. Zur Befestigung möglichst neue Schraube und neue Scheibe verwenden und Schraube SW 10 mit Drehmoment 12 - 14 Nm im Uhrzeigersinn anziehen. **Achtung:** Die Arbeit erfordert viel Geschick; im Zweifelsfall auf die Fachwerkstatt zurückgreifen.

Oben: Zum Einstellen der Steuerzeiten müssen die Striche auf dem NW-Träger und dem Ritzel exakt fluchten.

Kettenspanner - Einbau, Einstellung: Am ausgebauten Kettenspanner die zentrale Verschraubung lösen (SW 10) und die **Feder herausnehmen**. Sperrklinke niederdrücken, damit die Spannvorrichtung ganz zurückweichen kann. Dann Kettenspanner zusammen mit seiner Tragvorrichtung und möglichst einer neuen Dichtung einbauen und festschrauben (zwei MS SW 8). Alternativ Flüssigdichtung verwenden. Die Kette wird nun automatisch gespannt. Nun muß die Kurbelwelle - bei weiterhin ausgebauter Zündkerze - drei- bis viermal am Rotor **von Hand durchgedreht** werden. Danach prüfen, ob sämtliche Markierungen noch exakt miteinander fluchten. **Achtung:** Wenn sich die Markierungen an Schwungrad und/oder Nockenwellenrad verstellt haben, müssen alle Einstellarbeiten noch einmal vorgenommen werden.

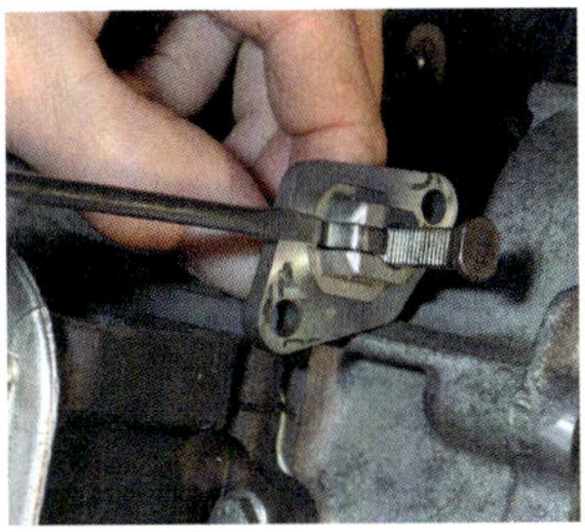

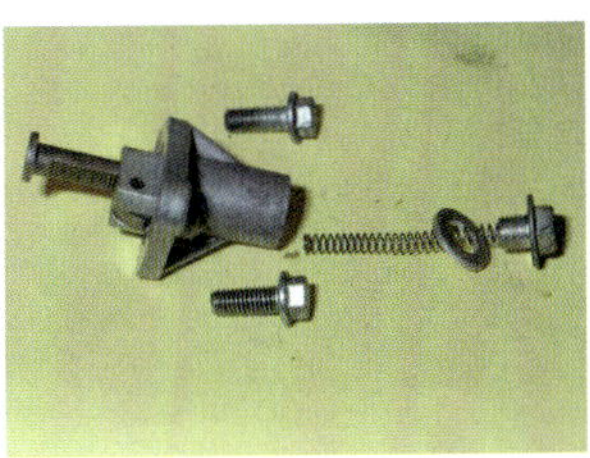

Foto ganz links: Einzelteile des Kettenspanners. Oben: Entrasten des Spanners. Mitte: Anziehen der Feder. Unten links: Spannfeder in ausgebautem Zustand. Rechts: Auslaßventil mit Einstellschraube und Kontermutter.

Ventilspiel - Prüfung, Einstellung: Diese Arbeit ist bei der ET 4 nach den ersten 1000, 5000, dann alle 10 000 km erforderlich, außerdem zwingend nach Demontage und Instandsetzung von Zylinder- und Zylinderkopf. Alle LEADER- und 50er Viertakter: nach 1000, 6000, dann alle 12 000 km Spiel einstellen. Kurbelwelle am Rotor (Motor ausgebaut) oder am Variator (Deckel abgenommen) von Hand so drehen, bis die **Markierungen an Nockenwellenrad und Träger** fluchten. Beide Ventile müssen geschlossen sein. Dann das Spiel beider Ventile zwischen Stößel- und Schwinghebelende messen; ET 4: beide Ventile 0,15 mm; LEADER und 50er Viertakt: Einlaß 0,10, Auslaß 0,15

mm. Bei Abweichungen **Spiel einstellen**. Dazu Vierkant-Enden der Einstellschrauben mit einer Spitzzange festhalten, die Muttern SW 8 etwas lösen (am besten mit einer Stecknuß) und die Stellschrauben so verdrehen, bis das Spiel stimmt. Muttern wieder anziehen, anschließend Spiel nochmals prüfen. **Achtung:** Schädlich ist vor allem zu geringes Spiel; zu großes Spiel macht sich durch starkes Tickern im Zylinderkopfbereich bemerkbar.

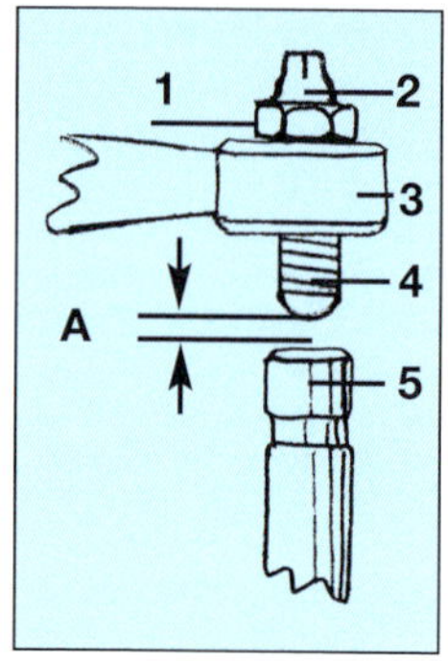

Zeichnung: STX; Vorlage: © Piaggio & C. Pontedera

Oben links: Alle 20 000 km (ET 4) bzw. nach 6000 und 36 000 km (LX 125) muß das Ventilspiel geprüft werden. Zeichnung: 1 = Kontermutter, 2 = Vierkantversteller, 3 = Schwinghebel, 4 = Stellschraube, 5 = Ventilschaft, A = Spiel Einlaß/Auslaß 0,15 mm (ET 4), Einlaß 0,10/Auslaß 0,15mm (LX 125).

Obere Luftführung, Ansaugkrümmer - Einbau: Nun zuerst die **obere Abdeckung** am Zylinderkopf zusammen mit dem **Aluhitzeschutz** für den Vergaser anbringen; dann die beiden KS, die nichts mit dem Hitzeschutz zu tun haben, handfest anziehen (eine KS sitzt unten links in Fahrtrichtung). Dichtring am **Ansaugkrümmer** prüfen, u. U. ersetzen; dann Krümmer einbauen und die beiden MS SW 8 mit Drehmoment 11-13 Nm bzw. handfest anziehen.

Zylinderkopfhaube - Einbau: Die Zylinderkopfhaube schützt den Nockenwellenantrieb und dichtet ihn ab. Der **Form-Dichtring** aus Gummi muß bei jeder Montage erneuert werden. Alten Dichtring mit einem Messer aushebeln und durch neuen Ring ersetzen; dabei auf die vorgegebene Form achten. Beim Aufsetzen aufpassen, daß der Ring nicht hervorquillt oder verrutscht. Haube aufsetzen, die vier Bolzen (MS SW8) mit den Federscheiben ansetzen und über Kreuz mit 11-13 Nm anziehen.

Ölkühler - Einbau: Vor dem Einbau des Kühlers die Ausrichtung der Ölleitungen prüfen; sie müssen spannungsfrei an den entsprechenden Bohrungen anliegen. Anderenfalls Leitungen am Kühler lockern und ausrichten. **Achtung:** Werden die Leitungen unter Spannung eingebaut, können sie durchvibrieren, was einen Öldruckabfall und Motorschaden nach sich ziehen kann. Für die **Ölkühlerbefestigung** möglichst neue Antivibrationsscheiben (Nylon/Gummi) verwenden. Auch die Dichtringe (Metall/Gummi) an den Ölleitungen erneuern. Kühler am Zylinder anbringen und die obere IS SW5 handfest anziehen. Die untere Schraube wird erst zusammen mit der Luftführung eingesetzt; provisorisch eine längere Maschinenschraube SW ansetzen. Dann die Anschlüsse der beiden Ölleitungen mit **neuen Dichtungen** versehen; dazu Dichtungen beiderseits der Leitungsköpfe positionieren und Hohlschrauben durchstecken. Schrauben an Zylinder ansetzen und mit Steckschlüssel SW 13 gefühlvoll anziehen (13-15 Nm).

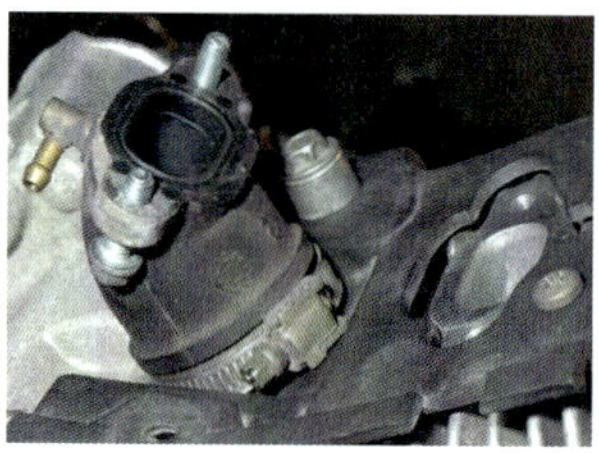

Zweites Bild von oben: Aufsetzen der oberen Luftführung auf den Zylinderkopf; darunter: der abgeschraubte Ansaugkrümmer. Unten: Zylinderdeckel mit bereitgelegtem neuem O-Dichtring in Paßform.

Untere Luftführung, Gebläserad - Einbau: Unteres Luftleitblech ansetzen und mit zwei Schrauben befestigen; die obere Schraube ist eine KS mit Maschinengewinde, wird von hinten eingefürt und gegen eine in die obere Luftführung eingelassene Mutter gedreht. Die zweite KS wird zusammen mit der Distanzhülse von vorn unten eingesetzt und festgedreht. **Achtung:** links befindet sich eine Lasche, die in die obere Abdeckung greifen muß. Nun das Gebläserad aus Kunststoff so lange drehen, bis die Bohrungen genau auf den Rotor passen; dann Rad mit drei KS (Maschinengewinde) befestigen.

Schwungradabdeckung - Einbau: Zuletzt wird die grosse Luftführung über dem Rotor angebaut. Dabei darauf achten, daß alle Aussparungen richtig in die benachbarten Luftführungen greifen. Drei KS mit Maschinengewinde oben rechts, oben links und unten links am Rotor ansetzen und festziehen; dann die provisorisch angebrachte untere **Ölkühlerbefestigung** durch die richtige MS SW 10 ersetzen; notfalls mit Dorn Führung herstellen. Die beiden letzten KS mit Blechgewinde vorn unter dem Krümmer und oben einsetzen, die obere zusammen mit dem **Aluhitzeschutz** am Vergaser. Alle Schrauben mit Gefühl anziehen.

Anlasser - Einbau: die genaue Beschreibung findet sich im Kapitel „Motorelektrik 2“ ab Seite 110.

Ölfiltergehäuse und Ölfilterkartusche - Einbau (nur ältere ET-Modelle): Zur De-montage der oberen Luftführung war bei der ET 4 der ersten Serie bis 2000 - wir erinnern uns - der Abbau des Ölfilltergehäuses nötig. Dichtflächen reinigen und den Gum-midichtring kontrollieren, notfalls ersetzen. **Gehäuse** aufsetzen und mit zwei MS SW 8 befestigen. Muß die **Ölfilterkartusche** ausgewechselt werden, Deckel des Gehäu-ses öffnen (2 x SW 8)

Oben links: Anschluß der Ölleitung mit den Dichtringen; darunter: Anschluß des Ölkühlers mit Dämpferscheiben. Oben rechts: ET 4-Motor mit komplett angebautem Ölkühler.

und Kartusche herausnehmen. Einbau in folgender **Reihenfolge**: O-Ring ins Öfiltergehäuse setzen, Feder in den Deckel, Fil-ter mit Vertiefung auf die Fe-der, das Ganze samt Deckel aufs Gehäuse und mit zwei MS SW 8 befestigen. (Weitere Hinweise im Kapitel „Ölkreislauf“ ab Seite 95).

Bilder links: Abbau des Ölfiltergehäuses bei der ET 4. Oben: Anbau untere Luftführung; dar.: Abbau Ölfilterflansch; unten: zerlegtes Ölfilter-Element.

Rechts oben: Blick auf den Anlasser der ET 4 und seine Verschraubung; die Verkabelung ist noch nicht angeschlossen. Darunter: ET 4-Motor mit ausgedrehter Zündkerze. Neue Ker-ze zuerst von Hand vordrehen, dann mit Gefühl anziehen. Drehmomente siehe Anhang.

Zündkerze - Einbau: Zuletzt neue oder geprüfte und gereinigte Zündkerze einsetzen und vorsichtig festdrehen. Alle Hinweise zu diesem Thema s. Kap. „Motorelektrik 3 Zündanlage".

Vergaser - Einbau: Der Unterdruck-Vergaser wird einfach auf den Ansaugkrümmer aus Gummi gesteckt; die richtige Position ergibt sich automatisch durch die Führungsnase oben. Anschließend Vergaser mit einer **Schlauchschelle** fixieren. Der **Membrandeckel** wird von 2 KS, der **Schwimmerkammerdeckel** von 3 KS gehalten. Oft sitzen die kleinen Schrauben extrem fest. Dann den Vergaser in einen mit Holz oder Alublech gefütterten Schraubstock spannen, dabei keine vorstehenden Elemente einklemmen. Dann die Schrauben mit einem scharfen Meißel und einem leichten Hammer gegen den Uhrzeigersinn lösen. **Sämtliche Hinweise** zur Vergaserzerlegung, -prüfung und -wartung s. Kapitel „Gemischaufbereitung Viertakter" ab Seite 108.

Kompression prüfen: Bei Zwei- und Viertaktmodellen wird gleich vorgegangen. Mangelhafte Kompression kann viele Ursachen haben: verschlissene oder beschädigten Kolbenringe, eine riefige und ausgeriebene Zylinderwand, Undichtigkeiten zwischen Zylinderkopf und Zylinder, beim Viertakter zusätzlich **abgenutzte, undichte Ventile** oder defekte Ventilsitze. Geprüft wird nach Warmlaufenlassen des Motors mit einem handelsüblichen Kompressionsprüfgerät. Mittelabdeckung abnehmen. Kerzenstecker abziehen und Zündkerze herausdrehen. Dann Hohlwelle des **Kompressionsprüfers** in die Zündkerzenbohrung einführen und mit der Hand festschrauben. **Achtung:** Hinterrad muß frei drehen können! Zündung einschalten, Vollgas geben und Motor mit dem E-Starter so lange durchdrehen, bis der angezeigte Druck nicht mehr weiter ansteigt. Wenn Kolben, Zylinderkopf, Ventile und Zylinder in Ordnung sind, muß die Kompression zwischen 8,5 und 12,0 kg/cm² liegen. Liegt der Druck unter 8,5 kg/cm², müssen die Ursachen ermittelt werden. Zuerst Gebläsehaube abnehmen und prüfen, ob die Zylinderkopfschrauben mit dem vorgeschriebenen Drehmoment angezogen sind. Defekten **Kolbenringen** kommt man ganz einfach auf die Spur, Etwas Motoröl in die Zündkerzenbohrung spritzen, dann zweite Messung durchführen. Wird eine höhere Kompression angezeigt als beim ersten Mal, dichten die Ringe nicht mehr richtig ab; (das eingespritzte Öl erzeugt vorübergehend eine bessere Abdichtung.) Bei einer Kompression von weniger als 8,0 kg/cm² müssen Kolben und Zylinder und Zylinderkopf zusammen mit den Ventilen überholt werden.

Oben und rechts: Der komplette Antriebsblock der ET 4 von 1996, die wir speziell für die Arbeiten zu diesem Buch gekauft und dann minutiös zerlegt haben. Vor dem Wiedereinbau wurde alles sorgfältig gereinigt. Der Variatordeckel wurde nach Beseitung von Korrosion neu lackiert.

Ohc-LEADER-Viertaktmotor der ET-, LX-, LXV- und S-Modelle 50 bis 150 cm³: Besonderheiten und Abweichungen.

Wie bereits erwähnt, führte Piaggio 2000 den in wesentlichen Punkten verbesserten, ebenfalls luftgekühlten ***„LEADER"-Motor*** *ein, und zwar für alle kleinen Hubraumklassen 50, 125 und 150 cm³.*
Zu den technisch wichtigsten Änderungen gegenüber dem von 1995 bis 2000 in den Modellen Sfera und ET verbauten Basis-Viertakter gehören die Gleitlagerung der Kurbelwelle, ein geänderter Ölkreislauf und ein fliehkraftgesteuerter Dekompressionsmechanismus auf der Nockenwelle für leichteres Anspringen.
Die ab Herbst 2008 zusätzlich angebotene Vespa S 50 Quadrovalvole besitzt einen Vierventil-Zylinderkopf mit ebenfalls nur einer obenliegenden Nockenwelle.
Alle LEADER-Motoren sind aufgrund ihres ***Sekundärluftsystems*** *und eines ungeregelten Zweiwege-Katalysators abgasarm und entsprechen je nach Modell und Baujahr den Normen Euro 2 oder Euro 3 (s. a. technische Daten.)*
Wir beschränken uns hier auf die kurze Darstellung von Arbeiten, die von dem abweichen, was wir im Zusammenhang mit dem Basis-Viertakter gezeigt haben.

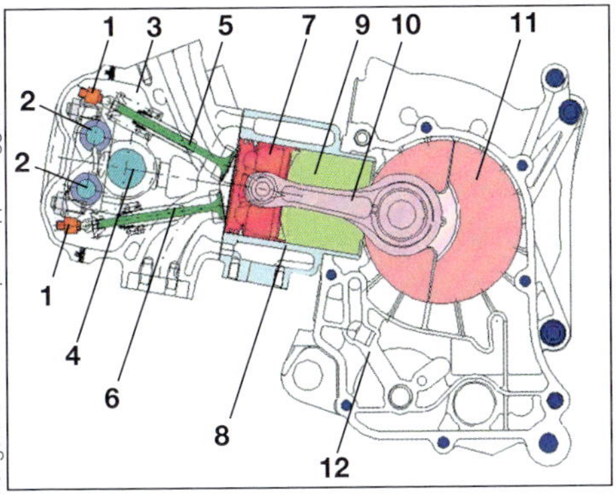

Oben: Ventilsteuerung und Kurbeltrieb beim LEADER-Motor; 1 = Kipphebel mit Einstellschrauben, 2 = Kipphebelwellen, 3 = Zylinderkopf, 4 = Nockenwelle, 5 = Einlaßventil, 6 = Auslaßventil, 7 = Kolben, 8 = Zylinder, 9 = Zylinderlaufbahn, 10 = Pleuelstange, 11 = Kurbelwelle mit Wangen, 12 = Kurbelgehäuse.

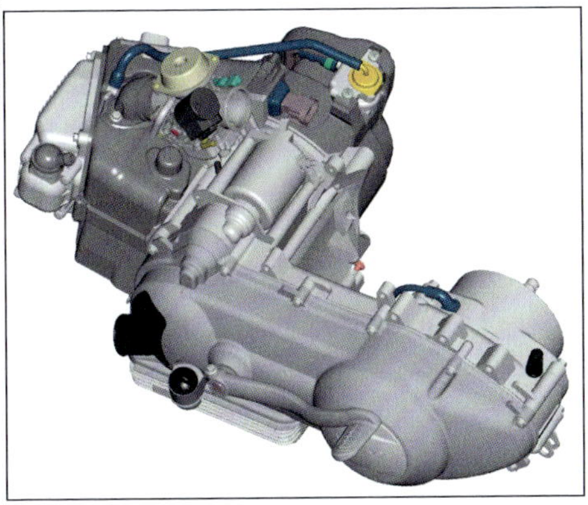

Mitte: Graphik des luftgekühlten LEADER-Motors mit dem integrierten Keilriemenantrieb, Kickstarter und Trommelbremse.

Ventildeckel ausbauen:

Seitlich besitzt der LEADER-Ventildeckel eine Entlüftungseinheit, die mit vier Schrauben befestigt ist. Der O-Ring für die Abdichtung sollte beim Zusammenbau durch ein Neuteil ersetzt werden. Am besten wird auch die Schlauchschelle gelöst, die den Entlüftungsschlauch am Deckel hält.

Luftleitbleche ausbauen:

Die beiden Luftleitbleche, die den Zylinder umkleiden, sind durch Schrauben und Clipse miteinander verbunden. Schrauben ausdrehen, Clipse vorsichtig aushebeln und die Elemente abnehmen. Tunlichst auch den Vergaser-Entlüftungsschlauch lösen.

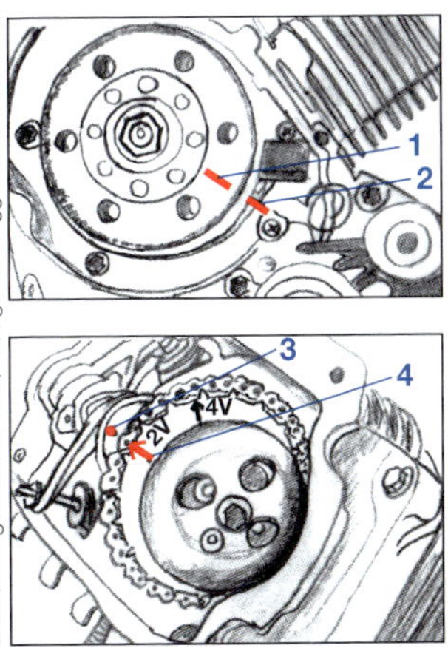

Oben: Die Marke am Rotor (1) muß mit der Marke am Gehäuse (2) fluchten. Unten: Gleichzeitig muß die Körnung am Nockenwellengehäuse (3) auf die Markierung 2V (4) zeigen.

Steuerzeiten einstellen:

Zunächst alle Anbauteile am Zylinder entfernen, auch das Kühlgebläseteil auf dem Lichtmaschinenrotor. Soll die Steuerkette ausgebaut werden, müssen zunächst Ölpumpe und Ölpumpenantrieb abgenommen werden, wie ab Seite 95 beschrieben. Die **Markierungen** für das Einstellen der Steuerzeiten liegen etwas anders als beim älteren Motor: unten rechts am Gehäuse und als Pfeil auf dem Rotor (s. Bild oben). Die Kurbelwelle an der Lichtmaschi-

nen-Befestigungsschraube im Uhrzeigersinn so drehen, bis der Pfeil auf dem Rotor exakt mit der Markierung auf dem Gehäuse fluchtet.
Das Nockenwellenritzel besitzt eine 2V-Markierung. Bei den Zweiventilmotoren muß die **2V-Markierung** mit dem Punkt am Lagerbock fluchten, bei den 4V-Motoren die eingeprägte Markierung mit dem gleichen Punkt.
Stimmen alle Markierungen am Rotor und am Nockenwellenritzel gleichzeitig überein, sind die Steuerzeiten korrekt eingestellt. In dieser Position müssen Elemente wie Steuerkette, Ritzel und Nockenwelle demontiert und wieder eingesetzt werden. Ansonsten beachten Sie bitte die Hinweise auf den Seiten 70-72 sowie die Ventileinstelldaten, die beim LEADER-Motor von denen des älteren Triebwerks leicht abweichen.

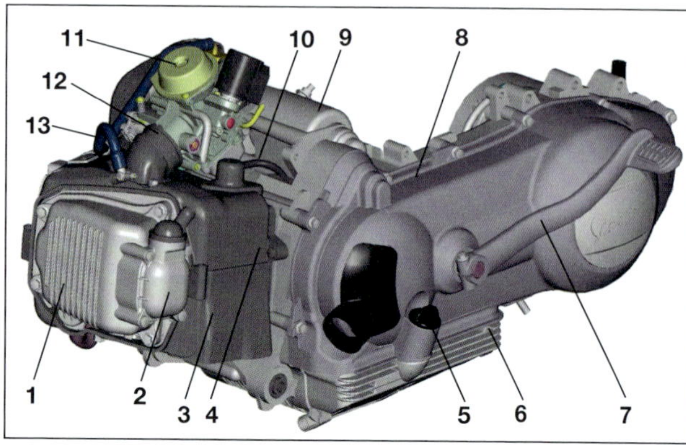

Farbzeichnung: © Ufficio Stampa Gruppo Piaggio, Pontedera

Oben: LEADER-Motor mit Luftkühlung und einer obenliegenden Nockenwelle, wie er seit 2000 in alle kleineren Vespa-Viertakt-Modelle von 50 bis 150 cm³ eingebaut wird.
1 = Zylinderkopfdeckel, 2 = Entlüftungsgehäuse, 3 = unteres Luftleitblech, 4 = oberes Luftleitblech, 5 = Öleinfüllstutzen, 6 = Ölwanne, 7 = Kickstarter, 8 = Antriebsgehäusedeckel, 9 = Elektro-Starter, 10 = Entlüftungs-schlauch, 11 = Vergaser, 12 = Ansaugstutzen, 13 = Entlüftungsschlauch.
Links: Für das Einstellen der Steuerzeiten müssen die Markierungen exakt fluchten; oben: an Lichtmaschinenrotor und Gehäuse; unten: an Nockenwellenritzel und Lagerbock.

Unten: Vierventil-Zylinderkopf eines flüssigkeitsgekühlten LEADER-Motors, wie er bei den GTS-Modellen eingesetzt wird.

Dekompressionseinheit ausbauen: Auf dem Nockenwellenritzel des LEADER-Zylinderkopfs sitzt ein Dekompressionsmechanismus. Zunächst wird der Deckel abgeschraubt. Dann die Innensechskantschraube ausdrehen, die das **feste Gewicht** auf dem Mechanismus hält; dabei auf die **Feder** achten. Anschliessend das **bewegliche Fliehkraftgewicht** abheben; dabei sollten auf die genaue Lage des Gewichts in der Nut achten. Die **Kunststoff-Buchse** auf der Rückseite des Gewichts darf nicht verlorengehen; sie muß später korrekt eingesetzt werden. Nun können Ritzelplatte, Nockenwellenritzel, Nockenwelle und Steuerkette ausgebaut werden, wie auf den Seiten 69 - 71 beschrieben.
Vor dem **Wiedereinbau** des Dekompressionsmechanismus die Kunststoff-Buchse leicht einfetten und hinten an das Fliehkraftgewicht setzen. Die Feder abheben und das Gewicht einsetzen; dabei muß die Feder von oben wirken. das feste Gewicht einsetzen und Schraube leicht vorziehen; Beweglichkeit der Elemente und Funktionieren der Feder prüfen. Dann Schraube anziehen und die Abdeckung aufsetzen; die kleine Bohrung muß dabei oben liegen. Lichtmaschinenrotor blockieren und Schraube mit 11-15 Nm anziehen (Steuerkette und Spanner eingesetzt). Deckel aufsetzen und anziehen (7-8,5 Nm).

Nockenwelle und Kipphebel ausbauen: Dekompressionsmodul ausbauen und Steuerkette abheben wie beschrieben. Kette so sichern, daß sie nicht in den Schacht fällt. Die Nockenwelle des LEADER-Motors ist mit einer **Halteplatte** gesichert. Die beiden Schrauben lösen und Platte nach oben abheben. Die Nockenwelle sollte so liegen, daß alle Ventile geschlossen sind (Federn entlastet, Kolben auf OT). Nockenwelle herausziehen. Zum Ausbau der **Kipphebel** die Kipphebelwelle ausziehen. Damit die Kipphebel nicht verwechselt werden, sollten sie markiert werden - E für Einlaß, A für Auslaß, beim Vierventiler E1 und E2, A1 und A2. Einlaß-Kipphebel (vergaserseitig) festhalten und Welle herausziehen. Auf die **Anlaufscheibe** achten, die zwischen den Kipphebeln auf der Kipphebelwelle liegt. **Anmerkung:** Bei Arbeiten am luftgekühlten Viertaktmotor mit 50 cm³ (ohne Dekompression) so vorgehen, wie beim Basis-Triebwerk ab Seite 61 beschrieben.

Antrieb mit Variator, Keilriemen und Kupplung - Zerlegung, Wartung, Einstellung alle Zwei- und Viertaktmodelle; Teil 1: Schwerpunkt Zweitakter

Keilriemenautomatik allgemein: *Alle Piaggio-Automatikroller haben das gleiche Antriebssystem. Bei den stärkeren Viertakt-Modellen unterliegt der Keilriemen aufgrund der höheren Motorleistung größerem Verschleiß. In puncto Ausführung unterscheiden sich die einzelnen Baugruppen der Zwei- und Viertakter nur in Details. wie Zahl und Anordnung von Dichtringen, Scheiben, Distanzhülsen. Die Position der diversen Kleinteile ist beim Zerlegen und Zusammensetzen besonders zu beachten.* ***Achtung:*** *Vor Beginn der Arbeiten Batterie abklemmen!*

Kickstarter - Ausbau, Kontrolle: Der Ausbau des Hebels ist nur bei Defekt erforderlich, nicht zur Abnahme des Antriebsgehäusedeckels. Der **Kickstarterhebel** ist mit einer Schraube SW 8 auf der Welle befestigt. Der **Kickstarter-Mechanismus** wird zusammen mit dem Gehäusedeckel abgenommen (siehe unten). Er besteht im Prinzip aus Welle mit Halb-Zahnkranz und der Klaue, die in die Antriebs-Riemenscheibe eingreift. Beim ET 4 wird der Mechanismus von einer **Platte** geschützt, die von mehreren KS gehalten wird. Alle Teile auf spielfreien Sitz und ausreichende Schmierung überprüfen (Universalfett). Zur weiteren Zerlegung muß die Feder ausgehängt werden, wozu wir wegen der starken **Vorspannung** nur im Notfall raten.

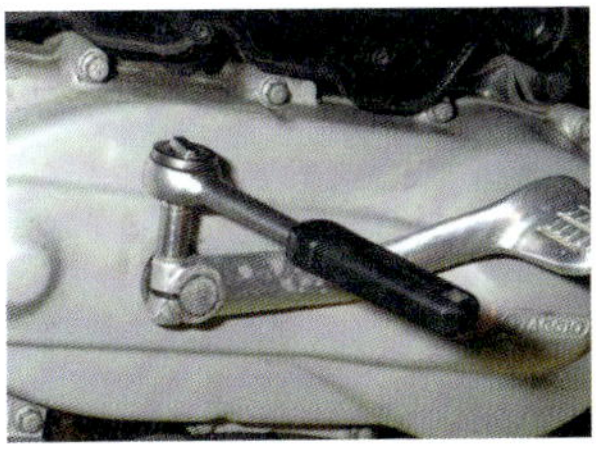

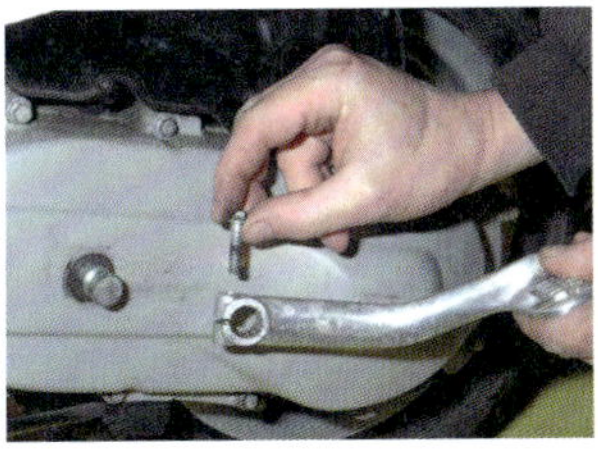

Gehäusedeckel - Ausbau: Für alle Arbeiten am Antrieb ist die Abnahme der **Variatorabdeckung** auf der Kickstarterseite erforderlich. Die Konstruktion ist bei allen Piaggio Automatikrollern im Prinzip gleich. Die Zweitakt-Modelle verfügen über ein zusätzliches Stützlager für die Getriebehauptwelle, auf der die Kupplung sitzt. Der Gehäusedeckel ist mit 13 gleich langen Schrauben SW 8 am Triebwerksblock befestigt. Sie werden mit Steck-

Ganz oben: Blick auf den Riemenantrieb der ET 2; darunter: Variator und Kupplung des weitgehend baugleichen Modells Sfera. Mittlere Bildleiste: Ausbau von Kickstarter und Gehäusedeckel. Links: Kickstartersystem der Vespa ET 2.

Oben links: Der Variatordeckel ist mit 13 Schrauben befestigt; dan.: Lösen des Deckels mit dem Plastikhammer. Unten: Antrieb und Deckel der ET 2.

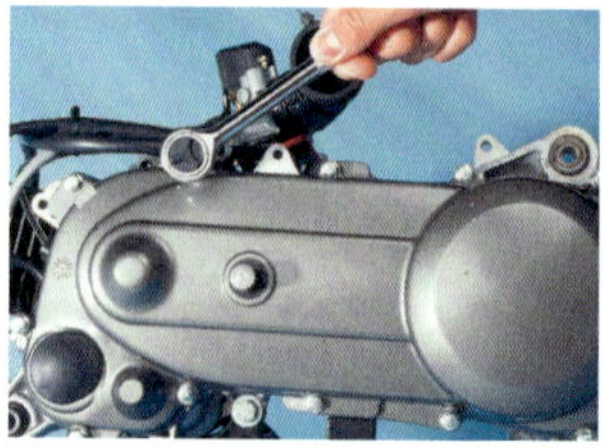

schlüssel und Umschaltknarre ausgedreht. Zum Abnehmen muß in der Regel mit leichten **Gummihammerschlägen** von der Rückseite her nachgeholfen werden. Bei den Modellen mit **Stützlagern** Deckel vorsitzig vom Lager treiben. Der Gummihammer hilft auch bei den Viertaktern, wenn die beiden **Paßhülsen** vorn und hinten festsitzen.
Zusammenbau: Paßhülsen und Stützlager sauber ansetzen, alle Schrauben SW 8 mit Drehmoment Nm 12-13 anziehen. Bei zu festem Anziehen besteht die **Gefahr**, daß die feinen Gewinde im Motorblock beschädigt werden. Ratsam ist, die Schrauben vor dem Einsetzen leicht einzufetten. Beschädigte Gewinde können ausgebohrt und mit einem Helicoil-Einsatz wieder fit gemacht werden. Wer sich das nicht zutraut, sollte die Fachwerkstatt beauftragen.

Riemenscheiben, Antriebsriemen - Allgemeines: *Um den* ***Antriebsriemen*** *zur automatischen Kupplung (alle Modelle) oder den* ***Ölpumpenantrieb*** *zu prüfen (Zahnriemen Zweitakter) oder zu ersetzen (auch kettengetriebene Ölpumpe bei den Viertaktern) müssen beide Riemenscheiben mit den zugehörigen Komponenten abgenommen werden.* ***Achtung:*** *Merken Sie sich genau die Position der diversen Scheiben und Kleinteile, sonst treten beim Zusammenbau Schwierigkeiten auf.* ***Hinweise zum korrekten Einbau*** *des Antriebsriemens im Abschnitt „Kupplung Einbau". Für die Fotos im Folgenden diente teilweise eine Piaggio Sfera als Beispiel für die bei allen Piaggio-Rollern im Prinzip gleiche Antriebstechnik.*

Angetriebene Riemenscheiben, Kupplungsglocke - Ausbau: Zunächst die Einheit aus angetriebenen Riemenscheiben, Fliehkraftkupplung und Kupplungsglocke hinten am Fahrzeug lösen. Zum **Gegenhalten** brauchen wir eine Spreizklammer oder ein Werkzeug, das wir uns selbst anfertigen. Wir haben uns mit einer Leichtmetall-Profilstange geholfen, in die wir zwei 15 mm lange Schrauben M6 und zwei Hammermuttern eingesetzt haben. Stange und Schrauben werden so an die Kupplungsglocke gesetzt, daß ein Wegdrehen unmöglich ist. Nun mit einem Steckschlüssel SW 15 die Zentralmutter lösen und zunächst die **Kupplungsglocke abnehmen**. Die Kupplungseinheit bleibt noch auf der Welle, bis vordere Riemenscheibe und Antriebsriemen abgenommen worden sind. **Achtung:** Bei der Befestigung der Kupplungsglocke handelt es sich um eine **Dehnmutter**,

Oben: Kupplung der Vespa ET 2 mit zentraler Verschraubung. Unten: Zum Lösen der Mutter muß die Kupplungsglocke blockiert werden. Wir haben uns den Hebel mit Aluprofil und zwei Bolzen selbst gebaut.

die beim Zusammenbau stets durch eine neue Mutter ersetzt werden muß, die allerdings nur im Piaggio-Fachhandel erhältlich ist; Mutter mit dem vorgeschriebenen Drehmoment in zwei Stufen anziehen: 40-44 Nm. **Tipp:** Mutter beim Zusammenbau mit flüssiger Schraubensicherung (etwa von Loctite) einsetzen. Sie ist starken Vibrationen ausgesetzt und könnte sich sonst leicht selbstständig machen. Zerlegung und Wartung der angetriebenen Einheit beschreiben wir weiter unten.

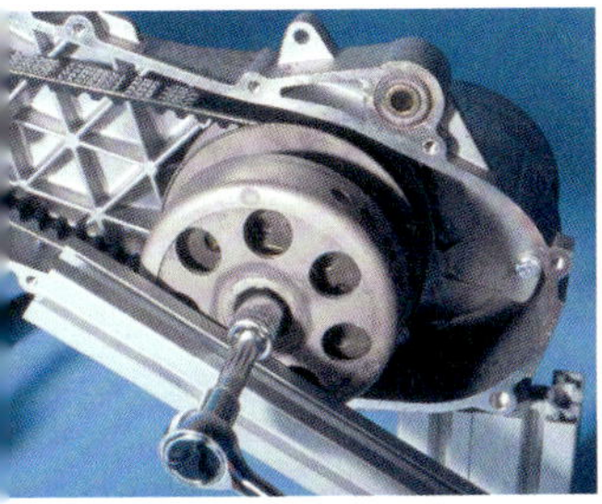

Treibende Riemenscheibe, Antriebsriemen, Kupplungseinheit, Anlassergetriebe - Ausbau: Antriebsriemen und Kupplung kommen erst frei, wenn auch die **vordere Riemenscheibe** abgenommen ist. Sie ist ebenfalls mit einer Mutter SW 15 fixiert, die durch ein Neuteil ersetzt werden und

Oben: Variator mit Anlasserritzel ET 2. Mitte links: Lösen der Kupplungsglocke, daneben: Lösen Variatorverschraubung unter Blockierung mit Spezialhalter.

mit Nm 40-44 angezogen werden muß; beim Zusammenbau auch hier wieder **flüssige Schraubensicherung** verwenden.
Das zum Lösen der Mutter erforderliche Gegenhalten ist leider ohne **Spezialwerkzeug** nicht möglich. Da Eigenfertigung zu aufwendig ist, muß die Fachwerkstatt helfen; leihen Sie das Teil bei Ihrem **Piaggio-Händler** aus und entrichten Sie freiwillig dafür einen Obulus. Andere Möglichkeit: Sie gehen mit dem Triebwerk in die Werkstatt und lassen sich dort weiterhelfen.
Wie die Gegenhalteplatte korrekt am Zahnkranz befestigt wird, zeigen die Abbildungen; zum Fixieren am Gehäuse dienen zwei Schrauben M6 x 16. Beim Zusammenbau genauso verfahren.
Beim Abnehmen der Komponenten und beim späteren Zusammenbau auf **richtige Reihenfolge und Position** achten (von außen nach innen):

Mutter SW 15, Haltekranz, Kunststoffteil, Zahnkranz.
Jetzt kann der **Antriebsriemen** abgenommen werden - **zusammen mit der Kupplung**. Soll der Riemen wiederverwendet werden, darauf achten, daß er nicht genknickt oder mit Öl benetzt wird. **Achtung:** Nach Ausbau des Zahnkranzes sofort das **Vorgelege des E-Starters** abziehen, damit es nicht herausfällt und beschädigt wird; es ist ohne weitere Sicherung im Motorgehäuse gelagert und läßt sich ganz einfach aus- und einbauen.

Foto linke Spalte unten: bei abgenommener Kupplungsglocke wird die eigentliche Kupplung sichtbar. Oben: Elemente des Variators und der treibenden Riemenscheibe in ausgebautem Zustand. Unten: Das Anlasservorgelege greift in das grosse Ritzel am Variator und läßt sich einfach aus dem Gehäuse ziehen.

Variator - Ausbau, Wartung: Zuerst die **Distanzscheibe** abziehen, die auf der Kurbelwelle sitzt; sie dient zur Drosselung. Nun die **lange Distanzhülse** und die **Variatoreinheit** abnehmen. Hinter dem Variator befindet sich eine zweite, **kurze Distanzhülse**; sie wird ebenfalls abgenommen. Einen einmal ausgebauten **Variator** sollte man stets zerlegen und überprüfen. Der **Abdeckring** ist mit drei KS befestigt. Darunter kommt ein großer **O-Dicht-Ring** zum Vorschein, der absolut in Ordnung sein und genau in der Nut liegen muß; notfalls erneuern. Herzstück sind die **drei Führungsschuhe** und die **in Fett gelagerten Rollen**; Führungsschuhe ersetzen, falls stark beansprucht (als Ersatzteil erhältlich, keinen kompletten Variator kaufen!). Piaggio gibt bei der ET bestimmte Intervalle fürs Nachfetten vor. Bei der LX müssen die Rollen in gewissen Abständen ersetzt werden (Details s. Wartungsplan weiter hinten im Buch). Verbrauchtes oder fehlendes **Fett** ersetzen, dabei die Rollen voll-ständig bedecken. Auch alle anderen Teile auf Schäden überprüfen; Halbschalen ersetzen, falls abgenutzt. Variator wieder zusammenbauen, Deckelschrauben handfest anziehen.

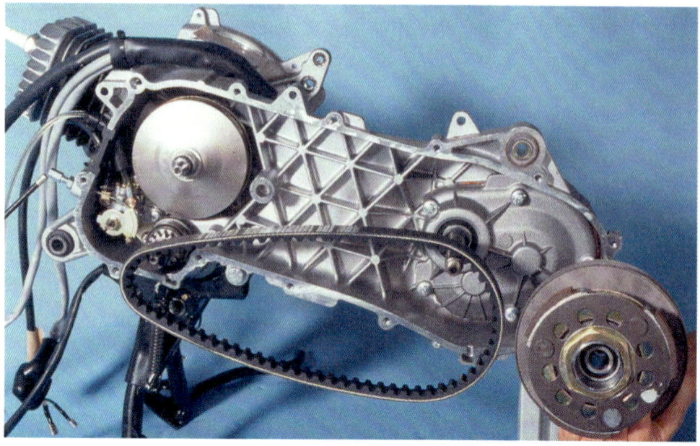

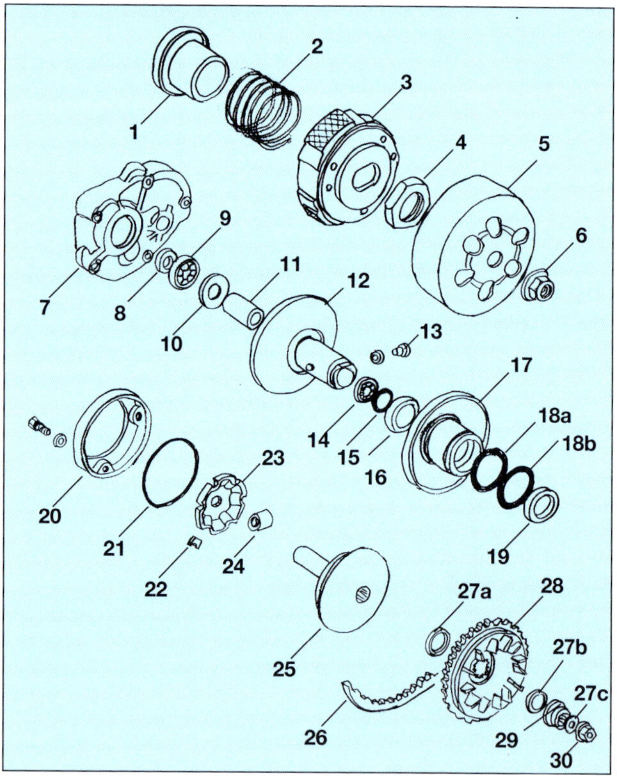

Zeichnung: STX; Vorlage: © Piaggio & C. Pontedera

Antrieb mit Variator und Fliehkraft-Kupplung: 1 = Büchse, 2 = Feder, 3 = Kupplung mit aufgeklebten Belägen, 4 = Mutter, 5 = Kupplungskorb, 6 = Sicherungsmutter, 7 = Getriebedeckel, 8 = Scheibe, 9 = Lager, 10 = Dicht-ring, 11 = Buchse, 12 = getriebene Riemenscheibe mit Büchse innen, 13 = Sicherung, 14 = Lager, 15 = Dichtring, 16 = Ring, 17 = getriebene Riemen-scheibe außen, 18a,b = Dichtringe, 19 = Ring, 20 = Abdeckring, 21 = Dicht-ring, 22 = Gleitschuh, 23 = Variatorgehäuse, 24 = Rolle (6 Stück), 25 = treibende Riemenscheibe innen, 26 = Antriebsriemen, 27a,b,c = Ringe, 28 = treibende Riemenscheibe außen mit Zahnkranz und Lüfter, 29 = Druckstück, 30 = Sicherungsmutter; Zeichnung: STX, Quelle: Piaggio

Oben: Variator mit Distanzscheibe abnehmen; lange und kurze Hülse befinden sich noch auf der Welle.

Variator, Anlasser-Vorgelege, treibende Riemenscheibe, Antriebsriemen - Einbau: Bevor die einzelnen Antriebsdetails auf die Kurbelwelle gesteckt werden, muß das **Anlasser-Vorgelege** eingesetzt werden; es sitzt zwischen Motorgehäuse und Variator, das Zahnrad greift von der Gehäuseseite in den Zahnkranz der Riemenscheibe ein. Wird dieser Handgriff vergessen, funktioniert später der Anlasser nicht.
Jetzt werden die **Antriebselemente** aufgesteckt, und zwar nur in folgender Reihenfolge: **kurze innere Hülse, Variator, lange äußere Hülse, Drosselring, Antriebsriemen**; der Antriebsriemen muß locker über die äußere Hülse gelegt werden, bevor die **Riemenscheibe mit Zahnkranz** aufgesetzt wird. Jetzt folgen: **Kunststoffführung, Haltekranz, Mutter SW 15** (s. a. weiter oben). Die Zungen des Haltekranzes müssen genau in die Aussparungen greifen.
Hinten wird der **Antriebsriemen zwischen die getriebenen Halbscheiben** gelegt und zusammen mit diesen sowie der **Kupplung** aufgesetzt (Voraussetzung: die komplette Einheit ist korrekt zusammengebaut, s. unten). **Achtung:** Riemen immer so auflegen, daß die **Schrift lesbar** ist, Drehrichtung beachten! Vorne paßt der Antriebsriemen nur dann zwischen Variator und Riemenscheibe, wenn hinten genügend Luft ist. Das bedeutet, daß hinten die bewegliche Halbscheibe zunächst von Hand so weit von der festen Scheibenhälfte abgedrückt werden muß, daß der **Zahnriemen tief genug zwischen die konischen Flächen** rutschen kann. Erst dann kann vorne fertigmontiert und die **Mutter SW 15** aufgesetzt werden. **Achtung:** Immer neue Mutter verwenden; einen Tropfen flüssige Schraubensicherung auf das Gewinde des Kurbelwellenstumpfes geben und bei den Typen **50er Zweitaktern** sowie **ET 4 125/150** Mutter mit 40-44 Nm anziehen. **Achtung:** Für die **übrigen Viertakter** mit 50, 125 und 150 Kubik gelten andere Werte, s. Anhang Seite 135. Zahnkranz mit Spezialwerkzeug blockieren (s. oben und Abbildungen).

Getriebene Riemenscheiben, Kupplung - Funktion: *Der Antriebsriemen überträgt die Kraft auf eine Einheit, die aus einer starren Halbscheibe, einer beweglichen Halbscheibe, der Fliehkraftkupplung, der Kupplungsglocke sowie den zugehörigen Einzelteilen besteht. Die **äußere Halbscheibe** ist über eine Hohlwelle **starr** mit der Kupplung verbunden. Die **innere Halbscheibe** ist **beweglich**; mit wachsender Drehzahl vergrößert sie den Abstand zur starren Hälfte. Damit kann der **Antriebsriemen** tiefer zwischen die konischen Flächen dringen, die Übersetzung ändert sich wie bei einem Fahrrad, bei dem vom großen auf das nächst kleinere Hinterradritzel geschaltet wird. Folge: Umdrehungsgeschwindigkeit des Hinterrades und Endgeschwindigkeit wachsen. Bei abnehmender Drehzahl funktioniert das Ganze natürlich umgekehrt. Die **Kupplung** funktioniert so: Ab einer bestimmten Drehzahl werden die **drei Kupplungsbeläge** per Fliehkraft an die innen liegende Reibfläche der **Kupplungsglocke** gepreßt, die fest auf der verzahnten Getriebewelle sitzt. Ist der Kraftschluß hergestellt, wird die Kraft über das Getriebe ans Hinterrad weitergegeben. Beim Gaswegnehmen wird der Kraftfluß automatisch unterbrochen.*

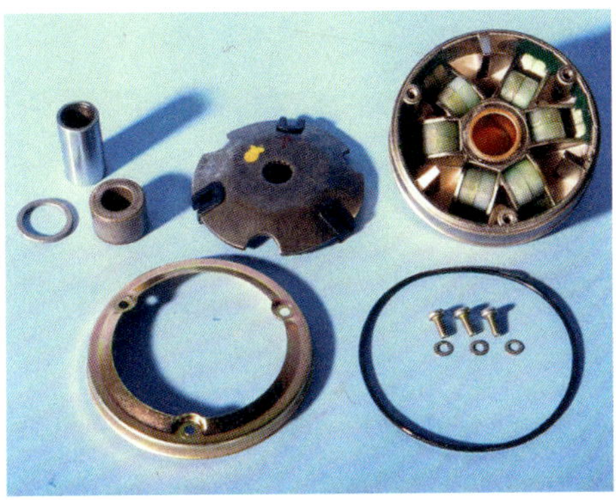

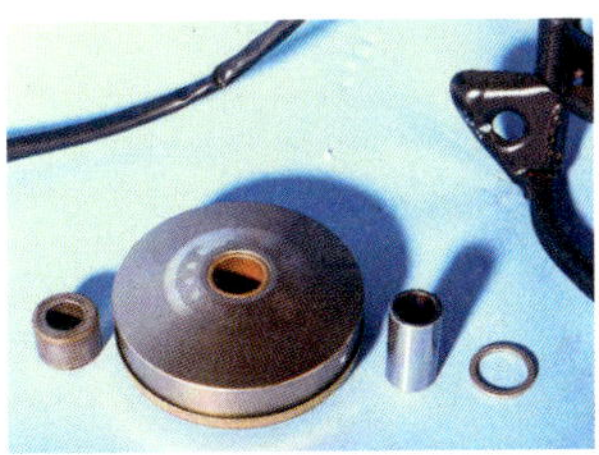

Oben: Variator in zerlegtem Zustand; besonderes Augenmerk verdienen Führungsschuhe und Rollen; sie müssen regelmäßig geprüft und nachgefettet werden. Unten: unzerlegter Variator mit Anbauteilen (beide Hülsen, Distanzscheibe).

Antriebsriemen - Kontrolle: Die Kraft wird durch einen nylonverstärkten Keil-Zahnriemen übertragen, der unter normalen Bedingungen eine sehr hohe Lebenserwartung hat. Trotzdem kann es in Einzelfällen vorkommen, daß der Riemen reißt. Ursachen sind entweder (äußerst selten auftretende) Materialfehler oder übermäßiger Verschleiß. **Abnutzung** erkennt man an brüchigem Gummi oder heraushängenden Fadenteilen der Nylonarmierung. Riemen dann sofort austauschen. Das gilt auch dann, wenn der Riemen **ölverschmiert** ist, etwa durch ausgetretenes Getriebeöl. Dann muß natürlich auch das Getriebe neu abgedichtet werden (Details s. nächstes Kap.). Bei Ruckeln oder unzureichenden Fahrleistungen kann ein **überdehnter Antriebsriemen** durch **Materialermüdung, Überbeanspruchung** oder ständiges Fahren mit maximaler Zuladung können die Ursache sein. Piaggio empfiehlt unabhängig davon, den Antriebsriemen bei den **ET-Modellen alle 10 000,** bei den **neueren Modellen alle 12 000 km** zu ersetzen; Die offiziellen Prüfungsintervalle liegen bei 5000 (ET) bzw. 6000 km (LX u. a.).

Kupplungseinheit - Zerlegung, Wartung: Während die Kupplungsglocke schon beim Abbau der kompletten Einheit frei zugänglich wird, müssen die anderen Grundelemente zur Überprüfung in ihre Einzelteile zerlegt werden. Dazu spannen wir zunächst die komplette Einheit mit der Kupplung nach oben in einen **Schraubstock**. Dann biegen wir mit **Hammer und Meißel** (oder Schraubendreher) das Sicherungsblech an der Haltemutter auf. Zum Abschrauben benötigen wir einen Gabel- oder **Ringschlüssel SW 46** (am besten ausleihen). Dabei Kupplung nach unten drücken, Mutter ganz abschrauben, Federdruck verringern, Haltering und Kupplung von der Welle nehmen. Die **drei Beläge** sind auf Schwungmassen aufgeklebt. Diese sind auf mit Seegeringen gesicherten Bolzen beweglich am Gehäuse gelagert; Federn drücken Schwungmassen und Beläge mit wachsender Drehzahl nach außen. Doch **Achtung**: die eigentliche **Kupplungsgruppe nicht zerlegen**, keine Einzelteile auswechseln! Die gesamte Einheit ist elektronisch ausgewuchtet und muß daher komplett ersetzt werden. Der Austausch der einzelnen **Schwungmassen** kann nur ein Notbehelf für kurze Zeit sein. Kein Fett oder Öl auf die Beläge gelangen lassen; die Kupplung rutscht sonst später durch.

Getriebene Riemenscheiben mit Kugellager - Zerlegung, Wartung: Nach Abbau der Kupplung lassen sich die **Riemenscheiben-Hälften** trennen. Zunächst Druckfeder und Führungsring abnehmen. Dann den Bolzen herausziehen, der in die gebogene Aussparung der beweglichen Halbscheibe eingreift, Hälften trennen. Die **bewegliche Hälfte** gleitet über Dichtringe auf den Arbeitsflächen einer Büchse, die auf der Welle sitzt. **Dichtringe kontrollieren** und nötigenfalls ersetzen. Prüfen, ob die Arbeitsflächen der Büchse frei von Abnutzungsspuren sind; falls erforderlich, **Büchse ersetzen**. Raum zwischen Büchse und Innenfläche der Führung der beweglichen Halbscheibe mit Spezialfett füllen (Montblanc Molybdenum Grease z.B.).
Abschließend das **Kugellager** am Ende der Welle mit der festen Halbscheibe kontrollieren.

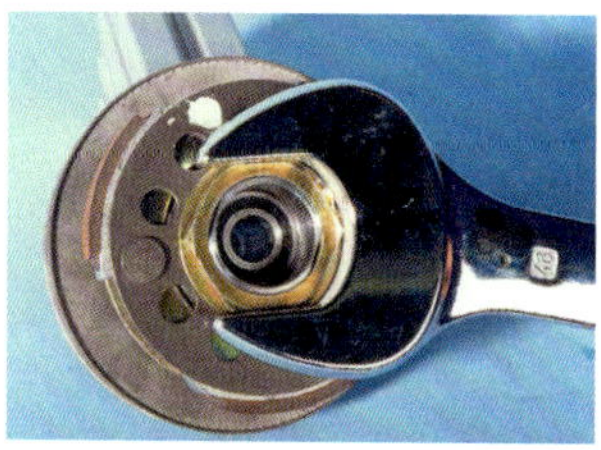

Oben: Zahnriemen beim Auflegen nicht knicken; die Schrift muß lesbar sein. Links: Aufbiegen des Sicherungsblechs an der Kupplungs-Sperrmutter; darunter: Lösen der Mutter mit Schlüssel SW 46. Unten: zerlegte Kupplungseinheit; links Kupplung, Druckfeder, rechts getriebene Riemenscheibeneinheit.

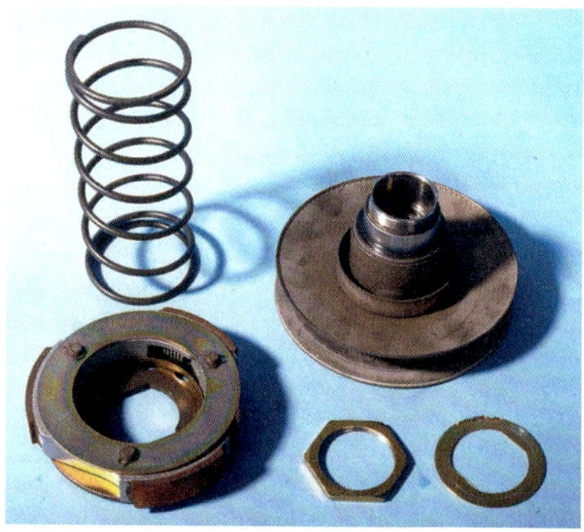

Es darf **kein Spiel** haben und muß störungsfrei rundlaufen. Bei Verschleiß läßt es sich leicht auspressen und ersetzen. Die **feste Halbscheibe** ist auf der Welle mit einer zweiten **Mutter SW 46** fixiert; zum Ausbau Sicherungsblech aufbiegen und Mutter abschrauben.
Zusammenbau aller Elemente in umgekehrter Reihenfolge. **Achtung:** Muttern handfest anziehen; neue Sicherungsbleche verwenden, falls sie beim Aufbiegen beschädigt wurden!

Teil 2: Schwerpunkt Viertaktmodelle

Kurbel- und Antriebsgehäuse, Kurbeltrieb, Keilriemenautomatik mit Variator, Fliehkraftkupplung, Getriebe und Hinterradantrieb sind - abgesehen von geänderten Paßmassen und Übersetzungen - bei allen Piaggio-Automatik-Rollern weitgehend identisch. Aus- und Einbau sowie Zerlegung des Triebwerkblocks wurden bereits weiter vorn am Beispiel der Zweitaktmodelle ausführlich beschrieben. Für die Viertakter fassen wir hier noch einmal - am Beispiel der Vespa ET 4 - die wichtigsten Schritte der Demontage und Montage zusammen.

Oben: Antrieb ET 4 bei abgenommenem Variatordeckel; Besonderheit ist die Ölwanne. Links: Antrieb der LX 50. Unten links: Kickstart-System ET 4; daneben: Vorgelege und Anlasserritzel ET 4. Ganz unten: Kupplung ET 4.

Antriebsgehäuse-Deckel - Ausbau, Kickstarter - Ausbau, Prüfung: Zunächst Kickstarter ausbauen. Der Deckel ist rundum mit elf statt 13 Schrauben gesichert. Deckel abschrauben und umdrehen. Innen befindet sich ein Spezialblech, das mit sechs Schrauben befestigt ist. Dahinter liegt das **Kickstart-System**. Es besteht wie üblich aus einer Welle mit Halb-Zahnkranz und einer Klaue, die in die Antriebs-Riemenscheibe eingreift. Alle Teile auf spielfreien Sitz und ausreichende Schmierung prüfen (Universalfett). Zur Zerlegung Seegering entfernen und Halb-Zahnkranz abziehen; dabei **Vorsicht:** die Rückholfeder ist stark vorgespannt! Fachwerkstätten besitzen ein Spezialwerkzeug zum Aus- und Einbau. Vor dem Einbau alle Teile dort, wo sie gleiten oder greifen, mit Universalfett schmieren.

Variator, Kupplung, Antriebsriemen - Ausbau: Die Arbeitsschritte sind die gleichen wie bei der Vespa ET 2. Kurz zusammengefaßt: Zahnkranz der Antriebs-Riemenscheibe mit Spezialwerkzeug blockieren, Zentralmutter abschrauben, Riemenscheibe abnehmen, Antriebsriemen damit vorn freilegen; Kupplungsglocke blockieren wie weiter vorn gezeigt, Zentralmutter abschrauben, Kupplungsglocke abnehmen, dann Fliehkraftkupplung mit Antriebsriemen abziehen. Antriebsriemen auf Verschleiß prüfen wie vorn beschrieben. Der Riemen ist abgenutzt, wenn die unverzahnte Außenseite auf 17,2 mm abgeschliffen ist.

Variator - Zerlegung, Wartung, Zusammenbau: Zunächst die drei Schrauben und die Abdeckung entfernen. Dann den **Rollenabstandshalter** mit den Gleitschuhen und den Gummidichtring herausnehmen. Die sechs Rollen aus dem Gehäuse nehmen und auf Beschädigung bzw. Abnutzung prüfen. Sie sind abgenutzt, wenn der Außendurchmesser die Grenze von 18,5 mm erreicht hat.
Achtung: Sollen die gleichen Rollen wieder eingebaut werden, müssen sie so abgelegt werden, daß beim Einbau Ausrichtung und Position nicht verwechselt werden können!
Auch die innen liegenden **Bronzelager** dürfen nicht zu stark abgenutzt sein; der Grenzwert für deren Innendurchmesser liegt bei maximal 22,035 mm. Die Laufbuchse der Variatorscheibe muß erneuert werden, wenn der Außendurchmesser auf 21,90 mm abgenutzt ist. Vor dem Wiedereinbau der Rollen müssen die Bronzelager mit Spezialfett geschmiert werden (Piaggio-Händler). **Achtung:** Werden die gleichen Rollen wieder eingebaut, müssen sie jeweils in ihren alten Sitz gelegt werden. Vor dem Wiedereinbau des Rollenabstandshalters die **Gleitschuhe** auf Verschleiß prüfen, u.U. ersetzen. Dann den Halter einsetzen, den (bei Verschleiß erneuerten) Dichtring auflegen und Deckel festschrauben.

Motor mit freigelegtem Automatikantrieb der Vespa ET 4 erste Serie 1996. Vom Prinzip her gibt es keine Unterschiede zu den Zweitaktmodellen. Vorn die Ölwanne, die bei neueren Modellen kein Schauglas mehr besitzt.

Fliehkraftkupplung, angetriebene Riemenscheibe - Zerlegung, Wartung: Auch in diesem Punkt gibt es praktisch keine Neuerungen; wir fassen zusammen: Kupplungsglocke ausbauen wie beschrieben und auf Abnutzung oder Beschädigung (Riefen) prüfen; der Innendurchmesser darf 120,6 mm nicht überschreiten. Kupplung in einen Schraubstock spannen, Sicherungsblech aufbiegen, Zentralmutter mit einem Schlüssel SW 46 abschrauben.
Achtung: Kupplung steht unter Spannung! Daher die Platte nach unten drücken, bis die Mutter ganz gelöst ist; dann Feder langsam entspannen. Kupplung abheben.

Riemenscheibe zerlegen: Rückhaltering abziehen, Zapfen der Führungsrolle ausbauen und die beiden Halbscheiben trennen. Abnutzungs-Grenzwerte für die Buchse: außen 40,955 mm, innen 41,035 mm. Die Feder darf in entspanntem Zustand nicht kürzer sein als 127 mm. Die Kugellager auf der Buchse bei Verschleiß austreiben, neue Lager mit einem genau passenden Rohr aufschieben. Die eigentliche **Kupplung** muß komplett ausgetauscht werden, wenn die (aufgeklebten) Beläge an der dünnsten Stelle bis auf 1 mm Stärke abgenutzt sind. Das Neuteil ist ab Werk feingewuchtet. Zusammenbau in umgekehrter Reihenfolge, Feder niederhalten, Mutter mit Drehmoment (Anhang) festziehen und sichern.

Antrieb - Zusammenbau, Tipps: Variator, Antriebsriemen und Kupplung werden in umgekehrter Reihenfolge wie weiter vorn beschrieben wieder montiert. Die Zentralmuttern an Variator und Kupplung müssen erneuert und mit flüssiger Schraubensicherung blockiert werden. Elemente blockieren, Muttern anziehen, dabei Anzugs-Drehmomente beachten (40 - 44 Nm, s.a. Anhang).
Beim **Einbau** darauf achten, daß der Riemen nicht geknickt oder beschädigt wird. Die Hälften der hinteren Riemenscheibe auseinanderdrücken, Antriebsriemen nach vorne schieben; bei der vorderen Riemenscheibe muß der Antriebsriemen im Inneren frei beweglich sein, da ansonsten die Anzugs-Drehmomente verfälscht werden können. Deckel des Antriebsgehäuses montieren, Schrauben handfest anziehen (entspricht 11 - 13 Nm).

Antriebseinheit Viertakt-Modelle - Einbau: Er erfolgt in umgekehrter Reihenfolge wie ab Seite 53 beschrieben. Einzelheiten siehe dort.

Getriebe und Hinterradantrieb - Ausbau, Zerlegung, Ölstandskontrolle, Neubefüllung alle Zwei- und Viertakt-Modelle

Getriebe - Ausbau, Zerlegung: Wie bereits erwähnt wird bei allen Vespa-Automatik-Modellen die Kraft über Antriebsriemen, Riemenscheiben und Kupplung auf ein **Untersetzungsgetriebe** übertragen. Dieses hat die Aufgabe, die hohen Drehzahlen im Antrieb auf die jeweils benötigte Hinterrad-Drehzahl zu reduzieren. Zur Kupplung hin dichten ein **Getriebedeckel** und **Dichtringe** auf den Wellen das Vespa-Getriebe ab. Zum Hinterrad ist die Radachse mit einem Wellendichtring abgedichtet. Voraussetzung für Arbeiten am Getriebe: vollständiger Ausbau von getriebener Riemenscheibe und Kupplungseinheit.

Getriebeöl ablassen: Zunächst muß das **Getriebeöl** abgelassen werden. Die Öffnung befindet sich hinten rechts unten am Antriebsgehäuse. Sie ist bei älteren Modellen bis etwa Baujahr 1999 nur bei abgenommenem Hinterrad erreichbar. Über der Ablaßöffnung befindet sich eine zweite Verschraubung, über die der **Ölstand kontrolliert** und **Öl nachgefüllt** werden kann. Bei den neueren Fahrzeugen wird der Ölstand praktischerweise über den eingeschraubten Peilstab links unten neben dem Hinterrad geprüft.
Zum **Ölablassen** Auffangwanne unterstellen, den Ölpeilstab lockern und die untere Verschlußschraube mit einem Ringschlüssel SW 11 ausdrehen; Öl ganz abtropfen lassen. Bei neueren Typen Inbussschraube SW 6 am Boden des Getriebegehäuses ausdrehen, Öl über eine selbst hergestellte Ablaufrinne aus Pappe in die Wanne laufen lassen. Hinweise zum Befüllen siehe weiter unten.

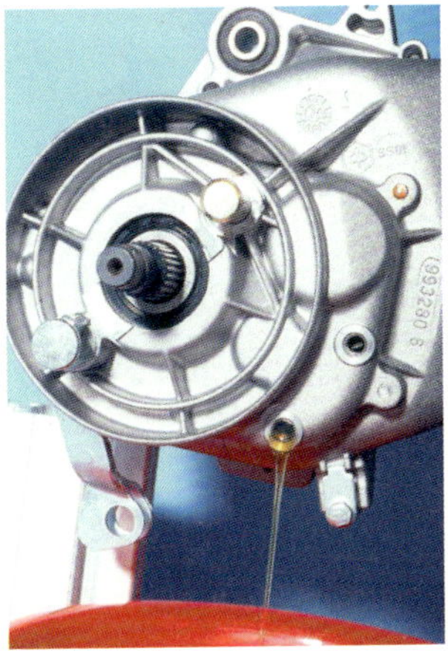

Getriebedeckel - Ausbau: Der Getriebedeckel ist mit fünf Sechskantschrauben SW 8 befestigt; diese lösen. Um ihn abnehmen zu können, muß man von der Hinterradseite her mit einem **Kunststoffhammer** leicht auf die Radachse schlagen - nur so löst sich der Deckel aus der zähen Dichtungsmasse, die auf die Dichtflächen gestrichen wurde (s.a. weiter unten Zusammenbau).
In den Deckel eingelassen: **Nadellager und Wellendichtring** für die Antriebswelle; Aus- und Einbau s. unten.
Ist der Deckel abgenommen, lassen sich alle Getriebeelemente ohne weiteres Werkzeug entnehmen. Links befindet sich die **Antriebswelle**; in der Mitte läuft das **Zwischenrad** (auf die flache **Anlaufscheibe** achten, die vor der Welle und damit direkt hinter dem Deckel sitzt); rechts sehen wir das **Abtriebs-Zahnrad** mit der **Radachse**. Zahnrad und Radachse lassen sich trennen, was die Reparaturkosten senkt, wenn nur eines von beiden Teilen Schäden zeigt. Zum Trennen den grossen Seegerring vor dem Zahnrad abnehmen; dazu Spezialzange verwenden. In der Regel sind Arbeiten am robusten Vespa-Getriebe nur selten nötig.

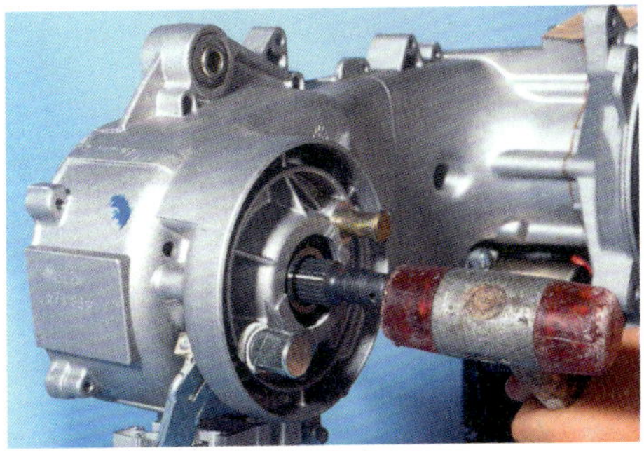

Oben: Zum Ablassen des Getriebeöls muß bei Modellen bis ca. 1999 das Hinterrad abgenommen werden. Links oben: Der Getriebedeckel läßt sich nach Ausbau von Zahnriemen und Kupplungseinheit leicht abschrauben. Links unten: Nach Lösen der Schrauben leicht auf die Achse schlagen, damit der Deckel sich von der zähen Dichtungsmasse löst. Niemals den Deckel mit einem Schraubendreher abhebeln!

Getriebe - Aus- und Einbau Kugellager, Dichtringe: Nachdem wir die Getriebezahnräder mit ihren Wellen herausgenommen haben, sehen wir zwei Kugellager: links oben befindet sich das **Innenlager** der Antriebswelle, rechts das **Hauptlager** für Radachse und Hinterrad mit dem zugehörigen **Wellendichtring**. Zum Ausbau des Kugellagers für die Antriebswelle ist eine spezielle **Ausziehvorrichtung** erforderlich, die nur die Piaggio-Werkstatt hat; ums Werkzeug-Ausleihen oder ums Delegieren dieser Arbeit kommt man also leider nicht herum. Einfacher geht's beim **Kugellager der Radachse**. Zunächst den **Wellendichtring** abziehen; er muß auf jeden Fall erneuert werden, weil sich beim Ausbau eine Beschädigung kaum vermeiden läßt. Ein schadhafter Dichtring läßt Öl in die Trommelbremse gelangen, die Bremswirkung läßt dramatisch nach. Nach Ausbau des Dichtrings Seegering entfernen und Kugellager mit einer passenden Hülse von der Radseite her aus dem Gehäuse treiben. Bei unrundem oder mahlendem Lauf Lager ersetzen.

Einbau neue Lager, Dichtringe: Getriebegehäuse mit einer **Heizpistole** auf ca. 80 °C erwärmen und beide Kugellager einsetzen. Lager der Radachse mit Seegerring sichern, neuen Wellendichtring mit der offenen Seite zum Getriebe hin einsetzen. Nadellager und Dichtring im Getriebedeckel lassen sich einfach abziehen bzw. austreiben; zum Einbau eines neuen Nadellagers den Deckel nicht mit einer Heizpistole erwärmen. Stets neuen Dichtring einsetzen, die Größe ist auf dem Originalteil eingeprägt.

Beide Fotos oben: Getriebe in geöffnetem und zerlegtem Zustand; links Antriebswelle und Zwischenrad, rechts Abtriebsrad mit Radachse. Gut erkennbar: Lager und Dichtring im Getriebedeckel. Unten: Getriebelager im Antriebsgehäuse; links Innenlager Antriebswelle, rechts Dichtring der Radachse mit Kugellager.

Getriebe - Zusammenbau, Befüllung: Vor dem Zusammenbau alte **Dichtungsmasse** sorgfältig von den Dichtungsflächen an Gehäuse und Deckel entfernen. Dazu keineswegs ein scharfkantiges Werkzeug (Schraubendreher etwa) verwenden; die **Dichtflächen** dürfen nicht beschädigt werden. Geeignet sind Hartholz- oder Kunststoff-Schaber. Reste mit **Verdünnung** abwaschen; darauf achten, daß die Verdünnung nicht in die Lager fließt.
Wellen und Zahnräder in folgender Reihenfolge einsetzen: Antriebswelle, Zwischenwelle, Radachse mit großem Zahnrad. **Achtung:** An-

schließend flache **Anlaufscheibe** auf die Zwischenwelle schieben! Nun die Kontaktflächen an Deckel und Gehäuse gleichmäßig mit dauerelastischem **Spezial-Dichtmittel** bestreichen; Piaggio empfiehlt Loctite 510 (im Fachhandel erhältlich). Deckel aufsetzen, gleichmäßig anpressen und mit den **fünf Schrauben M8** sichern; Schrauben mit Drehmoment Nm 12-13 oder gefühlvoll von Hand anziehen.
Jetzt **Ölablaßschraube** einsetzen; zum Abdichten möglichst keinen Fiberring, sondern einen Alu- oder Kupferring verwenden. Schraube mit Gefühl anziehen, **Vorsicht** - Gefahr des Überdrehens. Dann über die obere Öffnung (ältere Typen) bzw. die Einfüllöffnung hinten links (neuere Modelle und GT) **neues Getriebeöl** einfüllen (am besten mit skalierter Spritze und Schlauch); Piaggio empfiehlt durchgängig für alle **ET-, LX-, LXV- und S-Modelle** Marken-Getriebeöl **SAE 80W-90** (besser als API GL3); s. a, weiter unten „Ölstandskontrolle".
Achtung: Menge genau abmessen, die Mengen liegen zwischen 75 cm³ (ET-50-cm³-Zweitakter) und 100 cm³ (LX, LXV und S 125/150); die Werte für die einzelnen Typen stehen im Anhang ab Seite 127. Ein Zuviel an Öl schäumt auf und drückt sich aus den Lagern. Mit Peilstab - soweit vorhanden - Ölstand kontrollieren; dabei fest einschrauben. Der Ölstand muß mindestens bis zur zweiten Kerbe von unten reichen. Ölstand korrigieren, Peilstab festziehen. Bei älteren Fahrzeugen Mutter SW 11 mit Dichtring einsetzen und anziehen.

Getriebe - Ausbau, Zerlegung, Montage: Viertakt-Modelle: Das Getriebe der Vespa 125 Viertakt zeigt - abgesehen vom modifizierten Untersetzungsverhältnis - keine wesentlichen Unterschiede zu dem der Zweitakt-Modelle. Es läßt sich ebenso leicht zerlegen und prüfen. **Kugellager prüfen** wie mehrfach beschrieben; sie müssen frei rundlaufen. Zum Ausbau sind teilweise Spezialabzieher erforderlich. Auch hier muß das Getriebegehäuse vor dem Einbau neuer Lager auf ca. 80° C erwärmt werden; Lager auf keinen Fall verkanten und mit Gewalt eintreiben.

Wellendichtringe prüfen, bei Verschleiß erneuern. Vor dem Zusammenfügen des Gehäuses die Dichtflächen sorgfältig reinigen (keine scharfkantigen Metallwerkzeuge verwenden). Dichtflächen mit Loctite 501 oder anderer Flüssigdichtung bestreichen. Die fünf Schrauben mit Drehmoment Nm 11 - 13 anziehen.

Getriebeöl - Ölstandskontrolle: Das Getriebeöl der Automatik-Vespa muß in regelmäßigen Abständen kontrolliert bzw. gewechselt werden. Wir empfehlen bei der ET 4 eine

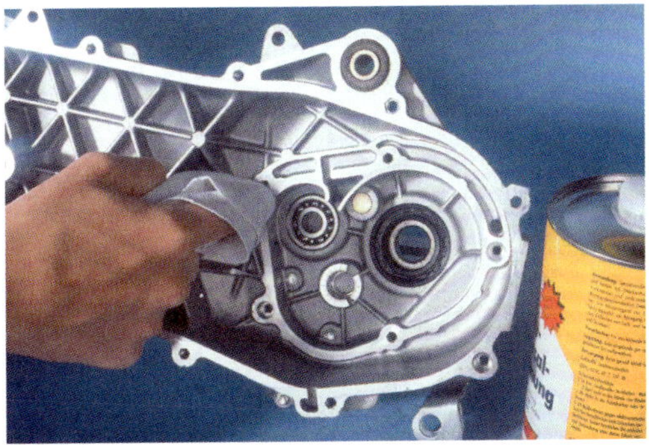

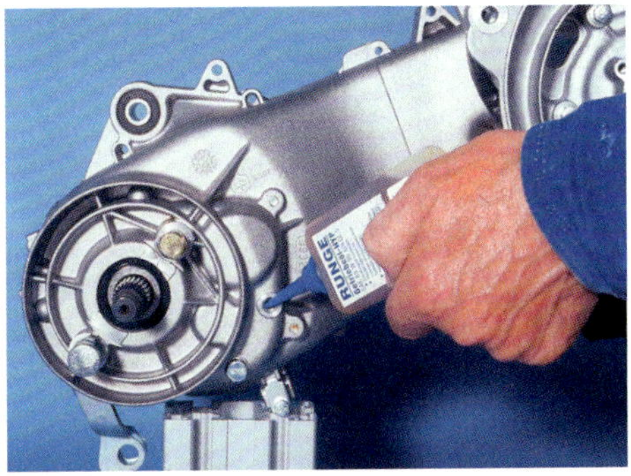

Ölstandskontrolle alle 5000 km oder einmal im Jahr (LX, LXV, S alle 6000 km). Bei allen Modellen erfolgt der erste Wechsel nach den ersten 1000 km (oder nach vier Monaten). Bei den älteren Zweitaktern ist dann ein Wechsel alle 10 000, bei den Viertaktern alle 20 000 (ET) bzw. 24 000 km (LX, LXV, S) oder alle zwei Jahre erforderlich (bzw. nach einer Getriebe-Demontage s. a. Antriebs-Kapitel). **Achtung:** Das Fahren mit zu wenig, verschmutztem oder falschem Öl führt zu einer starken Abnutzung der Getriebeteile und kann zu Schäden führen. Auch zuviel Öl ist schädlich.

Neues Getriebeöl einfüllen: z.B. Tutela ZC 90 bzw. Marken-Getriebeöl **SAE 80W-90** (besser als API GL3). Füllmengen wie im Abschnitt Getriebe-Zusammenbau, Befüllung und vor allem in den technischen Daten ab Seite 127 be-

Oben: Vor dem Zusammenbau Dichtflächen an Getriebe und Deckel sorgfältig reinigen; dann Dichtmittel auftragen, z. B. Loctite 518. Unten: Neues Getriebeöl am besten mit einer Spezialflasche (oder Spritze und Schlauch) einfüllen. Dabei die vorgeschriebene Menge nicht überschreiten, weil sonst das Öl aufschäumt und sich herausdrückt. Wir haben gute Erfahrungen mit Ölen von Runge gemacht - es müssen nicht immer die teuren Marken sein.

achten. Mit Peilstab - soweit vorhanden - Ölstand kontrollieren; dabei Peilstab fest einschrauben. Der Ölstand muß mindestens bis zur zweiten Kerbe von unten am Meßstab reichen. Ölstand korrigieren, Peilstab einsetzen und festziehen. Bei älteren Fahrzeugen Mutter SW 11 mit Dichtring einsetzen und anziehen.
Bei älteren Modellen erschwert sich die **Ölstandskontrolle** dadurch, daß zuvor Schalldämpfer und Hinterrad ausgebaut werden müssen. Sicherstellen, daß das Fahrzeug gerade steht. Die obere Schraube rechts hinten an der Schwinge mit einem Ringschlüssel SW 11 lösen und abnehmen. Der Ölstand ist dann in Ordnung, wenn das Öl bis zur Einfüllöffnung bzw. bis zur Markierung am Peilstab reicht. Sollte Öl fehlen, muß auch nach der **Ursache** geforscht werden (Wellendichtring und/oder Getriebedeckel-Abdichtung defekt - siehe Antriebs-Kapitel). Beim Wiedereinbau einen Alu- oder Kupferdichtring verwenden.

Oben: die obere Schraube dient zur Ölstandskontrolle und zum Befüllen. Links: Nach dem Ölablassen die untere Schraube mit Gefühl anziehen. Neuen Dichtring einsetzen.

Kurbel- und Antriebsgehäuse, Kurbeltrieb - Zerlegung, Überholung; Schwerpunkt: Zweitakter

Motorgehäuse - Trennen der Hälften, Ausbau Kurbelwellenlager, Wellendichtringe: Diese Arbeit ist erforderlich, wenn Kurbelwelle oder Kurbelwellenlager ausgewechselt werden sollen.
Voraussetzung: Demontage von Antrieb mit Variator, Kupplung, Getriebe, Lichtmaschine und Zylinder wie an anderer Stelle gezeigt. Zunächst müssen die **acht Schrauben SW 8** ausgedreht werden, mit denen die rechte an der linken Gehäusehälfte befestigt ist; dazu am besten eine Stecknuß mit Umschaltknarre verwenden. Vier Schrauben liegen innerhalb des Lichtmaschinenbereichs, vier weitere befinden sich oberhalb und unterhalb der Kurbelgehäuseöffnung. Nicht vergessen:
Keil für die Rotorsicherung rechts auf der Kurbelwelle abnehmen (falls nicht schon geschehen). **Unbedingt beachten:** Vor dem eigentlichen Abziehen muß die rechte Gehäusehälfte im Bereich rund um das Kurbelwellenlager mit einer **Heizpistole** auf etwa 80 ° C erwärmt werden, sonst geht gar nichts!
Getrennt werden können die Gehäusehälften nur mit einer **Abziehvorrichtung.** So etwas hat meist aber nur die Fachwerkstatt, am Ausleihen kommt man also nicht vorbei. Alternative für fortgeschrittene Schrauber: Selbst eine Abziehplatte bauen. Man braucht dazu ein rechteckiges, etwa 20 x 8 cm großes und mindestens 8 mm dickes Stück **Flachstahl**, in das mittig ein 12 mm großes Loch gebohrt wird. Anschließend wird ein Gewinde für eine normale Schraube M 12 in das Loch geschnitten. Passend zu den Bohrungen M 6 im Gehäuse werden mindestens zwei gegenüberliegende Löcher gebohrt. Die Schraube M 12 in der Mitte drückt gegen die Kurbelwelle, durch die Löcher M 6 werden Schrauben SW 8 in die Gehäusebohrungen geschraubt. **Achtung:** Gewinde der Kurbelwelle unbedingt durch Aufsetzen einer Mutter M 15 vor Beschädigungen schützen! Durch anschließendes Anziehen der Mittelschraube läßt sich die rechte **Gehäusehälfte vom rechten Kurbelwellenlager abziehen**; das Lager bleibt (meist) auf der Welle. Besser funktioniert's natürlich mit dem Originalabzieher: Er hat vier passende Außenbohrungen und eine spitz zugeschliffene Mittelschraube. Der **Wellendichtring** läßt sich einfach aus der Gehäusehälfte drücken und durch einen neuen ersetzen.

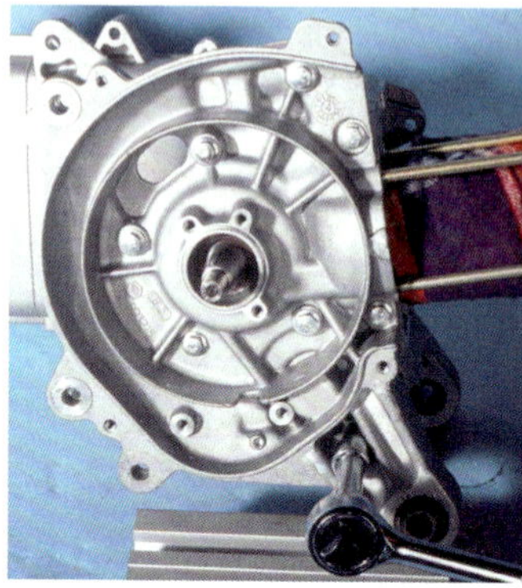

Oben: Trennen des Motorgehäuses durch Lösen von acht Schrauben SW 8. Unten: Keil der Rotorsicherung abnehmen und gut aufheben.

Kurbelwelle - Ausbau; Kurbelwellenlager - Aus- und Einbau: Auf ähnliche Weise wird die **Kurbelwelle** von der linken Gehäusehälfte getrennt: **Abziehvorrichtung** mit möglichst vier Schrauben SW 8 am Gehäuse befestigen; Bohrungen für den Antriebsdeckel benutzen. Mit der Zentralschraube die Welle aus dem Gehäuse drücken. Bleibt das Kurbelwellenlager im Gehäuse zurück, muß es mit einem speziellen **Spreizabzieher** ausgezogen werden; Herausschlagen ist nicht der eleganteste Weg, weil Beschädigungen dabei kaum zu vermeiden sind. Wellendichtring aus der Gehäusehälfte drücken und erneuern. Knifflig wird's, wenn die **Kurbelwellenlager** nicht im Gehäuse, sondern auf der Kurbelwelle sitzen bleiben; sie lassen sich nur mit einem **Spezialabzieher** abnehmen. Neue Kurbelwellenlager werden direkt auf die Welle und nicht ins Gehäuse gesetzt. Dazu müssen sie zunächst **im Ölbad auf 100 ° C erhitzt** werden. Notfalls mit einem Schlagrohr auf den inneren Lagerring einwirken, bis das Lager korrekt sitzt. Die Wangen der Kurbelwelle sollten dabei auf einer Spezialplatte ruhen, damit das Pleuellager nicht beschädigt wird.

Rechts: rechte Gehäusehälfte im Bereich der Kurbelwelle erwärmen, dann wie unten links gezeigt abziehen.

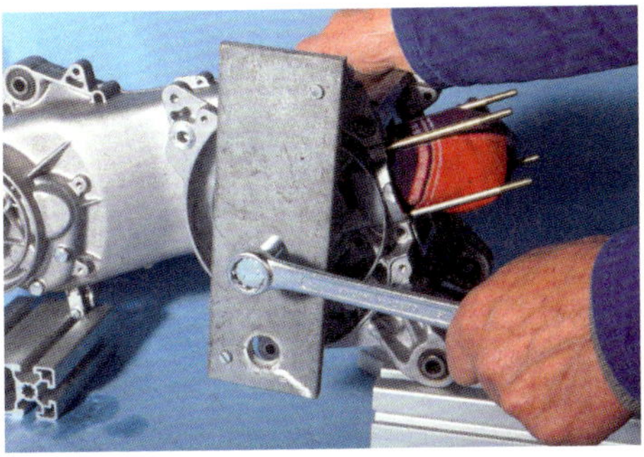

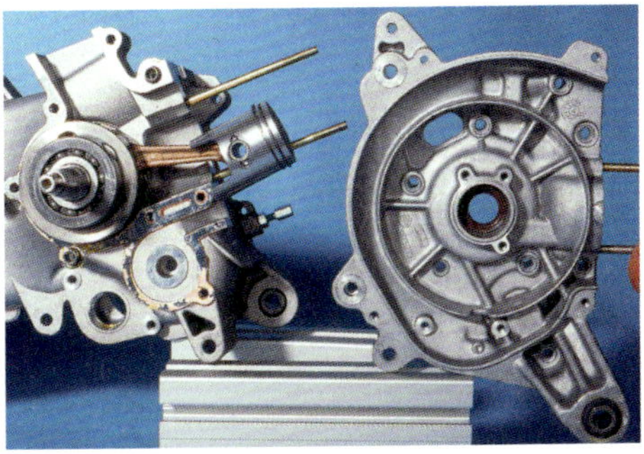

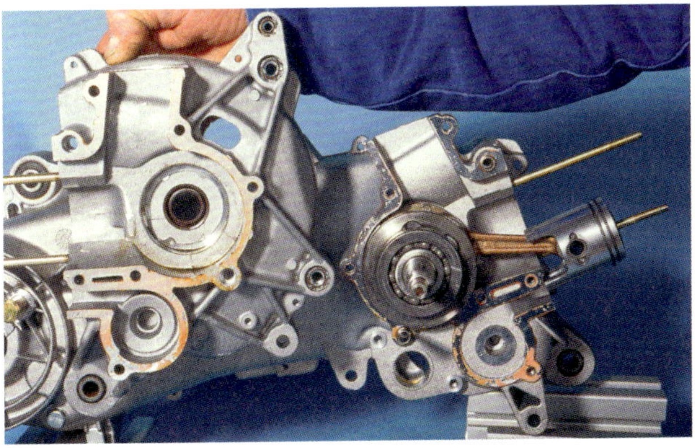

Mitte rechts und großes Bild unten: die Gehäusehälften in demontiertem Zustand. Die Dichtringe bleiben in den Gehäuseteilen. Unten rechts: Rechte Gehäusehälfte mit KW-Lager.

Motorgehäuse - Zusammenbau der Hälften, Einbau Kurbelwelle: Vor dem Zusammenbau muß **altes Dichtungsmaterial** vollständig **entfernt** werden. Dazu möglichst einen

Hartholz- oder Kunststoffspachtel verwenden. Rückstände sorgfältig entfernen, sie dürfen nicht im Kurbelgehäuse kleben bleiben. Zum **Zusammenbau** zuerst die linke Gehäusehälfte (Antriebsseite) mit der **Heizpistole auf 80° C** erwärmen und Kurbelwelle mit Lager einsetzen; Gehäuse abkühlen lassen. Dann die bereits erwähnte **Abziehvorrichtung im umgekehrten Sinn** verwenden: Sie wird von der Lichtmaschinenseite aufgesetzt und dient dazu, die Kurbelwelle samt Lager so weit einzupressen, bis das Axialspiel verschwunden ist. Dichtring einsetzen.

Jetzt die **Dichtflächen** der Gehäusehälften sorgfältig mit Loctite 518 (z.B.) bestreichen, rechte Gehäusehälfte auf 80° C erwärmen und über das Kurbelwellenlager auf der Lichtmaschinenseite schieben.

Profitip: Von Piaggio zwar nicht empfohlen, in der Praxis aber bewährt ist das Vereisen der Kurbelwelle mittels Spezialspray. Die erwärmten Gehäusehälfen lassen sich so noch besser über die zuvor auf die Welle gesetzten Lager schieben. Anschließend läßt man den Motorblock einige Stunden ruhen, um dann die Kurbelwelle durch leichte Schläge mit einem Kupferhammer zu entlasten; entweder wird direkt auf die Wellenzapfen geschlagen oder auf ein passendes Rohr, das über die Zapfen geschoben wird und auf die Gehäusehälften wirkt. Die Kurbelwelle muß sich anschließend ganz leicht drehen. Den **Dichtring** auf der Lichtmaschinenseite möglichst mit einem Rohr mit Außendurchmesser 30,5 mm einschlagen.

Achtung: Beim Zusammenfügen keine Gewalt anwenden, die Gehäuseteile aus Leichtmetall nehmen leicht Schaden! Zuletzt die acht Befestigungsschrauben SW 8 einsetzen und kreuzweise mit Nm 12 - 13 anziehen.

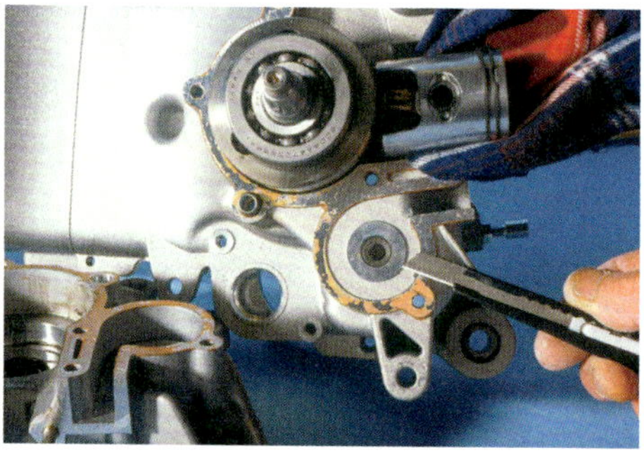

Oben links: Sitz eines Wellendichtrings im Gehäuse; er läßt sich leicht herausdrücken; daneben: Nach Erwärmung wird auch die linke Gehäusehälfte mit der Spezialplatte abgezogen. Mitte: Von der Kurbelwelle lassen sich die Hauptlager nur mit Piaggio-Spezialwerkzeug abziehen. Unten: Vor dem Zusammenbau alle Dichtflächen von alten Rückständen befreien; am besten geht's mit einem Cutter.

Kurbel- und Antriebsgehäuse Viertakter

Kurbel- und Antriebsgehäuse sowie der Kurbeltrieb mit Kurbelwelle und Pleuellager sind vom Aufbau her bei allen Piaggio-Automatik-Rollern - abgesehen von bestimmten Maßen - nahezu gleich. Für die Viertakter fassen wir am Beispiel der Vespa ET 4 die wichtigsten Arbeiten zusammen.

Kurbelwelle - Aus-/Einbau, Prüfung, Motorgehäuse - Zerlegung Viertakter: Voraussetzung ist, daß Zylinder, Lichtmaschine, Anlasser, Antrieb inkl. Variator, Kupplung und Getriebe sowie die Ölpumpe demontiert worden sind (Details dazu siehe an anderer Stelle). Zuerst wird die **Steuerkette** samt **Ritzel** und **Gleitschuhen** von der Kurbelwelle genommen; der Gleitschuh ist mit Schrauben SW 10 befestigt. Dann von der Lichtmaschinenseite her wie bei der Vespa ET 2 die acht Schrauben SW 8 lösen, mit denen die Gehäusehälften miteinander verbunden sind. **Gehäusehälften** vorsichtig trennen und dabei die generatorseitige Hälfte von der Kurbelwelle abziehen (s.a. Kapitel „Hinterrad-Trommelbremse"). Danach kann die **Kurbelwelle** einfach aus der anderen

Hälfte herausgezogen werden. Das generatorseitige Kugellager bleibt dabei zunächst auf der Kurbelwelle. Es läßt sich mit einem passenden Abzieher abziehen. Mit einem Rohrstück passenden Durchmessers den **Wellendichtring** auf der Lichtmaschinenseite austreiben und durch ein neues Teil ersetzen.

Das **Kurbelwellenlager** auf der Antriebsseite wird von einem Stahlring in Position gehalten; drei Torxschrauben lösen, Ring abnehmen und Kugellager aus dem Sitz ziehen bzw. mit einem passenden Rohrstück austreiben. Prüfung des Lagers wie mehrfach beschrieben. Auch hier den **Wellendichtring** ausbauen und ersetzen.

Die **Kurbelwelle** vor dem Wiedereinbau **prüfen und vermessen.** Das Seitenspiel zwischen Pleuelfuß und Kurbelwange darf nicht größer sein als 0,50 mm (Sollwerte liegen zwischen 0,14 und 0,41 mm). Zur Ermittlung des Pleuelstangen-Radialspiels die Kurbelwelle einspannen und Pleuel im oberen Totpunkt auf- und abbewegen; die Verschleißgrenze ist erreicht, wenn das Spiel größer als 0,035 mm ist (Sollwerte zwischen 0,015 und 0,025 mm). Das Fluchten der beiden Wellenachshälften kann nur mit Meßuhr und Spezialhalterung ermittelt werden; maximal zulässige Differenz: 0,06 mm.

Zusammenbau: Kurbelwelle einspannen und - falls nötig - das generatorseitige Kugellager mit einem Rohr, das genau auf den Innenring paßt, vorsichtig auf die Welle treiben. Fachwerkstätten pressen die Lager mit Hydraulikgeräten bis zum Anschlag auf die Welle. Zum **Einbau des antriebsseitigen Lagers** die Gehäusehälfte mit einer Heißluftpistole auf etwa 120° C erwärmen, dann Lager bis zum Anschlag einschieben, notfalls mit Rohrstück auf den inneren

Oben: Die Gehäusehälften lassen sich nach Erwärmung auf die mit den Hauptlagern bestückte Kurbelwelle schieben. Unten: Die Dichtflächen gleichmäßig und nicht zu dick mit Flüssigdichtung bestreichen.

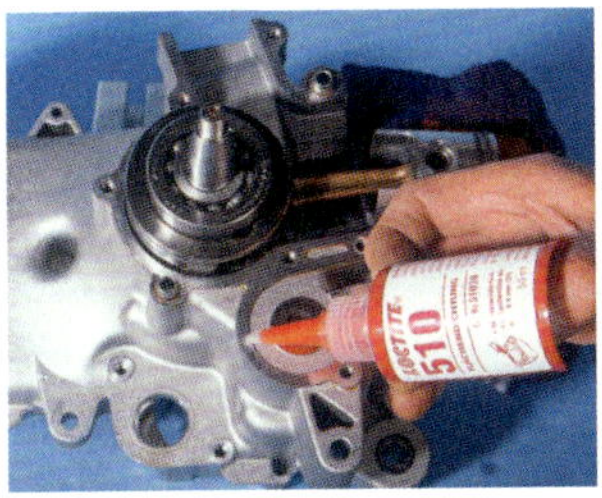

Ring einwirken. Sicherungsblech aufsetzen, die drei Schrauben mit Flüssigsicherung einsetzen und anziehen. Kurbelwelle einsetzen. Trennflächen der Gehäusehälften mit **Flüssigdichtung** Loctite 518 oder 510 bestreichen, zusammenfügen und mit den acht Inbusschrauben sichern;

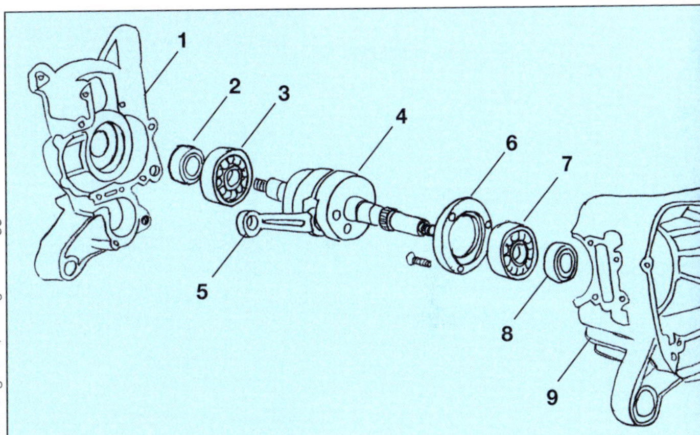

Zeichnung: STX; Vorlage: © Piaggio & C. Pontedera

Oben: Kurbelwelle mit Lagerung: 1 = rechte Gehäusehälfte, 2 = Wellendichtring, 3 = Kugellager, 4 = Kurbelwelle, 5 = Pleuelstange, 6 = Lagerhalterung, 7 = Kugellager, 8 = Wellendichtring, 9 = linke Gehäusehälfte. Links: Linksseitige Gehäusehälfte mit Verschraubung und Halteplatte des linken Kurbelwellenlagers.

das empfohlene Anzugs-Drehmoment beträgt zweistufig 11 - 13 Nm. Zuletzt Ritzel, Steuerkette und Gleitschuhe anbringen, dabei genau auf korrekten Sitz aller Teile achten.

Ölversorgung Zweitaktmotoren Vespa ET 2 50, LX 50, LXV 50, S 50: Aus- und Einbau Ölpumpe und Öltank, Pumpenentlüftung/-einstellung

Ölpumpe - Ausbau: Zunächst Riemenscheiben, Variator, Kupplung, Haupt-Antriebsriemen und Getriebe-Vorgelege ausbauen wie weiter vorn im Buch beschrieben; beim Modell ET 2 Iniezione muß auch der Zahnriemen der Einspritzpumpe mit dem zugehörigen, auf der Kurbelwelle sitzenden Antriebsritzel abgenommen werden (s. Kapitel „Einspitzanlage ET 2"). Dann **Bowdenzug** von der Ölpumpensteuerung **abhängen**. Die Ölpumpe ist mit zwei KS befestigt; die längere sitzt links und fixiert gleichzeitig die hinter der Pumpe liegende **Trägerplatte**. Nach Lösen der Schrauben die Pumpe zusammen mit dem **Formgummi** abziehen, der **die beiden Ölschläuche** am Motorgehäuse festklemmt. Jetzt eine dritte Schraube unten rechts ausdrehen und die gelbverzinkte Trägerplatte abnehmen. Die **Ölpumpe** läßt sich nach Abziehen der Schläuche zwar weiter zerlegen; doch das lohnt meist nicht; sie ist nur komplett als Ersatzteil erhältlich. Nun liegt der **Ölpumpen-Antrieb** frei. Zuerst nehmen wir die trapezförmige **Distanzplatte** ab, dann zusammen mit den beiden Ritzeln den **Antriebs-Zahnriemen**. **Achtung:** Hinter dem unteren, großen Ritzel befindet sich eine **Distanzscheibe**; sie muß beim Zusammenbau korrekt eingesetzt werden.

Ölpumpe - Zahnriemenwechsel, Einbau: Der Zahnriemen ist empfindlich und darf beim Einbau nicht geknickt werden. Vor Auflegen des Antriebsritzels beachten: **Lagersitz** auf der Kurbelwelle und **Innenbohrung** des Ritzels sorgfältig und ausschließlich mit CONSTANT GLY 2100 **einölen**; dabei darauf achten, daß kein überschüssiges Öl auf den Zahnriemen tropfen kann.

Jetzt den **Zahnriemen** so ausrichten, daß die Schrift von vorn lesbar ist, dann gleichzeitig auf beide Ritzel legen, dabei nicht knicken. **Distanzscheibe** auf die Lagerbüchse des großen, angetriebenen Ritzels setzen. Beide **Ritzel zusammen mit dem Zahnriemen** auf die Wellen stekken; alle anderen Montageversuche würden den Riemen

__Ölpumpe Zweitaktmotoren ET, LX - allgemeine Tipps:__ Die Motoren der Vespa-Zweitaktmodellewerden von zahnriemengetriebenen Ölpumpen mit Frischöl aus den separaten Tanks versorgt. __Achtung:__ Wenn die Ölpumpe nicht einwandfrei funktioniert, falsch eingestellt ist, Antrieb oder Schlauchverbindungen defekt sind, besteht die __Gefahr eines Motorschadens__. Piaggio schreibt vor, den Ölpumpen-Antriebsriemen alle 20.000 km oder in Abständen von spätestens drei Jahren zu ersetzen. Kontrolliert werden sollte er auch immer dann, wenn am Antrieb gearbeitet wird. Wie der Hauptantriebsriemen darf auch der __Ölpumpen-Antriebsriemen__ nicht brüchig, angerissen oder ölverschmiert sein. Er ist dann sofort zu ersetzen - unabhängig von Laufleistung und Alter. Ebenfalls kontrollieren: festen Sitz der beiden __Ölschläuche__ an der Pumpe (Zulauf vom Tank, Ableitung zum Vergaser), Zustand und Einstellung des __Bowdenzugs__ für die Dosierung.

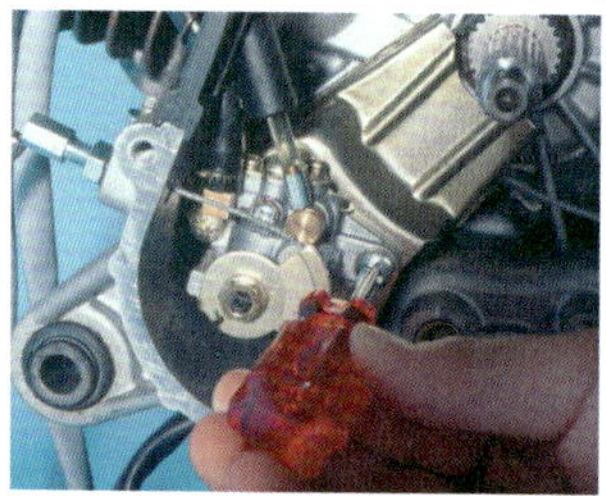

Oben links: Ausbau von Ölpumpe und Ölpumpenantrieb durch Lösen von zwei KS; daneben: Lösen der Schraube an der Trägerplatte. Unten links: freigelegter Ölpumpenantrieb; re.: korrekter Sitz von Riemen und Führungsplatte. Riemen immer zusammen mit beiden Ritzeln aufsetzen.

beschädigen. Trapezförmige **Distanzplatte** und gelbverzinkte **Trägerplatte** aufsetzen, Platte mit langer Schraube unten rechts teilfixieren. Ölpumpe so ansetzen, daß zunächst der **Formgummi** mit den Ölschläuchen in die Aussparung am Motorgehäuse greifen kann; nochmals auf festen **Sitz der Schläuche** achten. **Ölpumpe** anpassen und die beiden Halteschrauben einsetzen. **Achtung:** die kurze Schraube muß rechts, die lange links plaziert werden; bei Verwechslung wird der Zahnriemen zerstört! Dann am Gebläserad drehen, das auf der rechten Kurbelwellenseite sitzt, bis der **Mitnehmer** an der Ölpumpe ins angetriebene Ritzel greift. Jetzt erst Halteschrauben handfest anziehen. Zuletzt den **Bowdenzug** einhängen und **Ölleitung** zum Vergaser mit drei Kunststoffklemmen an Gehäuse und Zylinderummantelung fixieren. Ölpumpe einstellen.

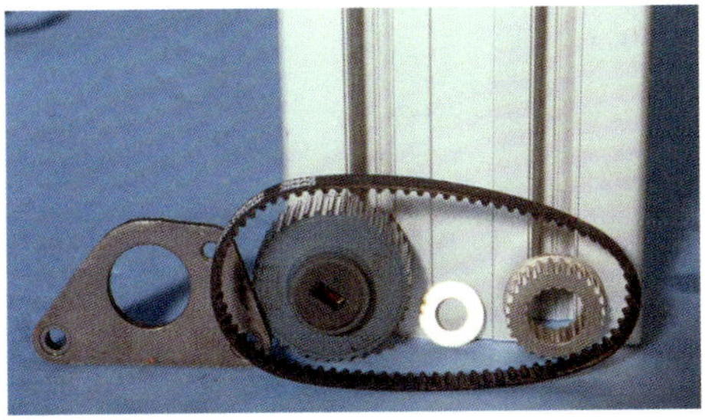

Links: Die Elemente des Ölpumpenantrieb s; Führungsplatte, Antriebszahnriemen, angetriebenes Ritzel mit Mitnehmer, dahinterliegende Gleitscheibe, treibendes Ritzel von

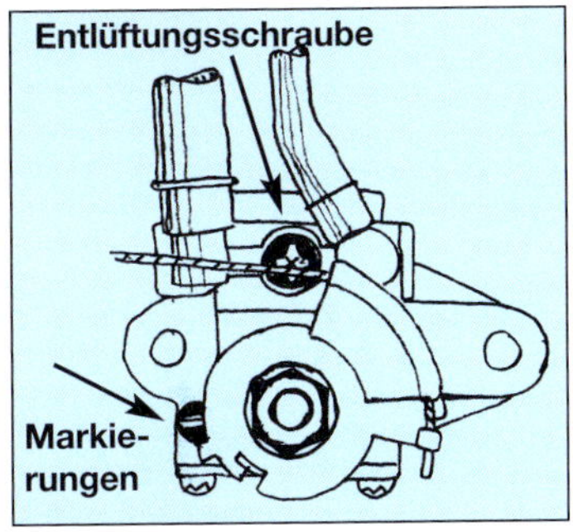

Zeichnung: STX; Vorlage: © Piaggio & C. Pontedera

Oben links: Ölpumpe in eingebautem Zustand bei der ET 2. Graphik, Foto links: Bei der Grundeinstellung müssen die Markierungsstriche fluchten. Entlüftungsschraube (oben) nur bei abgestelltem

Ölpumpe - Durchfluß prüfen: Die zahnriemengetriebene Frischölpumpe versorgt den Vespa-Motor drehzahlabhängig mit Schmierstoff. Störungen oder Defekte führen unweigerlich zu Motorschäden. Regelmäßige Kontrolle ist daher unerläßlich. So muß bei der Übergabe, nach 1000 km und dann alle 5000 km der einwandfreie **Öldurchfluß** vom Tank zur Pumpe und von der Pumpe zum Vergaser geprüft werden. Dazu die Sitzbank hochklappen und das Helmfach herausnehmen. Bei laufendem Motor dürfen sich keine Luftblasen in den transparenten Schläuchen zeigen.

Ölpumpe - Grundeinstellung: Voraussetzung: korrekter Anschluß aller Gaszüge, Gasgriff in Leerlaufstellung, Motor startbereit. Bei teilmontiertem Antrieb ist keine Einstellung möglich, das Fahrzeug muß voll fahrbereit sein.

Zwei Arbeitsschritte sind nötig: Betätigungshebel in Grundstellung bringen, Ölpumpe entlüften (s. oben u. S. 94). Zuerst wird die **Grundeinstellung des Seilzugs** gecheckt, der von der Verteilerdose unter dem Trittbrett zur Ölpumpe führt und über ein Drosselventil die Durchflußmenge steuert. Dazu den großen Gummistopfen vorn am Antriebsblock abnehmen. Die Markierung am Betätigungshebel der Pumpe muß exakt mit der Markierung am Pumpengehäuse fluchten. Zur **Korrektur** mit einem Schlüssel SW 8 die Sicherungsmutter am Seilzugeinsteller lösen und Einsteller so weit heraus- oder hineindrehen, bis die Markierungen übereinstimmen.

Tipp: Sollte die Justierung schwierig sein, Trittbrett abbauen und alle Anschlüsse an der Verteilerdose prüfen (s. Kapitel Karosserie). Die Enden der drei Seilzughüllen müssen fest in den entsprechenden Führungen an der Dose sitzen. Sollte sich das Seilzugspiel ständig verändern, muß die Dose mit einem Kabelbinder an der Rahmentraverse so festgezurrt werden, daß sie sich nicht mehr bewegen kann. Die Seilzüge hingegen dürfen nicht festgeklemmt oder geknickt werden!

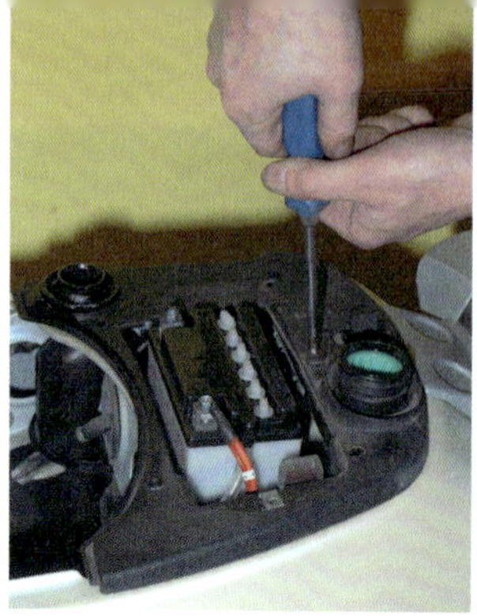

Oben links: So wird die Entlüftungsschraube der Ölpumpe gelöst. Oben rechts: Die Abdeckung von Öl- und Benzintank der ET 2 ist mit KS befestigt. Unten links: Abheben der Abdeckung; Rechts: Öltank der ET 2.

Ölpumpe - Entlüftung: In verschiedenen Fällen muß die Ölpumpe entlüftet werden: nach Ausbau, Leerlaufen oder Leerfahren des Öltanks (möglichst vermeiden - Motorschaden droht!) und immer dann, wenn Ölleitungen im Rahmen bestimmter Wartungs- oder Reparaturarbeiten an Vergaser oder Pumpe durchgeführt wurden.

Fürs **Entlüften** muß das Fahrzeug vollkommen fahrbereit sein, außerdem sind bestimmte Vorarbeiten nötig. Zuerst den Öltank mit dem vorgeschriebenen Synthetik-Zweitaktmotoröl füllen (z. B. Castrol TTS, Castrol Biolube XTS, Castrol Greentec XTS oder Agip 2T Racing plus; beste Erfahrungen haben wir auch mit Zweitaktölen von Runge/Köln gemacht). Dann rechten Seitendeckel abnehmen und Kraftstoff aus dem Tank ablassen. **Vorsicht:** Das Benzol im Benzin ist giftig, Hautkontakt und Einatmen vermeiden, undurchlässige Handschuhe überstreifen! Kanister mit Trichter unter den Benzinhahn halten und Befestigung mit einem Kreuzschlitzschraubendreher lösen; **Hahn mit Filter** abziehen und Kraftstoff ablaufen lassen. Hahn wieder einsetzen und Schraube befestigen (s. a. Kap. „Gemischaufbereitung ab S. 99"). Dann einen halben Liter **Zweitakt-Gemisch** herstellen: in eine leere Öldose mit Markierungsstrichen zuerst 10 cm³ Synthetik-Motoröl (Castrol TTS z.B.) geben, dann 500 cm³ bleifreies Superbenzin auffüllen (überfettes Mischungsverhältnis 1 : 50); kurz schütteln und Gemisch **direkt in den Benzintank** füllen, damit der Motor nicht ohne Öl läuft, solange sich Luftblasen im System befinden.

Jetzt bei abgestelltem Motor die **Entlüftungsschraube** an der Ölpumpe lösen und warten, bis Öl austritt. Schraube wieder festziehen, Motor starten und mit leicht erhöhter Drehzahl laufen lassen (Fahrzeug aufgebockt, Hinterrad freidrehend). Warten, bis alle Luftblasen aus der Vergaserzuleitung verschwunden sind. Die **Luftblasen** treten meist in unregelmäßigen Abständen aus. Man sollte das Öl daher 45 bis 60 Sekunden lang laufen lassen. Dann Motor abstellen und Benzintank ganz mit bleifreiem Superbenzin füllen, damit der vorgemischte Treibstoff verdünnt wird. Sollte der Motor wegen der kurzfristigen Überfettung absterben, Zündkerze herausdrehen, trocknen, reinigen und wieder einsetzen. Dann neuen Startversuch unternehmen. Motor sofort warm fahren.

Öltank - Aus- und Einbau: Wie der Benzintank besteht auch der Öltank für die Getrenntschmierung aus Kunststoff und sitzt unter der Heckabdeckung. Um eventuell auslaufendes Öl aufzufangen, legen wir eine kleine Wanne und einen Putzlappen bereit. Sicherheitshalber **Batterie abklemmen**; dazu KS des Batteriedeckels lösen und Minuspol abklemmen. Die **Verschlußdeckel** an Öl- und Benzintank abnehmen. Dann die **Tankabdeckung** ausbauen: fünf KS, davon vier mit Blech-, eine mit Maschinengewinde hinten in der Mitte. Hinter der Traverse den Stekker für den **Geber** abziehen, der drohenden Ölmangel an die Reserveanzeige im Cockpit meldet. Nun die beiden KS ausdrehen, die den Tank hinten rechts von innen an der Karosserie fixieren. Tank vorziehen und mit einer Kombizange die Schlauchklemme auseinanderdrücken.

Schlauch abziehen und mit Blechschraube und/oder Textilklebeband verschließen.

Achtung: Beim Wiedereinbau auf feste Verbindung des Schlauchs zum Tank achten! Ein Abrutschen führt über folgenden Ölmangel unweigerlich zum Motorschaden!

Motorölkreislauf, Ölpumpe Aus- und Einbau, Ölstandskontrolle, Motoröl- und Filterwechsel: Viertaktmodelle

Druckumlaufprinzip bei Viertaktmotoren: *Während bei den **Zweitaktmotoren** eine von der Kurbelwelle per Zahnriemen angetriebene Ölpumpe den Vergaser mit der richtigen Dosis Zweitakt-Spezialöl für die Herstellung des Benzin-Ölgemischs versorgt, arbeiten die **Viertaktmotoren** nach dem **Druckumlaufprinzip,** d.h. eine von der Kurbelwelle per Kette angetriebene Trochoid-Ölpumpe läßt das Motoröl durch die Versorgungsleitungen und Bohrungen des Motors zirkulieren. Ein in den Kreislauf integrierter **Ölkühler** senkt die Temperatur. Die älteren, bis 2000 gebauten ET 4-Modelle besitzen zwei in den Block integrierte bzw. angeschraubte Ölfiltergehäuse. Die ab 2000 für die modernen Viertakter gebauten LEADER-Motoren haben Innenfilter und auswechselbare Ölfilterpatrone.*

Ölpumpe Viertaktmodelle - Ausbau: Die Ölpumpe befindet sich in der Ölwanne unterhalb der Kurbelwelle und wird über eine Kette angetrieben. Zuerst müssen Variator, Riemenscheiben, Kupplung und Antriebsriemen demontiert werden wie beschrieben. Dann durch Ausdrehen der Ölablaßschraube SW 17 **Motoröl ablassen** (genaue Beschreibung s. weiter unten). Bei abgenommenem Variator ist die **Kettenabdeckung** zugänglich. Sie kann nach Lösen von 3 KS von der Kurbelwelle gezogen werden - zusammen mit dem Kettenschuh und dem Dichtring. **Ölwannenabdeckung** abschrauben (sechs MS SW 8 links unten am Gehäuse); gleichzeitig den Halter für das Bremskabel vor der Ablaßschraube abnehmen. **Abdekkung des Zahnkranzes** an

Ölkreislauf Viertaktmotor - allgemein: *Der Piaggio-Viertaktmotor wird nach dem **Druckumlaufsystem** geschmiert. Die von der Kurbelwelle über Ritzel und Kette angetriebene **Ölpumpe** saugt das Öl an; dabei strömt es zuerst durch einen herausnehm- und auswaschbaren **Plastik-Feinfilter** (unten rechts am Motorgehäuse), dann durch die Pumpe zum **Hauptölfilter** (oben links neben dem Zylinder) mit auswechselbarer Innen-Kartusche (ET 4 alt). Beim LEADER-Motor strömt das Öl durch eine moderne Filterpatrone. Von da fließt das Öl durch den **Ölkühler**, um dann Nockenwelle und Schwinghebel zu schmieren. Vom Zylinderkopf fließt der Schmierstoff schließlich zu Kurbelwelle und Pleuellager. Öldämpfe werden über den Luftfilter angesaugt und über den Vergaser wieder dem Brennraum zugeführt. Ein **Bypass-Ventil** in der Ölwanne verhindert Überdruck im System.*

Links oben, darunter: Öffnen der Ölablaßschraube, Öl ablassen ET 4 1996.

Rechts oben, darunter: Demontage der Ölwanne bei der ET 4 bis 2000; dabei kommt ein Bremskabelhalter frei. Unten links: Blick auf die Abdekkung der Ölpumpe; sie ist mit 2 KS befestigt.

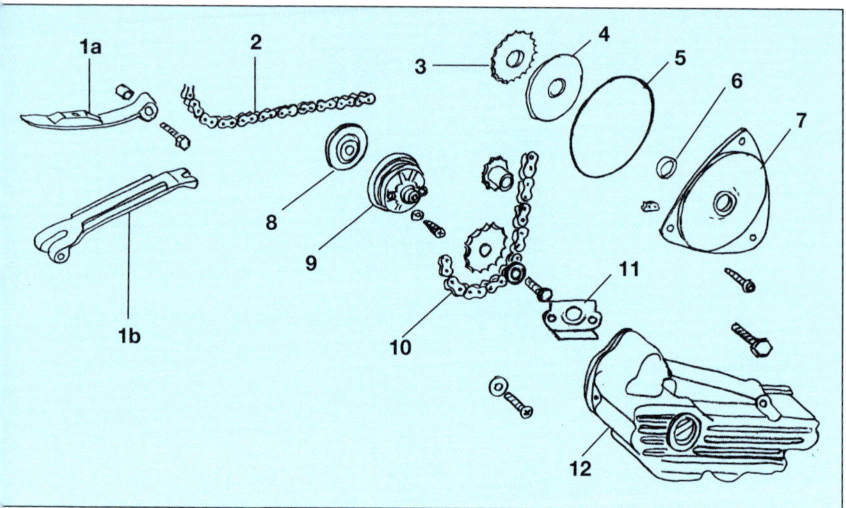

Ölpumpe mit Antrieb, Steuerkette:1 = Gleitschienen, 2 = Steuerkette Nockenwelle, 3 = Antriebsritzel Steuerkette, 4 = Scheibe, 5 = O-Dichtring, 6 = Ring, 7 = Abdeckplatte, 8 = Dichtung, 9 = Ölpumpe mit Gehäuse, 10 = Ölpumpenantriebskette mit Ritzeln, 11 = Halteplatte, 12= Ölwanne; Zeichnungen: STX, Quelle: Piaggio

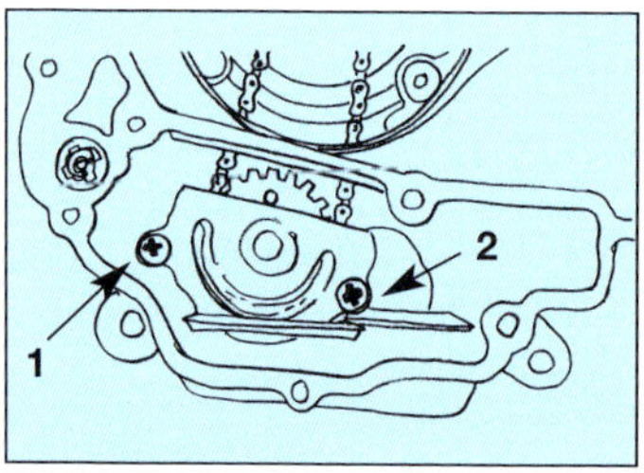

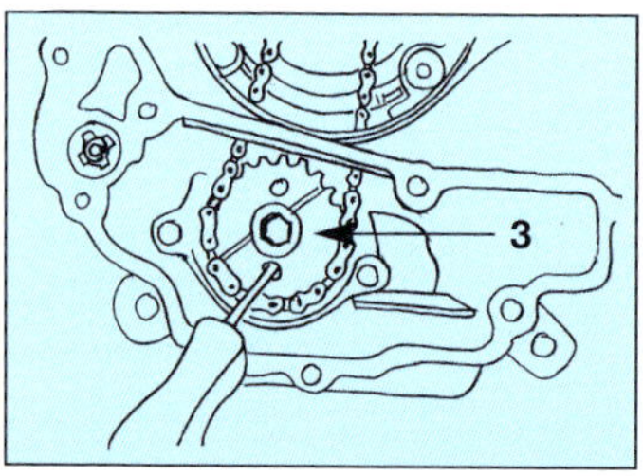

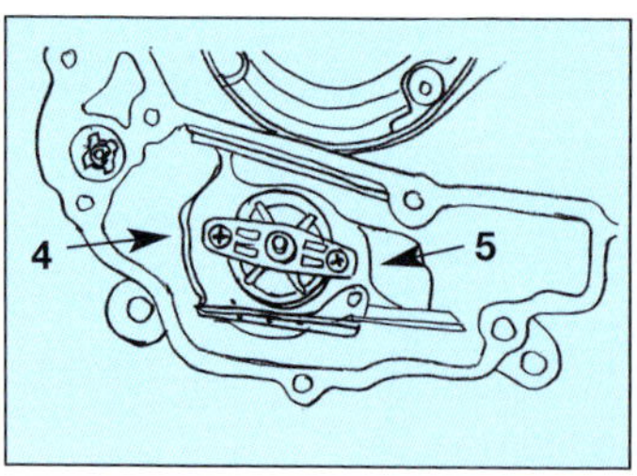

Ausbau Ölpumpe; Graphik oben: Schrauben (1 + 2) lösen, Halter abnehmen. Mitte: Ritzel mit Schraubendreher blockieren, Bolzen lösen (3). Unten: Pumpenbefestigung lösen (4 + 5); Zeichn.: STX, Quelle: Piaggio

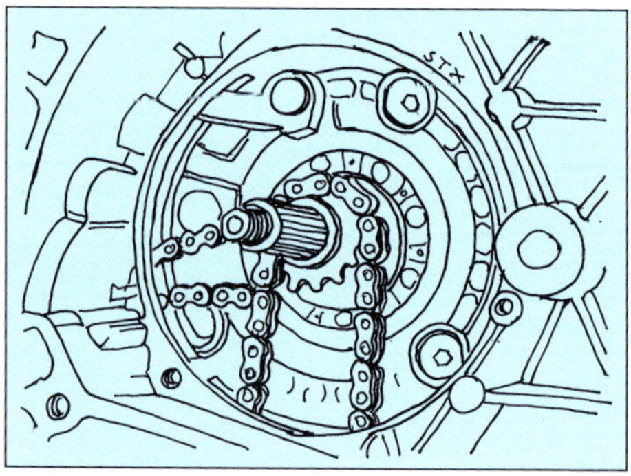

Graphik links: Die Ölpumpe wird von der Kurbelwelle aus über Ritzel und Kette angetrieben; Elemente gemeinsam von der Welle ziehen. Die halb verdeckte Kette (links) führt zur Nockenwelle.

der Ölpumpe abnehmen (zwei KS). Zum **Abnehmen des Zahnkranzes** einen Kreuzschlitzschraubendreher in die Bohrung des Ölpumpenritzels stecken, auf diese Weise das Ritzel blockieren; Zentralschraube mit Steckschlüssel SW 13 ausdrehen, Ritzel abnehmen. Dann das oben liegende **Antriebsritzel** zusammen mit der Kette und der Abstreifscheibe von der Kurbelwelle ziehen. Zuletzt die beiden KS des **Ölpumpenhalters** lösen, **Pumpe und Dichtung** entfernen.

Ölpumpe - Zerlegung, Prüfung: Zuerst die Pumpe öffnen; dazu die beiden KS auf der Rückseite lösen und **Deckel** abheben. **Sprengring** von der Rotorwelle entfernen. Mit Maßbalken und Fühlerlehre den Abstand zwischen Rotoroberfläche und Pumpengehäuse messen; Grenzwert: 0,09 mm. Das **Spiel** zwischen äußerem und innerem Rotorelement darf nicht größer als 0,12 mm sein. Grenzwert für das radiale Spiel zwischen Gehäuse und Rotoraußenkante: 0,20 mm.

Bypass-Ventil Öldruck Aus-/Einbau, Prüfung: Bei abgenommenem Ölwannendeckel wird auch das Bypass-Ventil sichtbar; es verhindert Überdruck im System und liegt links oben neben der Ölpumpe im Motorgehäuse und läßt sich einfach aus seinem Sitz herausziehen. Zur Kontrolle den Sprengring entfernen, Scheibe, Feder, Stift und Kugel aus dem Ventilgehäuse herausnehmen. Die **Feder** muß in entspanntem Zustand mindestens 14 mm lang sein. Alle Teile reinigen und wieder zusammenbauen. Den O-Dichtring im Motorgehäuse wechseln und das Ventil in seinen Sitz zurückdrücken.

Ölpumpe - Zusammen- und Einbau: Den Sprengring wieder auf die Rotorwelle setzen und darauf achten, daß er korrekt einrastet. Die **Markierungen** auf Innen- und Außenrotor so nach den Punkten auf der Gehäuserückseite ausrichten wie auf der Abbildung gezeigt. Abdeckung aufsetzen (Bohrungen sind asymmetrisch) und festschrauben. Eine **neue Dichtung** einführen, Ölpumpe einsetzen und mit dem **Sicherungsblech** fixieren (2 KS, 5 - 6 Nm). **Kettenabdeckung** anbringen; zuvor **Dichtring** und **Kettenführung** prüfen; die Kettenführung so positionieren, daß die Kette korrekt gleiten kann. Abstreifscheibe und **oberes Antriebsritzel** auf die Kurbelwelle schieben, **Kette** auflegen. Dann das untenliegende **Ölpumpenritzel** zusammen mit der Kette aufsetzen, blockieren wie gezeigt und Zentralschraube SW 13 mit 12-14 Nm anziehen. **Abdeckung** des unteren Ritzels mit den beiden Kreuzschlitzschrauben befestigen.

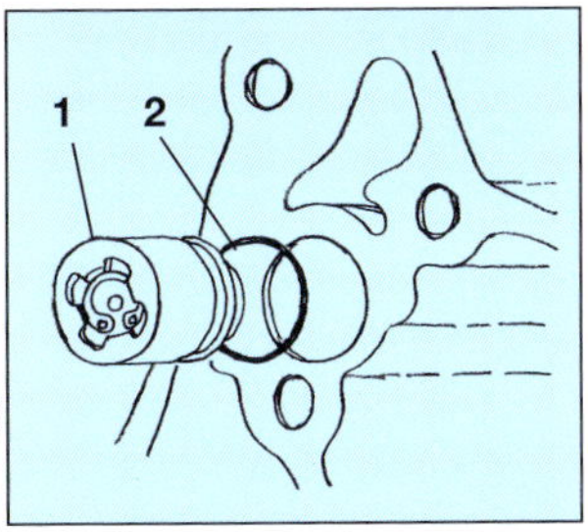

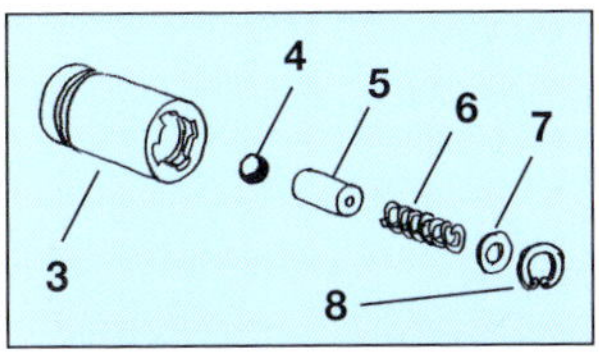

2 Zeichnungen: STX; Vorlage: © Piaggio & C. Pontedera

Foto links: Bypass-Ventil eingebaut. Fotos u.: Ölkontrolle, Einfüllen ET 4.

Graphik oben: Bypass-Ventil (1) mit O-Dichtring (2); unten: Bypass-Ventil zerlegt; 3 = Gehäuse, 4 = Kugel, 5 = Hülse, 6 = Feder, 7 = Ring, 8 = Sprengring. Foto u.: Auftragen von Flüssigdichtung auf Gehäusedeckel.

Ölwanne, Kettenabdeckung - Einbau: Vor dem Wiedereinbau die Dichtflächen sorgfältig reinigen und trocknen. Dann auf die Dichtfläche des Deckels einen ca. 1 mm breiten Streifen ölfesten **Flüssigdichtmittels** auftragen (z.B. Loctite 518), Deckel aufsetzen und mit den sechs MS SW 8 befestigen; Schrauben über Kreuz handfest und gleichmäßig anziehen (am besten Drehmoment Nm 11-13). **Achtung:** Die unmittelbar vor der Ölablaßschraube liegende MS SW 8 muß zusammen mit dem vorderen Halter für das Bremskabel eingesetzt werden. Zuletzt die runde **Kettenabdekkung** mit der korrekt angebrachten Kettenführung am Kurbelgehäuse befestigen (3 KS).

Ölstandskontrolle Viertaktmotor: Die Ölstandskontrolle sollte bei kaltem Motor vorgenommen werden. Fahrzeug auf ebenem Untergrund abstellen. Dann bei der älteren ET 4 den Motorölstand über das **Kontrollfenster** an der Ölwanne überprüfen. Bei den neueren Modellen wird nur per Peilstab geprüft. Der Spiegel muß zwischen MIN- und MAX-Marke liegen. Ist der Pegel bis zur MIN-Markierung abgesunken, muß **vollsynthetisches Mehrbereichs-Motoröl** aufgefüllt werden: **ET-**Viertakter **10W-50, LX, LXV- und S-**Viertakter **5W-40**. Der **Einfüllstutzen** sitzt neben dem Kontrollfenster; er ist mit einem kurzen Peilstab kombiniert, der an der unteren abgeflachten Partie ebenfalls die maximale und minimale Befüllung anzeigt (aufgesetzt, nicht eingedreht messen). **Achtung:** nie über die MAX-Marke nachfüllen; überschüssiges Öl wird rausgedrückt.

Motoröl ablassen, Ölfilter ausbauen: Fahrzeug warmfahren, aufbocken und Auffangwanne unter den Motor stellen. Einfüllstopfen (Peilstab) ausdrehen. Ablaßschraube unten an der Ölwanne mit einem Ringschlüssel SW 17 ganz ausdrehen und Motoröl abfließen lassen. **Achtung:** Undurchlässige Schutzhandschuhe anziehen, Verbrühungsgefahr! Wenn das Öl vollständig abgetropft ist, bei allen Modellen den zylindrischen **Plastik-Feinfilter** unten rechts am Kurbelgehäuse ausbauen und mit Petroleum reinigen. Dazu mit einem Schlüssel die Verschlußkappe ausdrehen, Feinfilter herausziehen. Beim Einbau den **O-Dichtring** in der Kappe überprüfen, notfalls ersetzen. Filterkappe mit Drehmoment 20 Nm festziehen. Bei ET 4-Modellen älterer Bauart dann die **Ölfilterpatrone** links neben dem Zylinderfuß austauschen. Dazu die beiden MS SW 8 der Deckelbefestigung ausdrehen, Deckel, Feder und Patrone herausnehmen. O-Dichtringe kontrollieren, notfalls ersetzen. Bei den LEADER-Motoren **(ET 4 ab 2000, LX, LXV, S)** wird - etwa mit einem Kettenschlüssel - die hinter dem Feinfilter angeschraubte Ölfilterpatrone gelöst und abgenommen (Wanne unterstellen). Neue Patrone am Dichtring leicht einölen, aufschrauben und von Hand festziehen. **Achtung:** Fehlende oder beschädigte Dichtringe lassen den Öldruck absinken, Motorschaden droht. **Hinweis:** die **50-cm³-** Viertaktmotoren besitzen einen auf Lebenszeit ausgelegten **Fliehkraftölfilter** rechts auf der Kurbelwelle; diesen Filter nicht mit Lösungsmittel reinigen und keine Preßluft einsetzen.

Motoröl einfüllen, Ölfilter einbauen: Einbau **Ölfilter ET 4 alt** in folgender Reihenfolge: O-Ring ins Öfiltergehäuse setzen, Feder in den Deckel, neuen Filter mit Vertiefung auf die Feder, das Ganze samt Deckel aufs Gehäuse und mit zwei MS SW 8 befestigen (Hinweise zu Ölfiltergehäuse und Ölfilterausbau s. a. Motordemontage). Nun die **Ölablaßschraube** wieder in die Ölwanne drehen und mit 25-28 Nm anziehen. Über einen sauberen Trichter **frisches Motoröl einfüllen,** und zwar je nach Modell 850 bis 1000 cm³ Synthetiköl der Spezifikation 10W-50 oder 5W-40 (genaue Spezifikationen und Mengen für jedes Modell im Anhang ab Seite 127). Solange Öl nachfüllen, bis der Max-Stand am Schauglas erreicht ist. Peilstab ansetzen und anziehen. Nochmals den festen Sitz aller drei Verschlüsse prüfen. Dann **Motor** ein paar Minuten **warmlaufen lassen**, bei der ET 4 alt den Ölstand am Schauglas

Links: Der Feinfilter sitzt bei der ET 4 unten rechts am Kurbelgehäuse und läßt sich nach Lösen der Kappe SW 24 abziehen.

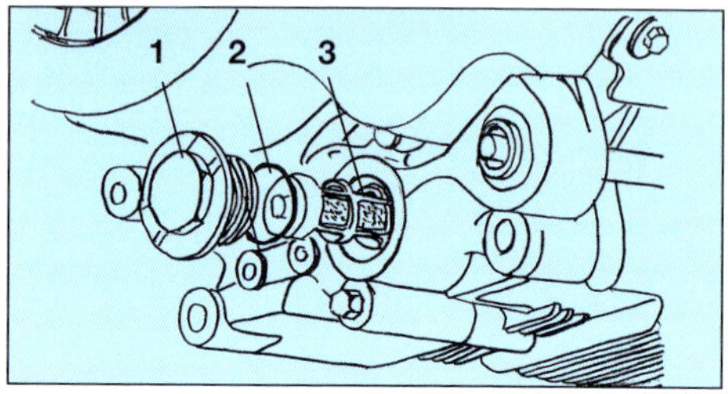

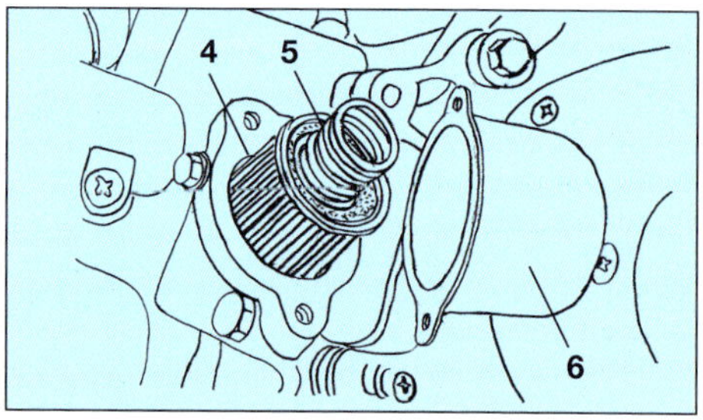

2 Zeichnungen: STX; Vorlage: © Piaggio & C. Pontedera

Zeichnung oben: Elemente des Ölfeinfilters mit Verschlußkappe SW 24 (1), O-Dichtring (2) und Dauerfilter (3); unten: Hauptstrom-Ölfilter ET 4 mit Austauschelement (4), Druckfeder (5) und Deckel (6). Zeichn.: STX, Qu.: Piaggio

kontrollieren. Ansonsten mittels Peilstab kontrollieren und so lange Öl nachfüllen, bis der Maximal-Stand erreicht ist. Peilstab einsetzen.

Ölkühler - Aus und Einbau: Alle diesbezüglichen Arbeiten werden bei der Zylinderdemontage beschrieben (s. S. 64 und 72).

Öl- und Filterwechsel Viertaktmotor - Intervalle: *Das **Motoröl** muß bei der Vespa ET 4 nach den ersten 1000, danach alle 5000 km (bei geringerer Fahrleistung nach den ersten vier Monaten), dann nach weiteren acht, später alle 12 Monate gewechselt werden. Bei der LX, LXV und S wird bei 1000, 6000 und dann wieder alle 6000 km gewechselt. Die **Hauptölfilterkartusche** (integriert wie auf den Fotos oder aufgesetzt beim LEADER-Motor) ist nach den ersten 1000, dann bei 10 000 LX etc. 12 000), danach alle 10 000 km (LX etc. 12 000) zu wechseln, also nach der Einfahrzeit bei jedem zweitem Ölwechsel. Der **Feinfilter sollte** bei jedem Ölwechsel gereinigt werden (alle Typen).*

Hinterradantrieb - Ölkontrolle, Ölwechsel: Wie bereits im Kapitel „Getriebe“ ab Seite 85 beschrieben muß das Öl im Hinterradantrieb in regelmäßigen Abständen kontrolliert und gewechselt werden. Dazu stets Motor warmfahren, Roller auf ebenem Boden aufbocken und Motor abstellen. Bei den Modellen ohne Peilstab Hinterrad ausbauen und die oben am Antriebsgehäuse liegende Kontrollschraube ausdrehen. Der **Ölstand** muß bis zum unteren Rand der Öffnung reichen; anderenfalls Getriebeöl nachfüllen. Dichtring erneuern, Schraube mit Gefühl festziehen. Zum **Ölwechsel** Wanne unterstellen, Kontroll- und Ablaßschraube öffnen, Öl abfließen lassen, Ablaßschraube mit neuem Dichtring einsetzen und festschrauben. Dann Getriebeöl durch die Kontroll- oder Peilstaböffnung einfüllen; Kontrollschraube mit neuer Dichtung einsetzen und anziehen. Mengen und Spezifikationen s. Anhang, weitere Details s. ab Seite 85.

Der Hinterachsantrieb der neueren Modelle besitzt praktischerweise einen Peilstab (oben: ET 2, unten LX 50).

Gemischaufbereitung Zweitakt-Modelle Standard: Vergaser, Einlaßmembran, Luftfilter, Benzintank

Vergaser ET 2 - Ausbau: Gaszug mit **Gasschieber**, Feder und Düsennadel ausbauen; dazu Kreuzschlitzschraube ausdrehen und Teile durch Zusammendrücken der Feder voneinander trennen. **Unterdruckleitung** zum Benzinhahn abnehmen; dazu Klemmfeder zusammendrücken und abziehen. Klarsichtschlauch der **Ölzufuhr** nach Drücken der Klemmfeder abhebeln. Feder am **Benzinschlauch** zusammendrücken, Schlauch abziehen; mit einer 6 mm dicken MS verschließen. **Startautomatik** abnehmen; dazu Kappe abziehen und die zwei KS der Halteplatte lösen; das Rausziehen geht durch den O-Ring etwas schwer. Zuletzt Schelle lockern, die den Vergaser am **Ansaugstutzen** fixiert (Schlitzschraube). Vergaser abziehen, umdrehen und in Gefäß entleeren.

Automatischer Choke - Kontrolle ET 2: Der Ausbau wurde bereits im Kapitel „Motorausbau“ beschrieben. Bei schlechtem Startverhalten Choke auf elektrischen Durchgang prüfen. Motor muß dazu mindestens seit zehn Minuten abgestellt sein, es sollte Raumtemperatur von 20 °C herrschen. Kabel-Doppelstekker abziehen und Widerstand zwischen den Anschlüssen messen; er muß **35 +/- 5 Ohm** betragen. Bei höheren Werten automatischen Starter komplett austauschen.

Vergaser - Zerlegung: Wie die Zeichnung auf Seite 100 zeigt, ist der Weber-Vergaser der ET 2-Modelle sehr einfach aufgebaut. Bei anderen Modellen werden auch Dell'Orto-Vergaser verwendet, die ähnlich konstruiert sind.
Um die **Düsen** erreichen zu können, muß von unten die

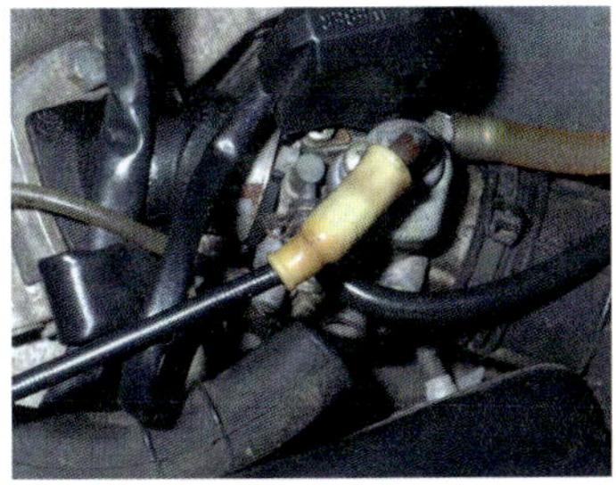

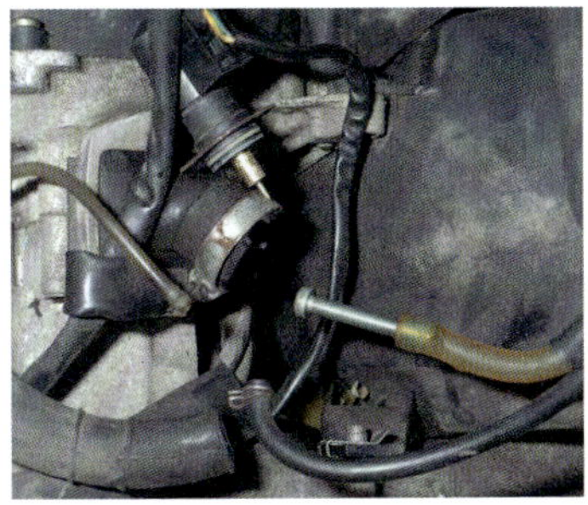

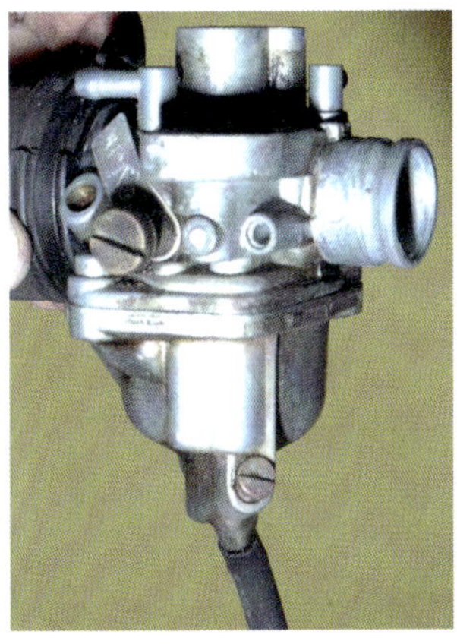

Oben: Vergaser Weber 12 OM ET 2 eingebaut; darunter: die gelösten Schlauchverbindungen. Unten: 12 OM mit Einstell- und Ablaßschraube.

Schwimmerkammer abgenommen werden; sie ist mit zwei SS befestigt; Schwimmer nun entnehmen und prüfen. Die Düsen werden mit einem Schraubendreher gelöst. **Zusammenbau:** darauf achten, daß sich der Gasschieber

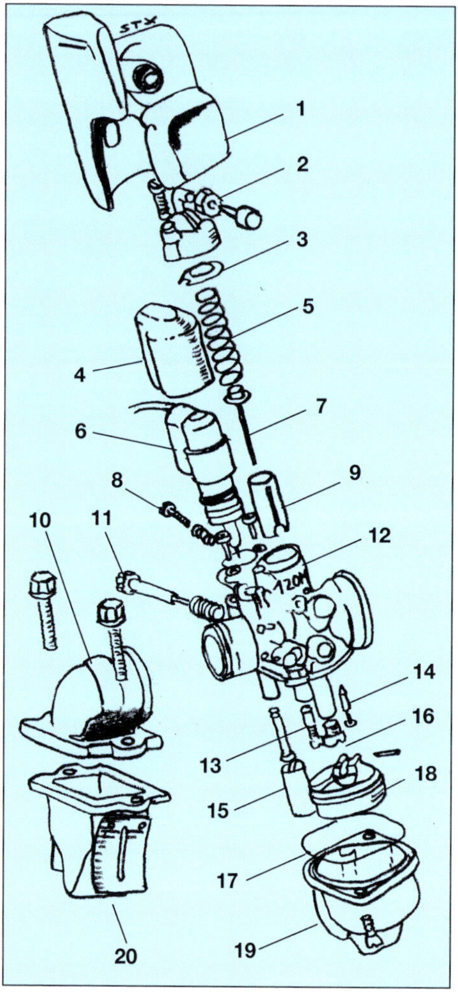

Zeichnung: STX; Vorlage: © Piaggio & C. Pontedera

Rechts: Abnehmen der Schwimmerkammer am Weber-Vergaser OM 12; darunter: Schwimmer mit Düsen, Vergaser auf den Kopf gestellt. Links: Sprengzeichnung Weber-Vergaser OM 12 der ET 2; 1 = Schutzkappe, 2 = oberes Lager, 3 = Druckschei-be, 4 = Kappe, 5 = Feder, 6 = Automatik-Choke, 7 = Nadel, 8 = Lufteinstellschraube Leerlauf, 9 = Gasschieber, 10 = Ansaugstutzen, 11 = Einstellschraube Leerlauf, 12 = Vergasergehäuse, 13 = Hauptdüse, 14 = Schwimmernadelventil, 15 = Starterdüse, 16 = Leerlaufdüse, 17 = O-Ring, 18 = Schwimmer, 19 = Schwimmerkammer, 20 = Einlaßmembran.

frei bewegen läßt. Wenn er klemmt, obwohl keine Kanten oder Riefen feststellbar sind, ist das Gehäuse schuld. Dann muß der Vergaser komplett ausgetauscht werden.
Auf der anderen Seite kann durch normale Abnutzung auch ein zu großes Spiel entstanden sein. Dann genügt es oft, nur den Gasschieber zu wechseln. **Achtung:** möglichst neuen O-Dichtring verwenden, Ring sorgfältig einlegen, beim Festschrauben der Schwimmerkammer **nicht einklemmen!** Das Ansaugrohr besteht aus Kunststoff und ist mit einem Schlauchbinder am Vergaser fixiert. Binder aufschneiden und durch neuen ersetzen. Einige Modelle sind mit einer Ablaßschraube und einem Überlaufschlauch ausgerüstet.

Schwimmerkammer - Prüfung Benzinstand: den Ablaßschlauch aus Gummi durch einen transparenten Schlauch ersetzen und Schlauchende so weit hochlegen, daß es über den Kammerflansch ragt. Ablaßschraube öffnen und Motor starten. Das Benzin steigt im Schlauch auf das gleiche Niveau wie in der Schwimmerkammer. Bei abgeschaltetem Motor nun Abstand zwischen Flansch und Benzinstand im Schlauch messen: Er muß beim Weber-Vergaser 12 OM exakt 3,5 mm betragen. Bei anderen Werten ist der Schwimmer undicht oder das Schwimmernadelventil ist verdreckt.

Vergaser - Gaszug-Einstellung: Ein unrunder oder zu schneller Leerlauf gehört zu den häufigsten Störungen bei Zweitaktmotoren - vor allem dann, wenn die Laufleistung schon hoch ist. Beim 50er Vespa Zweitakt-Motor ist die Leerlauf-Einstellung denkbar einfach. Doch **Achtung:** Sie darf nur bei betriebswarmem Triebwerk durchgeführt werden. Fahrzeug aufbocken, Motor starten und zwei Minuten im Leerlauf arbeiten lassen

Vergaser - allgemeine Tips: *Grundsätzlich gilt, daß der Vergaser in allen Einzelteilen hundertprozentig in Ordnung sein muß, wenn der Motor korrekt laufen soll. Zu den häufigsten Schäden gehören undichter Schwimmer, verstopfte Düsen, klemmender Gasschieber, defekte Abdichtungen und falsche Einstellung. Ratsam ist es, den Vergaser von Zeit zu Zeit auszubauen, komplett zu zerlegen, mit Waschbenzin zu reinigen und dann mit Preßluft auszublasen. Vor allem* ***Düsen und Kanäle*** *müssen gründlich selbst von kleinsten Schmutzpartikeln befreit werden.* ***Hinweis:*** *keine anderen Teile verwenden als vom Hersteller vorgeschrieben. In Deutschland erlischt die Allgemeine Betriebserlaubnis bei Einbau größerer Düsen oder eines anderen Vergasers. Die technischen Daten des Weber-Vergasers sind im Anhang aufgeführt.*

(in Garagen für gute Belüftung sorgen; Auspuffgase sind giftig). Dann die Sitzbank hochklappen und Helmfach entfernen; eine Handlampe erleichtert die Arbeit. Am besten Gummiabdeckung des Vergasers abnehmen. Dann zuerst das **Spiel des Gaszugs** prüfen; es sollte an der Bowdenzugmündung nicht mehr als 1,0 mm betragen. Reguliert werden kann es durch die Einstellschraube vorn am Gehäuse; zunächst die Kontermutter mit einem Schlüssel SW 8 lösen, dann Einstellschraube so verdrehen, bis das Spiel stimmt. Kontermutter wieder festziehen.

Vergaser - Leerlaufeinstellung (Standard- und Einspritzmodell): Zum Einstellen des Leerlaufs Fahrzeug aufbocken, Motor starten und Scheinwerfer einschalten. Eingestellt wird einfach mit der großen, schwarzen Rändelschraube hinten am Vergasergehäuse. Die korrekte Leerlaufdrehzahl beträgt 1800 +/- 100 Umdrehungen pro Minute; dabei darf sich das Hinterrad auf keinen Fall drehen. Die Drehzahl-Obergrenze ist erreicht, wenn das Hinterrad soeben zu drehen anfängt. Zur Erhöhung der Drehzahl die Rändelschraube im Uhrzeigersinn, zur Absenkung gegen den Uhrzeigersinn drehen.

Vergaser - CO-Wert-Regulierung (Standard- und Einspritzmodell): Korrekt kann diese Arbeit nur von einer Werkstatt durchgeführt werden, die über ein CO-Testgerät mit Drehzahlmessung verfügt. Vergaser, Luftfilter und Zündkerze müssen sich in einwandfreiem Zustand befinden. **Motor** zehn Minuten lang mit ca. 45 km/h **warmfahren**; erst danach schaltet sich der automatische Choke ab. Motor abstellen und einen 50 cm langen Verlängerungsschlauch für die Meßsonde am Auspuffende anbringen; der Schlauch muß perfekt abdichten. Dann Motor wieder starten und warten, bis er gleichmäßig im Leerlauf läuft. Anschließend **Leerlauf einstellen** wie oben beschrieben. Der CO-Wert wird bei laufendem Motor über die Leerlaufgemisch-Regulierschraube eingestellt. Die **CO-Werte** sind im Anhang aufgeführt. Er wird je nach Modell erzielt, wenn die Regulierschraube 1,5 bis 3,5 Umdrehungen geöffnet ist. Zur Kontrolle danach den Motor langsam auf 4000/min bringen, Gas wieder schließen und Leerlauf überprüfen. Bei Abweichungen alle Arbeitsschritte wiederholen.

Ansaugstutzen - Ausbau: Der Ansaugstutzen gehört zu den am häufigsten ausgetauschten Teilen - aber nicht, weil er besonders verschleißanfällig wäre; er beeinflußt vielmehr mit seinem Querschnitt die **Leistung**. Dem Ausbau haben die Konstrukteure daher - gesetzlich gezwungen („Antimanipulationskatalog") - einen Riegel vorgeschoben: Nur an einer Seite ist der Stutzen mit einer normalen Schraube SW 8 befestigt. Auf der anderen Seite sitzt eine sogenannte Abreißschraube, bei der man den Kopf vorsätzlich abgedreht hat. Leider aber kommen wir bei der Motorzerlegung nicht daran vorbei, diese Hürde zu

Vergaser Weber OM 12 der Vespa ET 2 aus verschiedenen Perspektiven: Oberseite, Leerlaufeinstellschraube, Öffnung Richtung Ansaugstutzen.

nehmen: Wir setzen eine **Wasserpumpenzange** an, drükken mit Kraft zu, drehen vorsichtig nach links und lockern so den Schraubenstummel. Beim Zusammenbau Ansaugstutzen mit Öffnung nach hinten montieren und neue Abreißschraube verwenden (nur im Fachhandel gegen Vorlage der Kfz-Papiere erhältlich).

Mit einer Wasserpumpenzange läßt sich der Stummel der Abreißschraube am Ansaugstutzen leicht lösen.

Einlaßmembran - Ausbau:

Die Membran steuert die Gemischzufuhr zum Kurbelgehäuse des Vespa-Zweitaktmotors. Sie kann nach Abbau des Ansaugstutzens einfach entnommen werden. Nun prüfen wir, ob die Membran hundertprozentig dicht ist; erstens muß sie über eine **Gummidichtung** sauber mit dem Gehäuse abdichten; zweitens müssen die beiden doppelzüngigen **Membranplättchen** so dicht an den Auflagen anliegen, daß kein Licht hindurchtritt. Anderenfalls sind entweder die Membranplättchen oder die ganze Membrangruppe zu erneuern. Die Plättchen und ihre Anschläge sind zusammen mit je zwei Kreuzschlitzschrauben befestigt.

Benzintank, Geber, Benzinhahn - Aus- und Einbau:

Der Vespa-Tank besteht aus schlagfestem Kunststoff und ist ins Rahmenheck integriert. Abgesehen davon, daß sich bei den Zweitaktmodellen neben dem Benzintank zusätzlich der Öltank befindet, sind die gleichen Arbeiten wie bei der Vespa ET 4 auszuführen. Wir beschränken uns daher hier auf Stichworte: Zur **Vorbereitung** Schalldämpfer, Hinterrad, hinteren Kotflügel, beide Heckblinker, Rücklicht, Batterie mit Bodenplatte, Benzin- und Öltankdeckel ausbauen (Beschreibung der Arbeiten s. Viertaktmodelle sowie Kapitel Fahrwerk und Karosserie).

Schläuche vom Vergaser ziehen. Auch hier wieder Hautkontakt mit Benzin vermeiden. **Tankabdeckung** ausbauen. Zum Ausbau des **Tanks** drei KS lösen (eine hinten, zwei unten im Schacht). Nun Tank im hinteren Bereich absenken und nach unten manövrieren. **Geber für den Benzinstand** abnehmen, dazu mit einem quer angesetzten Schraubendreher den **Sicherungsring** nach links drehen, Geber so weit wie möglich anheben. Dann das Gestänge, das zum **Schwimmer** führt, seitlich herausdrücken. Schwimmer und Gebergehäuse getrennt herausnehmen. Entlüftungsschlauch aus der Führung ziehen und Tank ganz absenken. **Einbau** in umgekehrter Reihenfolge. Dabei auf festen Sitz aller Schlauchverbindungen achten; abrutschende Schläuche lassen nicht nur den Motor absterben, sondern erzeugen auch akute Brandgefahr! Der Ausbau des automatischen **Benzinhahns** wird im Kapitel „Benzinversorgung Viertakt“ S. 108 gezeigt.

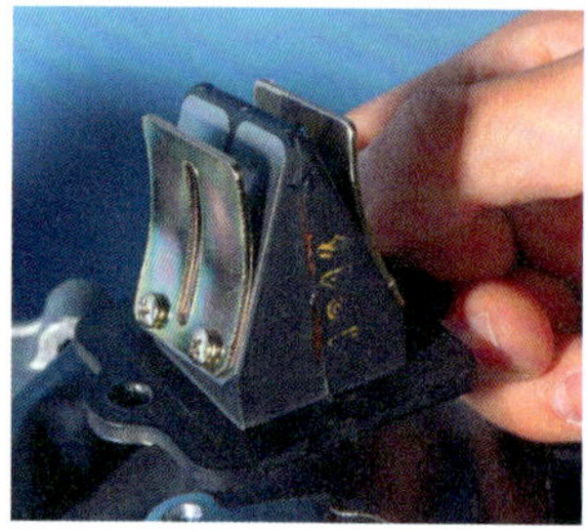

Oben: Einlaßmembran mit verengtem Querschnitt; darunter: Blick auf die Membranplättchen. Ganz unten: ausgebauter Benzinstandgeber.

Luftfilter - Reinigung:

Alle 5000 km - beim Fahren auf staubigen Straßen öfter - muß bei ET2 und LX 50 das Luftfilterelement ausgebaut und gereinigt werden. Zum Ausbau des Luftfilters zuerst die linke Seitenverkleidung abnehmen. Dann von außen die vier Kreuzschlitzschrauben und von innen (bei ausgebautem Helmfach) die beiden Rändelmuttern lösen, die den Deckel des Luftfiltergehäuses fixieren. Deckel und Filterelement abnehmen. Das aus Polyurethan bestehende **Element** wird in Alkohol oder Brennspiritus ausgewaschen

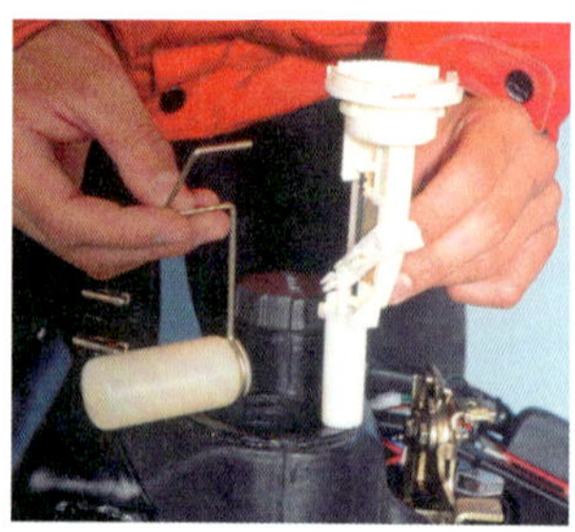

und dann an der Sonne oder mit Preßluft getrocknet. Den trockenen Filter leicht einölen, am besten mit speziellem Luftfilter-Spray) oder einem Pinsel. Keineswegs zuviel Öl auftragen, es darf nichts abtropfen. Filter einsetzen, Deckel aufsetzen und festschrauben. Defekte Muffen auswechseln.

Filter des Sekundärluftsystems LX, LXV, S - Reinigung: Die neueren Modelle sind zur Reduzierung der Schadstoffe im Abgas mit einem ungeregelten Katalysator und einem Sekundärluftsystem (SAS = Secondary Air System) ausgerüstet. Das System reichert die unverbrannten Restgase vor dem Katalysator mit Luftsauerstoff an, was die Reaktion im Kat unterstützt. Die nötige Luft wird über einen Filter angesaugt. Ein Kontrollventil unterbricht den SAS-Betrieb im Schiebebetrieb. Der SAS-Filter sollte im gleichen Rhythmus wie der Luftfilter gereinigt werden, spätestens aber alle 12.000 km. Dazu das Seitenteil links abmontieren und die beiden Schrauben am SAS-Aludeckel ausdrehen. Die Metallleitung aus dem Gummisitz lösen, ohne sie ganz herauszuziehen. Anschließend Lamelle und Plastikdeckel abbauen. **Filterschwamm** entnehmen, mit Wasser und Seife auswaschen, mit Lappen oder Preßluft trocknen. Stets den **O-Ring** am Gehäusedeckel erneuern.

Unten: ausgebauter Automatik-Benzinhahn mit Zuleitungen und Feinfilter.

Gemischaufbereitung ET 2 Iniezione: Arbeiten an Vergaser und Einspritzanlage

ET 2 Iniezione: *Dieses Spezialmodell mit einem hochverdichteten 50-cm³-Zweitaktmotor (Typ M164) wurde als Alternative zum Viertaktmotor entwickelt und verfügt über einen mechanisch angetriebenen Kompressor sowie Direkteinspritzung. Dieser Motor hat bessere Verbrauchs- und Abgaswerte als der Standard-Zweitakter. Im Bereich der Gemischaufbereitung unterscheidet sich das Einspritzmodell erheblich von der Saugversion. Wir beschreiben die Unterschiede und geben Wartungstipps.*

Bis auf den Zylinderkopf mit der Einspritzgruppe und den Vergaser ist der Motor M164 der ET 2 Iniezione weitgehend identisch mit dem klassischen Vergaseraggregat.

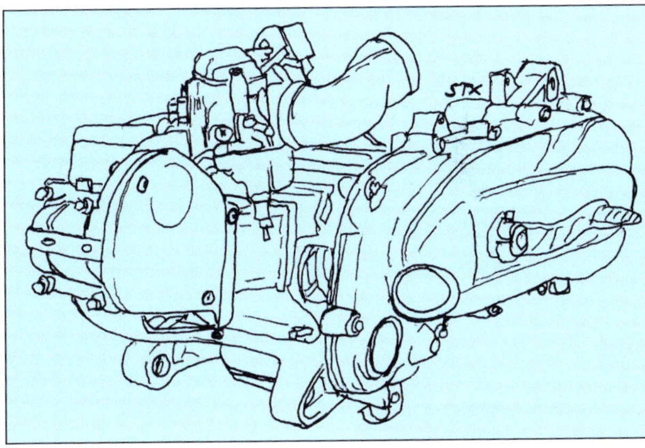

Zeichnung: STX; Vorlage: © Piaggio & C. Pontedera

Vergaser Iniezione - Aufbau, Zerlegung: Die Vespa ET 2 Iniezione besitzt einen speziellen Weber-Vergaser vom Typ 4/12 DIP, der sich im Aufbau zum Teil deutlich vom Standard-Vergaser unterscheidet. Die technischen Daten finden sich im Anhang. Ausgebaut wird der Vergaser genauso wie bei der Vespa mit Sauganlage (s. Kap. „Gemischaufbereitung Zweitakt“ S. 99).

Schwimmer - Ausbau, Prüfung: Die Kammer, die den Schwimmer abdeckt, ist unten mit drei Schrauben am Vergasergehäuse befestigt. Bei Abnahme der Kammer **Vorsicht**: Die Spannfeder der Beschleunigerpumpe und der Druckteil des Pumpelements werden dabei entlastet und können daher wegspringen. Der **Schwimmer** sitzt im Vergasergehäuse und kann nicht eingestellt, sondern nur einer Sichtprüfung unterzogen werden. Dazu den Vergaser auf den Kopf stellen; die Schwimmerkante muß dann parallel zur Gehäusekante stehen. Tut er dies nicht, kann Verschleiß an den Einzelelementen die Ursache sein. Notfalls dann je nach Zustand Schwimmer, Nadel, Nadelsitz oder Feder austauschen.

Beschleunigerpumpe - Ausbau, Funktion: Die Pumpenelemente befinden sich in der Kammer, die nach Lösen der drei Schrauben unten am Gehäuse abgenommen werden kann. Die Beschleunigerpumpe erhöht automatisch den Benzindruck an der Hauptdüse, wenn der Gasgriff plötzlich

„aufgerissen" wird. Umgekehrt magert sie die Verbrennung ab, wenn der Griff geschlossen wird; es entsteht dann ein Unterdruck an der Hauptdüse. Der kleine Kolben der Pumpe wird über einen Stößel im oberen Vergasergehäuse betätigt, auf den ein Hebel wirkt.

Vergaser - Einstellung Nocken und Düsennadel: Der obere Deckel wird von zwei Schrauben gehalten. Den eingesetzten O-Dichtring prüfen, notfalls ersetzen. Der Schwinghebel kommt nach Entfernung des Lagerzapfens frei. Die konische Düsennadel wird durch ein Blech gesichert. Die beiden Schrauben lösen, dann Blech, Feder und Nadel mit Führung abnehmen. Die **Nocke**, die auf den Stößel der Beschleunigerpumpe wirkt, ist ab Werk mittels einer Einstellschraube justiert, die nicht entfernt werden sollte, da eine korrekte Neueinstellung schwierig ist. Wurde trotzdem an der Stellschraube gedreht, muß folgendermaßen neu eingestellt werden: Leerlaufeinstellschraube so weit drehen, bis in das seitlich angebrachte Lufteinstellventil ein Dorn mit 1 mm Durchmesser eingeführt werden kann. Ventil so festhalten und messen, ob der Abstand zwischen Nocke und Sitz der Nadelführung 16 mm beträgt. Fingerspitzengefühl ist auch bei Arbeiten an der konischen **Düsennadel** erforderlich. Vor dem Ausbau mit einer Schieblehre den Abstand zwischen Schraubenunterkante und Kontermutter messen und notieren; er muß beim Wiedereinbau der Nadel gleich groß sein.

Anschließend den korrekten Sitz prüfen: Leerlaufeinstellschraube so weit drehen, bis in das Lufteinstellventil wieder ein 1-mm-Dorn paßt. Dann Einstellschraube so weiterdrehen, bis sie auf dem Einstellventil aufsitzt. Anschließend mit ca. 5 kg Kraft auf die Nadel drücken, das Ventil dabei im Uhrzeigersinn drehen und testen, ob das Spiel zwischen Leerlaufeinstellschraube und Ventil 2,5 +/- 1 mm beträgt. Anderenfalls das Spiel über die (gekonterte) Einstellschraube der Düsennadel korrigieren.

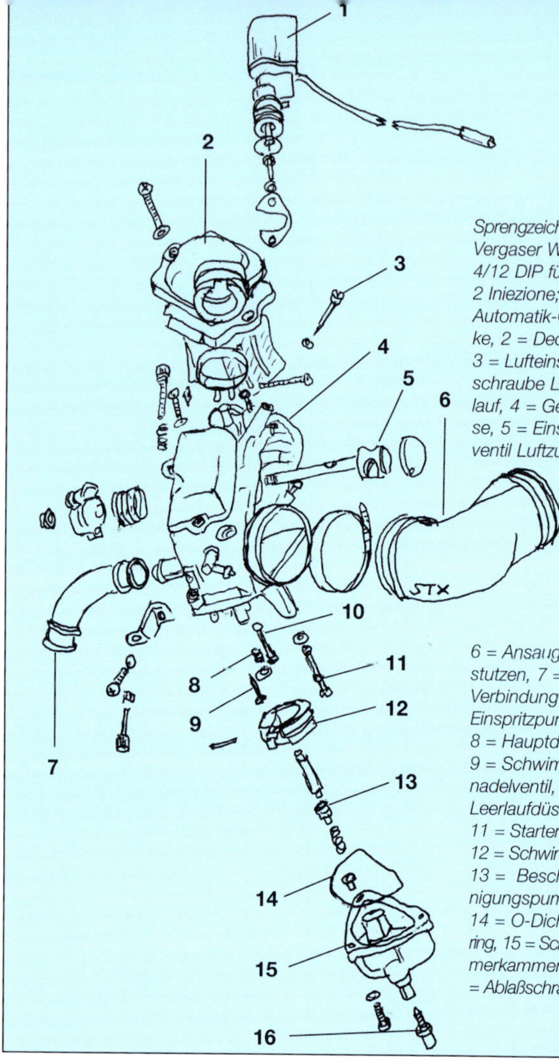

Sprengzeichnung Vergaser Weber 4/12 DIP für ET 2 Iniezione; 1 = Automatik-Choke, 2 = Deckel, 3 = Lufteinstellschraube Leerlauf, 4 = Gehäuse, 5 = Einstellventil Luftzufuhr, 6 = Ansaugstutzen, 7 = Verbindung zur Einspritzpumpe, 8 = Hauptdüse, 9 = Schwimmernadelventil, 10 = Leerlaufdüse, 11 = Starterdüse, 12 = Schwimmer, 13 = Beschleunigungspumpe, 14 = O-Dichtring, 15 = Schwimmerkammer, 16 = Ablaßschraube.

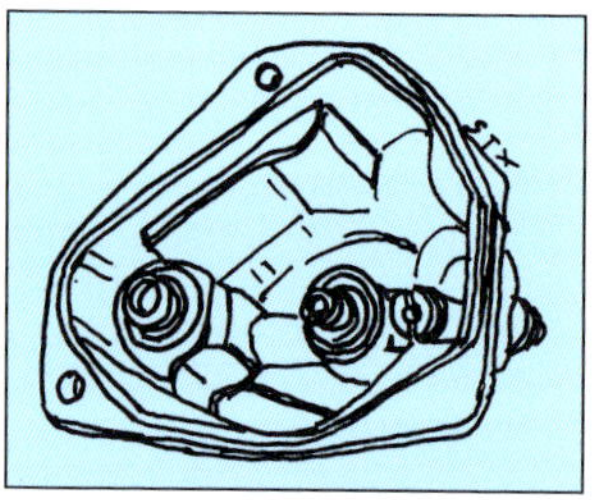

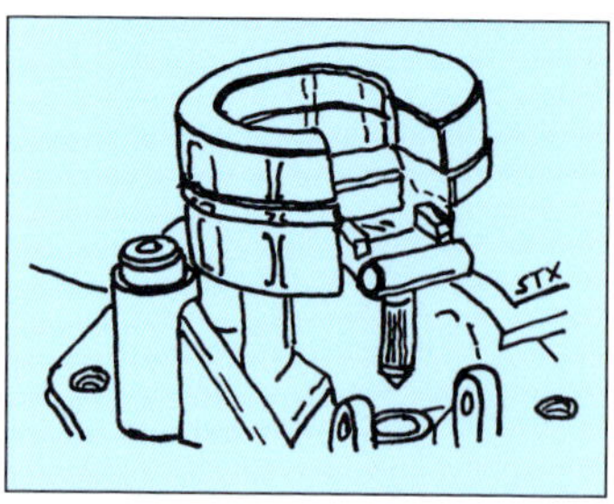

Links oben: Schwimmerkammer mit Beschleunigungspumpe. Links: Schwimmer mit Schwimmernadelventil.

Alle 3 Zeichnungen: STX; Vorlage: © Piaggio & C. Pontedera

Sauberer: die Einspritzanlage. *Die Vespa ET 2 Iniezione ist mit einer mechanischen Einspritzpumpe ausgerüstet, die nach dem Kompressorprinzip arbeitet, sich seitlich am Zylinderkopf befindet und von der Kurbelwelle aus über einen Zahnriemen angetrieben wird. Die Pumpe saugt den Kraftstoff aus dem Benzintank an und drückt ihn zunächst in den Spezialvergaser vom Typ Weber 4/12 DIP. Anschließend findet nicht die übliche Umkehrspülung statt, sondern der Treibstoff strömt weiter zur Einspritzpumpe, um dort zusammen mit reiner Luft über das Einspritzventil direkt in die Verbrennungskammer gepreßt zu werden. Die „pneumatische Direkteinspritzung" findet statt, wenn der Kolbenkompressor den nötigen Druck aufgebaut hat; die Einspritzzeit hängt von der Drehzahl ab.*
Die Mikuni-Frischölpumpe fördert wie bei allen Piaggio-Zweitaktern das Öl aus dem separaten Öltank. Anschließend verteilt sich das Öl über zwei Ausgänge 1. Richtung Vergaser zur Vermischung mit Benzin und zur Zylinderschmierung, 2. Richtung Einspritzpumpe zur Schmierung derselben. Der Einspritzmotor verbraucht 35 % weniger Öl als der Standard-Zweitakter.
Der ***Zahnriemen*** *für die Einspritzpumpe muß alle 10.000 km gewechselt werden. Erreicht das Fahrzeug nicht seine Höchstgeschwindigkeit, kann das Eindringen von Luft in den Ansaugstutzen der Einspritzpumpe die Ursache sein. Die Arbeiten erfordern besondere Sorgfalt.*

Leerlaufeinstellung, CO-Gehalt - Prüfung: Alle Einzelheiten dazu finden sich im Kapitel „Gemischaufbereitung Zweitakter" ab S. 99.

Automatischer Choke - Kontrolle ET 2 Iniezione: Der Ausbau wurde bereits im Kapitel „Motorausbau" beschrieben. Bei schlechtem Startverhalten Choke auf elektrischen Durchgang prüfen. Kabel-Doppelstecker abziehen und Stromdurchlaß zwischen den Anschlüssen messen; er muß bei Raumtemperatur 20° C 10 W, bei warmem Choke/Motor 120 W betragen. Bei höheren Werten automatischen Starter komplett austauschen. Sichtprüfung auf Beschädigungen wie an anderer Stelle beschrieben.

Schwimmerkammer - Prüfung Benzinstand ET 2 Iniezione: den Ablaßschlauch aus Gummi durch einen transparenten Schlauch ersetzen und Schlauchende so weit hochlegen, daß es über den Kammerflansch ragt. Ablaßschraube öffnen und Motor starten. Das Benzin steigt im Schlauch auf das gleiche Ni-veau wie in der Schwimmerkammer. Bei abgeschaltetem Motor nun Abstand zwischen Flansch und Benzinstand im Schlauch messen: Er muß beim Weber-Vergaser 4/12 DIP 1,5 +/- 0,5 mm betragen. Bei anderen Werten ist der Schwimmer undicht oder das Schwimmernadelventil verdreckt.

Zahnriemen Einspritzpumpe - Ausbau: Zuvor muß die Antriebseinheit komplett ausgebaut werden; anschließend Variator ausbauen wie in den Kapiteln „Motorausbau" (ab S. 53) Seite und „Variator" (ab S. 77) gezeigt. Jetzt ist der Antrieb der Einspritzpumpe zugänglich. Zunächst die seitliche **Riemenabdeckung** abnehmen; sie ist mit drei KS fixiert. Anschließend die **Verdichterwelle** ausbauen. Dazu ist ein

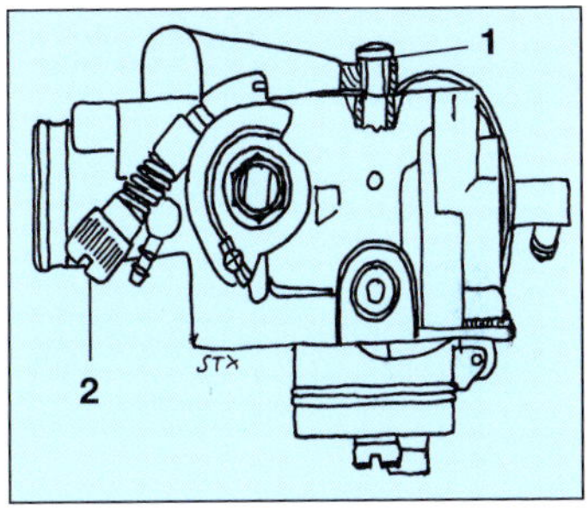

Links: Teilansicht Vergaser Weber 4/12 DIP; 1 = Nadel-Einsteller, 2 = Leerlaufeinstellschraube. Unten: Ausbau Pumpenantrieb; 3 = Spannrolle mit Halter, 4 = Spezialwerkzeug, 5 = Ritzel, 6 = Zahnriemen.

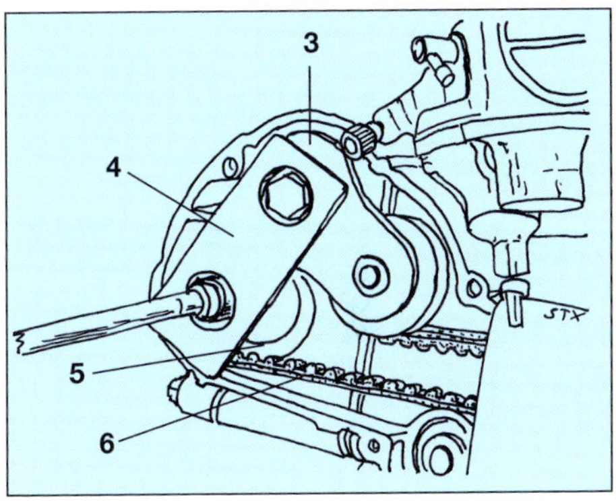

2 Zeichnungen: STX; Vorlage: © Piaggio & C. Pontedera

Flacheisen mit Bohrungen erforderlich, das es erlaubt, die Welle zu blockieren. Notfalls entsprechendes Spezialwerkzeug beim Piaggio-Händler ausleihen. Nun zuerst mit einer Stecknuß die unten liegende Verschraubung des **Antriebszahnrads** für die Verdichterwelle lösen. Spezialwerkzeug abnehmen und die oben liegende Verschraubung des Riemenspanners lösen; **Riemenspanner** mit der darunterliegenden Feder abnehmen. Danach läßt sich das Zahnrad der Verdichterwelle mit dem Führungsstück abnehmen. Nun den **Zahnriemen** von der Kurbelwelle ziehen und abnehmen.
Achtung: Der Riemen muß routinemäßig alle 10.000 km und nach jedem reparaturbedingten Ausbau gewechselt werden. Zuletzt das

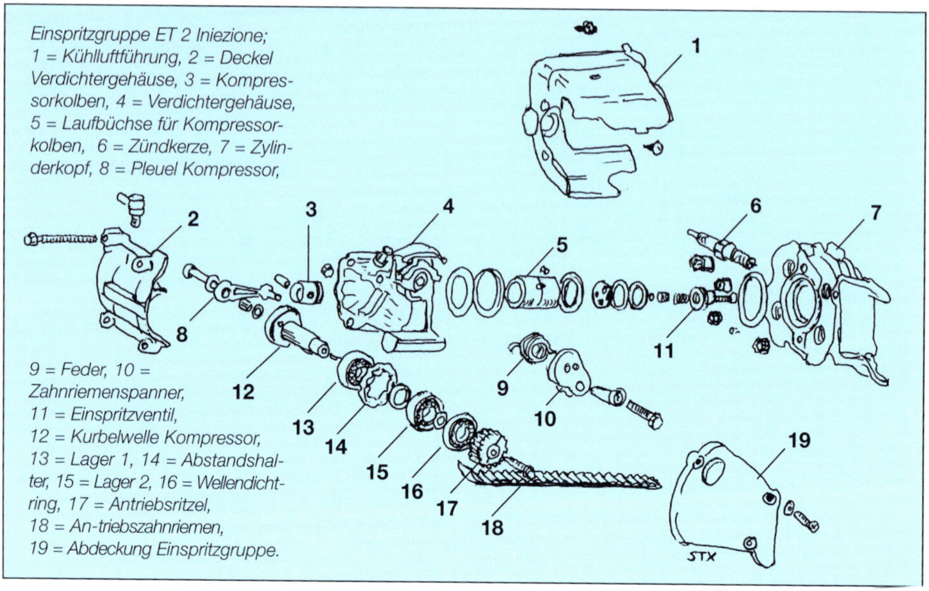

Einspritzgruppe ET 2 Iniezione; 1 = Kühlluftführung, 2 = Deckel Verdichtergehäuse, 3 = Kompressorkolben, 4 = Verdichtergehäuse, 5 = Laufbüchse für Kompressorkolben, 6 = Zündkerze, 7 = Zylinderkopf, 8 = Pleuel Kompressor, 9 = Feder, 10 = Zahnriemenspanner, 11 = Einspritzventil, 12 = Kurbelwelle Kompressor, 13 = Lager 1, 14 = Abstandshalter, 15 = Lager 2, 16 = Wellendichtring, 17 = Antriebsritzel, 18 = An-triebszahnriemen, 19 = Abdeckung Einspritzgruppe.

2 Zeichnungen: STX; Vorlage: © Piaggio & C. Pontedera

Antriebsritzel von der **Kurbelwelle** ziehen. Es besitzt keine Phasenausrichtung, kann daher beliebig wieder aufgesteckt werden. Zu beachten ist allerdings, daß die Schulter für den Zahnriemen Richtung Antrieb der Zweitaktölpumpe zeigt, also nach innen. Die untere **Stützrolle** des Zahnriemens kommt nach Lösen einer Schraube (mit Unterlegscheibe) frei.

Zahnriemen Einspritzpumpe - Einbau: Die Arbeiten laufen in umgekehrter Reihenfolge ab, wobei es besonders auf die korrekte Phasenausrichtung ankommt. Zunächst (falls ausgebaut) die **Stützrolle** des Zahnriemens wieder einbauen, Unterlegscheibe aufsetzen und Schraube mit 12-13 Nm anziehen. **Riemen** zunächst in den Einbauschacht führen. **Achtung:** Die Schrift muß lesbar sein; Riemen nicht knicken, aufwickeln oder mit Öl oder Wasser benetzen. Nun zuerst den **Riemenspanner** zusammen mit der Feder anbringen, Blech sorgfältig in Position bringen, Schraube einsetzen und provisorisch festziehen; dabei muß die Feder so weit wie möglich gespannt sein. Danach das **Antriebsritzel** auf die Kurbelwelle schieben, Schulter Richtung Ölpumpe; Riemen noch nicht dort auflegen.

Phaseneinstellung: Jetzt die Phaseneinstellung durchführen. Dazu muß zunächst die **Kurbelwelle** bis zur **Vorzündungsmarkierung** gedreht werden (Einzelheiten dazu s. Kapitel „Motorelektrik 3“ ab S. 114). Kurbelwelle so blockieren, daß sie sich nicht verdrehen kann. Dann wird's kompliziert. Den Riemen auf das Ritzel der Verdichterwelle setzen und das Ritzel beliebig auf die Welle schieben. Dabei müssen ein Zahn oder eine Kerbe auf die Trennfläche des Verdichtergehäuses zeigen. Dann in genau dieser Position den Riemen auf dem Ritzel halten und das Ritzel so ausrichten, daß das Bezugszeichen auf den Riemen zeigt (Zahn oder Aussparung). Dorn in die Bohrung des Ritzels stecken, die dem Bezugszeichen gegenüberliegt. **Achtung:** Der Riemen muß bei

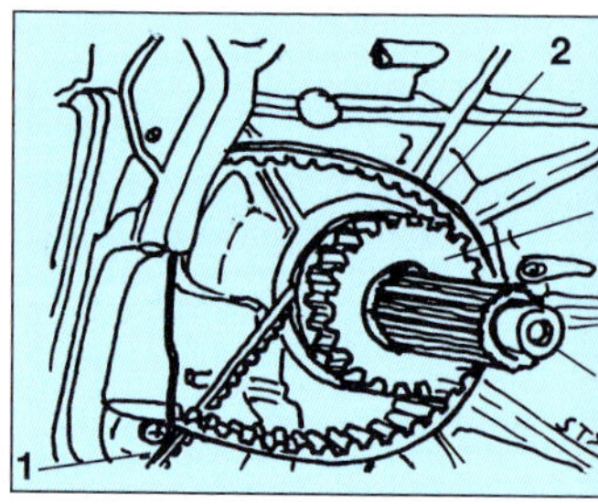

der Phasenausrichtung gespannt sein; der Motor darf nicht über das Ritzel der Verdichterwelle durchgedreht werden. Zur Spannung des Zahnriemens die Schraube am Spanner lockern oder den Riemen mit der Hand vorspannen.
Die **Phasenausrichtung** zwischen Verdichter und Kurbelwelle ist dann perfekt, wenn die Trennfläche zwischen dem oberen Element und dem Deckel zwischen die beiden Einkerbungen auf dem Ritzel zeigt. Anschließend Spezialwerkzeug zur Arretierung ansetzen und die Schraube zur Befestigung des Ritzels an der Verdichterwelle mit 12 - 13 Nm anziehen. Jetzt den Riemen korrekt spannen: Schraube

am Spanner lösen, Kurbelwelle fünf bis sechsmal durchdrehen. Erst danach Schraube mit 15 - 18 Nm anziehen. Riemenabdeckung anbringen und die drei KS handfest anziehen.

Einspritzpumpe - Aufbau: Die Einspritzpumpe - man kann sie auch Verdichter oder Kompressor nennen - besteht aus zwei Grundkomponenten: Verdichterteil und Einspritzteil. Der Verdichter befindet sich in einem Leichtmetallgehäuse, das auf den Zylinderkopf geschraubt ist und Kurbelwerk mit Kolben, Verdichterwelle, Riemenantriebsritzel, Lage-

herausfallen. Gehäuse auf eine saubere Unterlage setzen und aufklappen; dabei kommen **Verdichterwelle** mit Lagern, Pleuel und Kolben frei. Der Aufbau gleicht dem der Motor-Kurbelwelle, nur ist alles viel kleiner; zudem ist die Welle nur einseitig gelagert. Zum Abnehmen des **Kolbens** werden Kolbenbolzen und Nadellager seitlich herausgedrückt. Übergrößen sind nicht lieferbar; bei Verschleiß müssen die betroffenen Teile oder die gesamte Baugruppe durch Neuteile ersetzt werden. Der Abnutzungsgrenzwert für den Kolben beträgt 23,95 mm,

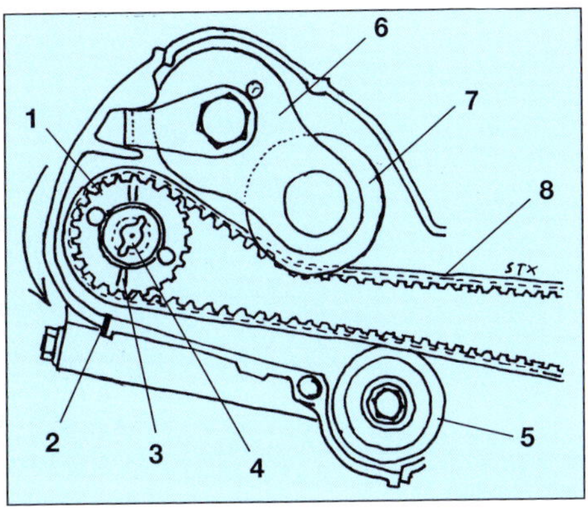

Zeichnung: STX; Vorlage: © Piaggio & C. Pontedera

Zeichn. S. 106 unt.: 1 = Antrieb Ölpumpe, 2 = Antriebsriemen Kompressor, 3 = Ritzel dazu, 4 = Kurbelwelle. Links: Phaseneinstellung; 1 = Ritzel, 2 = Trennfuge, 3 = Markierung, 4 = Knebelstellung, 5 = Führungsrolle, 6 = Halter, 7 = Spannrolle, 8 = Antriebszahnriemen

rung umfaßt. Die Einspritzeinheit ist in den Zylinderkopf eingelassen und umfaßt Ventilsitzträger und Einspritzventil mit Einstellvorrichtung.

Verdichtergehäuse, Verdichterwelle mit Kolben und Lagern - Ausbau, Revision: Zunächst den **Antriebszahnriemen** abnehmen wie oben beschrieben. Dann die **Zylinderkopfabdeckung** entfernen; sie ist mit 2 KS samt Unterlegscheiben befestigt. Nun die vier Schrauben ausdrehen, mit denen das **Verdichtergehäuse** auf dem Zylinderkopf befestigt ist. Gehäuse komplett abnehmen und dabei darauf achen, daß die Innereien (Kolben, Welle etc.) nicht

das Axialspiel des Pleuels (= Spiel in Längsrichtung zur Kurbelwange hin) darf nicht größer als 0,5 mm sein (Fühlerlehre verwenden).
Prüfen, ob die beiden auf der linken Wellenhälfte zusammengefaßten **Lager** einwandfrei rundlaufen. Zum Ausbau der Lager ist ein spezieller Abzieher erforderlich (Fachwerkstatt); zuvor **Wellendichtring** und **Seegering** entfernen, dann **beide Lager zusammen** mit dem dazwischenliegenden Abstandshalter abziehen. **Achtung:** Beim Abziehen einzelner Lager würden Schäden entstehen.
Lager-Einbau: Lager im Ölbad auf ca. 100° C erhitzen. Dann so ausrichten, daß die Seite, an der die Kugeln zu sehen sind, Richtung Abstandshalter zeigt. Erstes Lager mit geeignetem Rohrstück auf die Welle pressen, Abstandshalter und zweites Lager einbauen. Der Abstandshalter ist schwimmend gelagert und muß sich nach Einbau drehen lassen.

Verdichtergehäuse, Verdichterwelle - Einbau: In den Zylinderkopf einen neuen **O-Dichtring** setzen (Sitzträger und Einspritzventil komplett montiert - s. weiter unten). Dann den Zentrierstift positionieren und das Gehäuse-Unterteil lose auf den Zylinderkopf setzen. Jetzt die **Paßflächen** im Gehäuse leicht **einfetten** und den Kurbeltrieb mit Kolben, Verdichterwelle und vormontierten Lagern mit synthetischem **Motoröl** einölen. Kolben in die Laufbüchse führen und die Lager im Gehäuse positionieren. Den Deckel mit **Flüssigdichtung** (z. B. Loctite 518) versehen, aufsetzen und die vier Schrauben über Kreuz mit 12 - 13 Nm anziehen. Zuletzt noch Motoröl in die Zufuhr- und Ansaugbohrung des Verdichters spritzen, um damit den Verdichter komplett zu schmieren. Mit einem passenden Schlagdorn den **Wellendichtring** außen auf die Verdichterwelle pressen und Zahnriemeneinheit montieren wie weiter oben beschrieben.

Zylinderlaufbüchse und Einspritzventil - Ausbau, Revision: Bei demontiertem Verdichtergehäuse (s. o.) den Abstandshalter ausbauen und die **Laufbüchse** der Einspritzpumpe demontieren; dazu Befestigungszunge, Federteller und Seegering entfernen; Laufbüchse aus dem Zylinderkopf ziehen. Wie beim Kolben gibt es auch bei der Laufbüchse keine Übermaße. Prüfen, ob die Laufbahn nicht zerkratzt ist. Ein Nachpolieren dort, wo der Kolbenbolzen

läuft, ist möglich. Der Abnutzungsgrenzwert der Laufbüchse beträgt 24,02 mm, das maximal zulässige Spiel zwischen Kolben und Laufbüchse 0,06 mm.
Bei Verdacht auf Schäden den **Zylinderkopf** des Motors ausbauen (vier versenkte Muttern) und prüfen, ob das Einspritzventil vollständig dicht mit dem Zylinderkopf abschließt. Dazu den Zylinderkopf umdrehen und den Brennraum mit Benzin füllen. Der Treibstoff darf nicht unmittelbar austreten. Daß er nach einigen Minuten leicht durchsickert, ist indes normal. Für den **Ausbau des Einspritzventils** ist allerdings ein Spezialschlüssel nötig (Fachwerkstatt). Beim **Wiedereinbau** muß es mit Drehmoment 13 - 15 Nm angezogen werden. Vor dem **Wiedereinbau des Zylinderkopfs** prüfen, ob die Aufsatzfläche plan ist (Metallineal, Fühlerlehre). Die Abweichung von Bohrung zu Bohrung darf nicht größer als 0,02 mm sein. Beim Einbau des Zylinderkopfs Muttern über Kreuz mit 12 - 13 Nm anziehen. **Achtung:** Die beiden dickeren Stehbolzen sitzen auf der Lichtmaschinenseite.

Einbau der Laufbüchse: Laufbüchse in den Zylinderkopf setzen und außen am Ventilsitz den Abstandshalter und in der Aussparung den O-Dichtring anbringen. Dann Seegering, Federteller und Befestigungszunge an der Laufbüchse anbringen; die Zunge gibt die Einbaurichtung der Büchse vor. **Achtung:** Den Federteller mit dem konkaven Teil nach oben aufsetzen und mit dem Seegering sichern. **Überstand** prüfen: Die Laufbüchse muß 0,3 bis 0,8 mm über den Zylinderkopf hinausragen.

Benzinversorgung Viertakt-Modelle: Vergaser, Benzinhahn, Tank ausbauen, zerlegen, prüfen

Vergaser und Tankanlage *sind bei den Viertaktern der ET-, LX-, LXV- und S-Modelle anders konstruiert als bei den Zweitakttypen von ET 2 50 bis S 50. Frischölpumpe und Frischöltank entfallen, der Vergaser muß sich nur um die Aufbereitung des Benzin-Luft-Gemischs kümmern. Beim ET 4 handelt sich um einen Mikuni-Unterdruck-Vergaser (Typ BS 24 1J) mit 24 mm Einlaß-Querschnitt und automatischem Choke. Auch der Benzinhahn arbeitet automatisch. Wir zeigen, worauf es bei Demontage und Wartung ankommt. Die Vergaser-Grunddaten stehen im Anhang.* ***Achtung:*** *Bei allen Arbeiten an Vergaser, Tank und Benzinzufuhr* ***Batterie abklemmen - Brandgefahr!***

Automatischer Choke - Prüfung: Der Aus- und Einbau des auch „Kaltstartventil" genannten Elements wurde bereits im Kapitel „Motorausbau" beschrieben. Nach Lösen der Halterung Ventil und Nadel auf Abnutzung, Risse, Kerben oder sonstige Schäden überprüfen; schadhaftes Ventil komplett auswechseln. Kabelstecker trennen. Für die Funktionskontrolle benötigt man ein **Ohmmeter.** Der Motor muß kalt sein oder nach dem Abstellen mindestens zehn Minuten lang abgekühlt sein; die Außentemperatur sollte nicht unter 20° C liegen. Bei der **ET4** wird der Widerstand zwischen den beiden Anschlüssen der Steckverbindung gemessen; er muß 35 +/- 5 Ohm betragen. Bei Unter- oder Überschreitung Ventil austauschen. Bei der **LX 125** zunächst prüfen, ob bei laufendem Motor Batteriespannung anliegt. Wie hierbei vorgegangen wird, steht im Kapitel „Motorelektrik Zündanlage" ab S. 119.

Ansaug- (oben) und Auslaßseite mit Drosselklappe des Mikuni-Vergasers.

Luftfilter - Wartung: Nach Ausbau des Luftfilters wie im Kapitel „Motorausbau" beschrieben den aus Polyurethan bestehenden Luftfiltereinsatz in Alkohol oder Brennspiritus reinigen, mit Druckluft ausblasen und leicht mit einer Mischung 50 : 50 % aus z. B. Selenia Air Filter Oil (Spraydose) und bleifreiem Benzin tränken (ca. alle 5000 km). **Achtung:** Kein Benzin vauf die Hände gelangen lassen. Zum Einbau des Luftfilterdekkels zuerst die beiden Laschen über die Gußnasen am Antriebsblock heben, dann Deckel mit vier KS von außen und zwei Rändelmuttern von innen befestigen wie beschrieben. **Weitere Hinweise** s. a. Kapitel „Gemischaufbereitung Zweitakter" ab S. 99.

Vergaser Unterdruckkammer - Zerlegung, Prüfung: Die Ablaßschraube unten an der Schwimmerkammer lösen, Benzin ablassen und auffangen; dabei Hautkontakt vermeiden. Nach Ausdrehen der beiden oben liegenden KS den Deckel der Unterdruckkammer vom Vergaser heben. Zunächst **Druckfeder** und **Hauptventil** aus dem Gehäuse ziehen (s. Sprengzeichnung S. 110). Dann den darunterliegenden **Gewindestopfen** mit einem Schraubendreher lösen, die **kleine Feder** und die **Düsennadel** vorsichtig herausziehen und reinigen. Hauptventil darf nicht verstopft sein, die Düsennadel darf keine Beschädigungen aufweisen. Nach Ausbau der Kleinteile die **Membran** abheben; sie darf nicht den geringsten Riß haben und auch nicht verhärtet sein. **Einbau** in umgekehrter Reihenfolge, dabei auf perfekten Sitz aller Elemente achten. Beim Einbau des Deckels darauf achten, daß sich die Membran nicht verschiebt. Falls die Membran nicht richtig paßt, weil sie sich gedehnt hat, muß sie gründlich getrocknet werden.

Schwimmerkammer - Öffnung, Prüfung, Zusammenbau: Die Schwimmerkammer befindet sich unten am Vergaser. Drei KS ausdrehen, **Deckel** abnehmen. Sollten die KS sehr fest sitzen, Vergaser in einen mit Aluminium gefütterten Schraubstock spannen und Schrauben vorsichtig mit Hammer und scharfem Meißel lösen. In Nähe der Vergaser-Ansaugöffnung befindet sich die filigrane **Beschleunigerpumpe**; Feder und Kolben herausziehen, Zustand und Gängigkeit prüfen, reinigen und wieder einsetzen.
Zentrale Bedeutung hat der aus Kunststoff bestehende **Schwimmer**; er steuert den Benzinfluß. Der Schwimmer ist an einer feinen Welle drehbar gelagert und kommt nach Ausziehen der Welle frei. Darunter sitzt das **Nadelventil**; es wird von einem Plättchen und einer kleinen KS gehalten. Ventil ausbauen, reinigen und überprüfen. Das Ventil muß korrekt öffnen und schließen, darf keinerlei Schäden aufweisen. Der Schwimmer muß dicht, die Welle leichtgängig sein. Nach **Einbau** von Nadelventil und Schwimmer die Schwimmerhöhe messen - bei auf den Kopf gestelltem Vergaser: Der Abstand zwischen Schwimmerkante und Vergaserrand soll 12,2 mm betragen; bei Abweichungen Schwimmer auswechseln. Dichtring prüfen bzw. ersetzen und Schwimmergehäuse festschrauben.

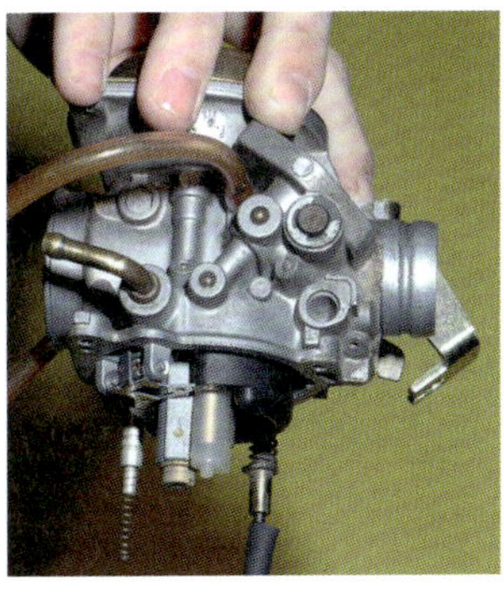

Unterdruckvergaser der ET 4 1996 vom Typ Mikuni BS 24 1J; oben: Nach Abnahme des Deckels liegt die Membran frei. Mitte: rechte Vergaserseite. Unten: Unterseite bei abgenommener Schwimmerkammer.

Düsen - Aus- und Einbau, Prüfung: Die zentrale **Hauptdüse** und die **Leerlaufdüse** (nach Abhebeln der Plastikkappe) ausdrehen; den **Vorzerstäuber** (unterhalb der Hauptdüse) ausdrehen. Die Starterdüse läßt sich nicht entfernen.

Anbauteile, Gehäuse - Prüfung, Reinigung: Die **Leerlaufeinstellschraube** mit Flexwelle lösen und Funktion der Hebel und Federn am Vergaser überprüfen. Bei Schäden am **Vergaserkörper** muß der Vergaser komplett ausgetauscht werden. Nach einer Totalzerlegung müssen alle Elemente mit Waschbenzin **gesäubert** werden. Optimal ist, alle Boh-rungen, Kammern und Düsen mit **Druckluft** auszublasen; dabei Vorsicht: kleine Elemen-te können leicht davonfliegen. Montage der Einzelteile in umgekehrter Reihenfolge.

Drosselklappe - Aus- und Einbau, Prüfung: Der Mikuni-Vergaser besitzt eine **Drosselklappe** für die Dosierung des Benzin-/Luftgemischs. Sie ist auf der Einlaßseite mit zwei kleinen Schrauben auf einer Welle befestigt. Die Klappe darf keine Kerben zeigen und muß perfekt öffnen und schliessen. Beim Wiedereinbau

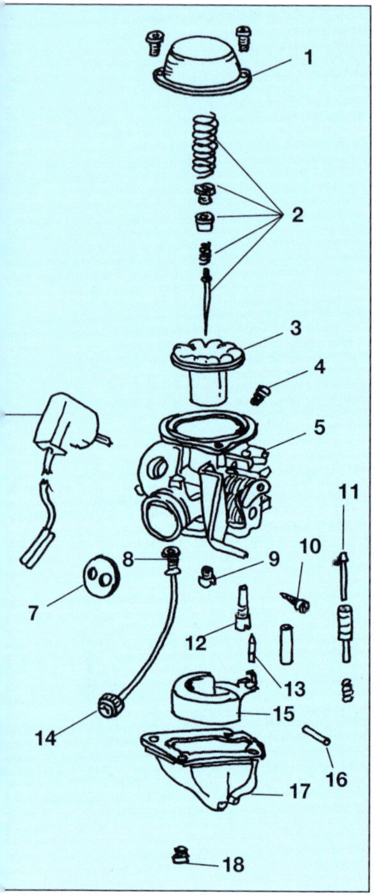

Zeichnung: STX; Vorlage: © Piaggio & C. Pontedera

Sprengzeichnung ET 4-Vergaser Typ Mikuni BS 24; 1 = Deckel, 2 = Teile des Unterdruck-Nadelventils, 3 = Membran, 4 = Starterdüse, 5 = Gehäuse, 6 = Automatik-Choke, 7 = Drosselklappe, 8 = Kopf Leerlauf-Einsteller, 9 = Hauptdüse, 10 = Einstellschraube, 11 = Beschleunigerpumpe, 12 = Leerlaufdüse, 13 = Schwimmernadelventil, 14 = Leerlauf-Einsteller, 15 = Schwimmer, 16 = Lager Schwimmer, 17 = Schwimmerkammer, 18 = Ablaßschraube; Zeichnung: STX, Quelle Piaggio; rechts: Einstellung des Leerlaufs zur Verdeutlichung bei ausgebautem Motor.

sicherstellen, daß sich die Klappe ganz schließen kann (Leerlaufstelung), von Hand Klappe in Nullstellung bringen. Klappe festhalten, die beiden Schrauben mit flüssiger Schraubensicherung einsetzen und festziehen.

Vergaser - Einstellung: Bei der Behelfs-Methode (etwa unterwegs) wird - bei heißem Motor - zunächst das **Leerlaufgemisch** reguliert. Die zugehörige Einstellschraube aus Messing sitzt unten im Gehäuse und wird per Flexwelle nach außen verlängert. Über die flexible Leitung mit Kreuzschlitz-Schraubkopf läßt sich der Leerlauf leicht von Hand einstellen. Motor auf eine Drehzahl von ca. 1600/min-1 bringen und Schraube eindrehen, bis der Motor abzusterben droht, dann etwa eine Umdrehung lösen; der Motor muß sauber rundlaufen.

Bei der professionellen Methode wird ein **Abgas-Testgerät** verwendet. Der **CO-Wert** darf bei einer Drehzahl von 1600/min die Marke **3,5 %** nicht überschreiten. Zur Einstellung der Leerlaufdrehzahl (ebenfalls 1600/min) muß der Motor Betriebstemperatur haben, wie sie beispielsweise nach zehnminütiger Fahrt erreicht ist.

Die **Beschleunigerpumpe** läßt sich von außen einstellen: Schraube zunächst so weit einschrauben, bis die Feder völlig zusammengedrückt ist, dann Schraube sechs Umdrehungen zurückdrehen.

CO- und HC-Prüfung LX, LXV, S: Bei den neueren Modellen mit Sekundärluftsystem SAS muß zusätzlich die Unterdruckleitung vom **SAS-Kontrollventil** abgenommen werden. An das Ventil wird eine Vakuumpumpe angeschlossen, die auf einen Unterdruck von - 0,6 bis - 0,8 bar eingestellt wird; damit wird das Ventil geschlossen und das SAS umgangen. Die Leerlaufgemisch-Regulierschraube muß 2 bis 4 Umdrehungen geöffnet sein. Der **CO-Wert** muß 3,8 +/- 0,7 bei 1650/min +/- 50/min betragen. Zur Korrektur den gesamten Benzinkreislauf überprüfen und den Schwimmerstand im Vergaser regulieren. Die unverbrannten Kohlenwasserstoffe (HC) dürfen 1000 PPM nicht übersteigen. Ansonsten müssen Zündung, Steuerzeiten, Ventilspiel und Dichtigkeit des Auslaßventils genau überprüft werden.

Filter des Sekundärluftsystems LX, LXV, S - Reinigung: Vespa LX, LXV und S sind zur Reduzierung der Schadgase mit einem ungeregelten Katalysator und einem Sekundärluftsystem (SAS = Secondary Air System) ausgerüstet. Das System reichert die unverbrannten Restgase vor dem Katalysator mit Sauerstoff an, was die Reaktion im Kat unterstützt. Die nötige Luft wird über einen Filter angesaugt. Ein Kontrollventil unterbricht den SAS-Betrieb im Schiebebetrieb. Der SAS-Filter sollte im gleichen Rhythmus wie der Luftfilter gereinigt werden, spätestens aber alle 12.000 km. Dazu das Seitenteil links abmontieren und die beiden Schrauben am SAS-Aludeckel ausdrehen. Die Metalleitung aus dem Gummisitz lösen, ohne sie ganz herauszuziehen. Anschliessend Lamelle und Plastikdeckel abbauen. Den **Filterschwamm** entnehmen und mit Wasser und Seife auswaschen. Vor dem Wiedereinbau mit einem Lappen, besser mit Preßluft trocknen. Stets den **O-Ring** am Gehäusedeckel erneuern. Beim Zusammenbau auf den korrekten Sitz der Lamelle an den Deckeln achten.

Benzinhahn-Automatik - Prüfung, Ausbau:

Der Benzinhahn funktioniert automatisch nach dem Unterdruckprinzip; d.h. bei Unterdruck im Ansaugbereich (weitergeleitet durch einen Schlauch) fließt Benzin; der Fluß hört auf, wenn kein Unterdruck mehr vorliegt. Bei verklebter Membran kann Benzin auslaufen. Zur Prüfung **Benzinleitung** vom Vergaser abnehmen; **Vorsicht:** nicht mit offenem Feuer hantieren (Zigarette), Hautkontakt mit Benzin vermeiden. Benzinleitung in ein skaliertes **Meßgefäß** halten und Anlasser ca. fünf Sekunden lang betätigen; der Benzinhahn arbeitet korrekt, wenn dabei 20 cm^3 Benzin in das Gefäß fließen. Ist dies nicht der Fall, kann der Hahn verstopft sein. Er ist nach Abnahme der rechten Seitenverkleidung von unten rechts erreichbar. **Unterdruckleitung** am Vergaser abziehen und Richtung Hahn blasen; die Membran muß dabei korrekt geschlossen bleiben. **Vorsicht:** nicht ansaugen: Sie trinken dann Benzin! Sind Hahn oder der oben aufgesetzte **Benzinfilter** verstopft, muß die Einheit ausgebaut werden, dazu Tank ausbauen wie unten beschrieben und Benzin komplett ablassen. Hahn zerlegen, prüfen, reinigen. Der Benzinfilter wird zur Reinigung am besten mit Druckluft durchgeblasen.

Benzintank, Geber Benzinuhr - Ausbau:

Hier ist ein ziemlich hoher Aufwand erforderlich. Denn zur **Vorbereitung** müssen Schalldämpfer, Hinterrad, hinterer Kotflügel, rechter und linker Blinker, Rücklicht und Batterie mit Bodenplatte ausgebaut werden (Beschreibung in den Kapiteln „Fahrwerk", „Karosserie"). Dann **Schläuche** vom Vergaser ziehen. Da der Hahn nach dem Unterdruckprinzip arbeitet, fließt kein Benzin aus. Auch hier wieder Hautkontakt mit Benzin vermeiden, Dämpfe nicht einatmen. **Tankdeckel** abnehmen. Jetzt **Tankabdeckung** ausbauen (vier KS Blechgewinde, eine KS Maschinengewinde hinten in der Mitte; diese hält auch den silbernen Gepäckträger). Zum Ausbau des **Tanks** eine weitere KS mit Maschinengewinde, Scheibe und Federring hinten, zwei gleichartige KS vorn am Boden des Batterieschachts ausdrehen. Rücklicht ausbauen (s. Kap. „Karosserie" ab s. 20) und die darunter befindliche KS-Maschinenschraube ausdrehen. Nun Tank im hinteren Bereich absenken und nach unten manövrieren. Zum vollständigen Ausbau des Tanks muß auch der **Geber für den Benzinstand** abgenommen werden. Dazu mit einem quer angesetzten Schraubendreher den großen **Sicherungsring** etwas nach links drehen, Geber so weit wie möglich anheben. Dann das Gestänge, das zum **Schwimmer** führt, seitlich herausdrücken. Beide Teile getrennt herausnehmen. Entlüftungsschlauch aus der Führung ziehen und Tank ganz absenken. **Einbau** in umgekehrter Reihenfolge.

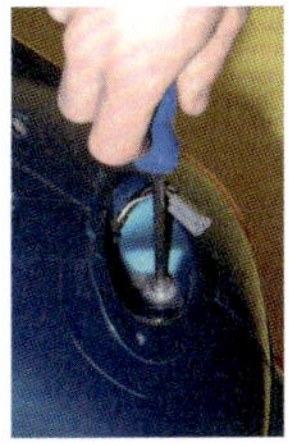

Alle drei Billder links: Mit einem Kreuzschlitzschraubendreher werden die KS der Tankbefestigung gelöst. Bilder unten: Tank hinten absenken, so weit wie möglich ablassen, dann Geber für die Benzinuhr ausbauen wie im Text beschrieben.

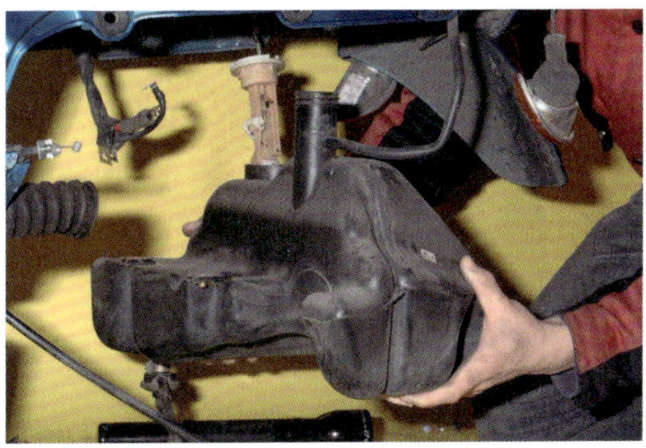

Motorelektrik 1: Batterie aus- und einbauen, prüfen, laden, pflegen; Sicherheitshinweise; Sicherungen: Kontrolle, Wechsel

Auf den folgenden Seiten behandeln wir im Rahmen von drei Kapiteln alle Baugruppen und Details der Motorelektrik. Integriert sind verschiedene Schaltbilder. Es folgen Schaltpläne für die am meisten verbreiteten Modelle der Baureihen ET und LX, die sich im Prinzip auch auf die übrigen in diesem Buch behandelten Typen anwenden lassen. Das erste Kapitel befaßt sich ausführlich mit der Batterie und den Sicherungen.
Bei Neufahrzeugen ist die Batterie originalverpackt beigelegt (technische Daten s. Anhang). Batterien konventioneller Bauart mit Verschlußstopfen sind in der Regel trocken und müssen vor dem Einbau mit Säure gefüllt und geladen werden. Wartungsfreie Ausführungen sind meist versiegelt und nach Aufladen gebrauchsfertig (Herstellerhinweise beachten).

Batterie alle Modelle - Inbetriebnahme: Zuerst die Stopfen (sechs einzelne Kappen oder elastischer Reihenverschluß) abnehmen. Nun möglichst mit einer Pipette, über einen Trichter oder aus Original-Kunststofflasche heraus die sechs Zellen mit Schwefelsäure für Akkumulatoren füllen (beigefügt oder im Fachhandel erhältlich), bis das Niveau 5 mm über den oberen Rand der Platten reicht (dazu auch obere **Strichmarkierung** an Batterien mit transparentem Gehäuse beachten). Bei Temperaturen ab 15 Grad Celsius muß das spezifische Gewicht 1,26 betragen (s. a. Säurestand prüfen). Die Batterie muß unterhalb des Pluspols mit einem durchsichtigen **Entlüftungsschlauch** versehen werden; Verschlußkappe abnehmen und Schlauch aufsetzen. Anschließend Batterie 2 Stunden lang stehen lassen. Wir haben gute Erfahrungen damit gemacht, die Batterie anschließend kurz an ein Ladegerät anzuschließen.

Batterie alle Modelle - Grundaufladung: Zuerst Verschlußkappen abnehmen. Zum Laden der Batterie zunächst Plus-, dann Minuspol mit dem Ladegerät verbinden. Am besten ein Ladegerät mit Ladekontrolle und automatischer Abschaltung verwenden; es beendet den Ladevorgang, wenn die Zellenspannung etwa 2,7 Volt erreicht hat und das spezifische Gewicht bei 1,27 liegt. In der Regel ist eine konventionelle Batterie nach vier bis fünf Stunden geladen. Für wartungsfreie Batterien gibt Piaggio einen Ladestrom von 0,9 A für fünf bis zehn Stunden an.
Nach dem Laden Zuleitungen abnehmen und Säurestand kontrollieren; liegt das Niveau über der oberen Strichmarkierung (5 mm über Platte), überschüssige Säure vorsichtig absaugen. Zu niedrigen Säurestand mit **destilliertem Wasser** ausgleichen (s. u.). Verschlußkappen aufsetzen und Batterie mit einem Tuch trocken reiben, vor allem im Bereich der Pole.

Batterie mit Verschlußkappen - Säurestand prüfen, regulieren: Wichtig für eine lange Lebensdauer der Batterie und ein allzeit zuverlässiges Anspringen des Motors ist die regelmäßige Kontrolle des Säurestands (im Sommer alle sechs bis acht, im Winter alle vier Wochen). Dazu muß die Batterie ausgebaut werden wie weiter unten beschrieben. Das Gehäuse konventioneller Batterien besteht aus durchsichtigem Kunststoff und weist zwei Strichmarkierungen für den Minimal- und den Maximalstand auf. Liegt der Säurepegel in einer oder mehreren der sechs Zellen dicht über

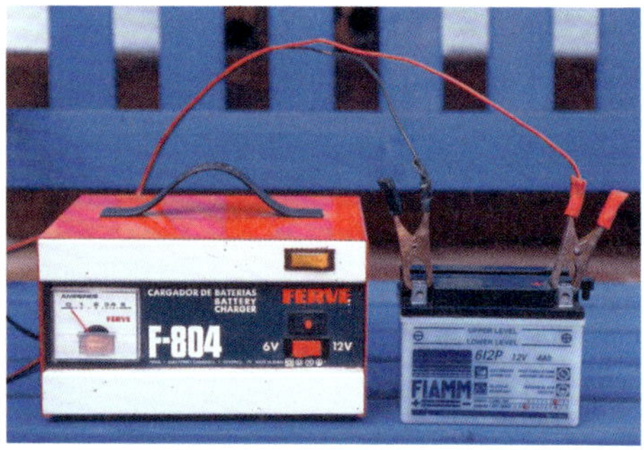

Oben: Zum Laden der Batterie Verschlußstopfen abnehmen; beim Anschliessen des Geräts Pole nicht verwechseln. Unten: Mit einem Säureheber läßt sich schnell und zuverlässig prüfen, in welchem Zustand sich die Batterie befindet.

oder sogar unter der Minimalgrenze, muß er reguliert werden. Dazu die Verschlußkappen abnehmen und mit einer Pipette oder einer anderen gut dosierbaren Vorrichtung **destilliertes Wasser** bis zum oberen Markierungsstrich **nachfüllen**. Nützlich auch: ein kleiner Trichter.
Achtung: Niemals normales Leitungs- oder Regenwasser verwenden; es enthält Mineralien und Salze, die für die Batterie schädlich sind. Keinesfalls die Maximalmarke überschreiten. Sonst tritt bei laufendem Motor an den Verschlußstopfen oder aus dem Entlüftungsschlauch Säure aus; Korrosion an Fahrwerks-, Motor oder Elektrikelementen ist die Folge. Beim Einfüllen übergelaufene Säure vorsichtig mit Lappen aufnehmen; dabei Hände und Augen schützen!
Hinweis: Muß häufig (etwa alle vier Wochen) Wasser nachgefüllt werden, liegt meist ein **Defekt** der elektrischen Anlage vor - es wird zu viel Strom verbraucht; dies führt zu einer raschen Zerstörung der Batterie. Elektrik systematisch prüfen (siehe übrige Elektrik-Kapitel).

Batterie mit Verschlußstopfen - Ladezustand prüfen: Zeigt die Batterie Ermüdungserscheinungen (Anlasser dreht schwach etc.), muß der Ladezustand kontrolliert werden. Dazu zunächst Batterie ausbauen und **Säurestand regulieren** wie oben beschrieben. Mit einem handelsüblichen Säureheber läßt sich in wenigen Minuten prüfen, in welchem Zustand sich die Batterie befindet. Dazu alle Verschlußkappen abnehmen und Zellen nacheinander durchprüfen: Spitze des Prüfgeräts in die Säure der jeweiligen Zelle senken, Gummibalg zusammendrücken und Säure ansaugen. Dabei wird ein kleiner Schwimmer in Bewegung gesetzt. Je größer das spezifische Gewicht der Säure, desto höher steigt der Schwimmer im Schauglas nach oben. Markierungsstriche gestatten das Ablesen des **spezifischen Gewichts**. Bei einer Temperatur von mindestens 15 Grad und voll geladener Batterie muß es 1,26 bis 1,28 betragen. Bei niedrigeren Werten (im Extremfall 1,12) muß die Batterie sofort nachgeladen werden.

Batterie mit Verschlußstopfen - Nachaufladung: Säurestand kontrollieren, Verschlußstopfen abgenommen lassen und Pole mit dem Ladegerät verbinden (Minus mit schwarzem, Plus mit rotem Kabel). Darauf achten, daß die richtige Spannung (12 Volt) am Ladegerät eingestellt ist. In der Regel ist der Ladevorgang nach vier bis fünf Stunden abgeschlossen, d.h. die Spannung je Zelle beträgt 2,6 bis 2,8 Volt. Erreicht die Spannung nach maximal acht Stunden nicht den erforderlichen Wert oder steigen beim Laden keine Blasen in den Zellen auf, ist die Batterie kaputt. Sie muß auch ersetzt werden, wenn sich weiße Ablagerungen an den Platten zeigen (Sulfatierung) und wenn sich korrodiertes Material von den Platten gelöst und am Boden abgesetzt hat. Nach dem Aufladen Säurestand mit dem Säureheber kontrollieren (s. o.). Batterie reinigen, verschließen und einbauen; Entlüftungsleitung anschließen!
Achtung: Während des Ladens entwickeln sich giftige Dämpfe; deshalb Batterie nur in gut belüftetem Raum laden. Die aufsteigenden Gase reißen winzige Säuretropfen mit. Batterie deshalb so aufstellen, daß Gegenstände nicht bespritzt werden können; notfalls Batterie seitlich mit Pappe abdecken. Batterie niemals laden, ohne Verschlußstopfen abzunehmen - Explosionsgefahr!
Wird das Fahrzeug - etwa **im Winter** - für längere Zeit nicht bewegt, muß die Batterie regelmäßig nachgeladen werden; sie entlädt sich vollständig in zwei bis drei Monaten; eine Tiefentladung kann zur Zerstörung führen. Zwischen den Ladevorgängen Batterie ausgebaut in einem trockenen und frostfreien Raum aufbewahren; nicht im Fahrzeug lassen.

Batterie allgemein - Sicherheitshinweise: *Bei nachladbaren Batterien mit abnehmbaren Verschlußkappen müssen die folgenden Sicherheitshinweise beachtet werden. Der Elektrolyth besteht aus giftiger und stark ätzender Schwefelsäure. Kontakt mit Haut und Augen unbedingt vermeiden. Vorsicht, die Säure greift auch Kleidung sowie den Lack des Fahrzeugs an. Bei Haut- oder Augenkontakt betroffene Stellen mindestens 15 Minuten lang mit reichlich Wasser spülen, danach sofort Arzt aufsuchen. Wird Säure - etwa von Kindern - verschluckt, zur Verdünnung sofort Wasser oder Milch trinken. Anschließend geschlagenes Ei oder Pflanzenöl einnehmen; Arzt rufen.* ***Achtung:*** *Batterien erzeugen explosive Gase; offenes Feuer, Funken oder Zigaretten fernhalten. Batterie nur in gut belüfteten Räumen aufladen. Augen bei Arbeiten an der Batterie stets schützen.*

Wartungsfreie Batterie - Aufladen: Nach Inbetriebnahme dürfen die Verschüsse nicht geöffnet werden. Auf keinen Fall die versiegelten Verschlüsse oben an der Batterie entfernen. Ist die Batteriespannung unter 12,5 Volt abgefallen, Batterie nachladen; dabei Pole so anschließen wie oben beschrieben. Beim Laden darf eine Spannung von 15,2 Volt nicht überschritten werden - auch nicht kurzfristig.

Batterie - Ausbau, Polpflege: Die Vespa-Batterie ist wartungsfreundlich in einem Fach unter der Sitzbank untergebracht. Eine **Kunststoff-Abdeckung** schützt sie vor Schmutz und Beschädigung. Kreuzschlitzschraube lösen und Deckel abnehmen. Entlüftungsschlauch abziehen und am Fahrzeug lassen. Nun zuerst Minuspol, dann Pluspol abklemmen; dabei auf die Position **zusätzlicher Anschlüsse** achten (Steckdose, Anlasserrelais - wichtig für den Einbau); Batterie herausheben. Vor dem Wiedereinbau Säurestand prüfen und notfalls korrigieren, Batterie vor allem im Bereich der Pole reinigen. Korrosion mit Messingbürste oder Schmirgelpapier entfernen (stumpf-grauer Belag). Atemschutz tragen.

Batterie - Einbau, Polpflege: Die Batterie muß sauber, trocken und geladen sein. Batterie einsetzen und anschließen; dabei unbedingt auf die richtige Kabelverbindung achten. Zuerst das rote **Stromkabel** am **Pluspol** („+“) sowie u.U. Zusatzkabel von Steckdose und Anlasserrelais anschließen, Schraube mit Kreuzschlitzschraubendreher oder Steckschlüssel SW 10 anziehen. Dann das schwarze **Massekabel** am **Minuspol** („-“) anschließen, Schraube anziehen. Beide Pole zur Verhinderung von Korrosion dünn mit Vaseline oder Spezial-Polfett bestreichen. Entlüftungsschlauch auf den Entlüftungsstutzen unterhalb des Pluspols stecken; unteres Ende ins Freie führen. Durch den Schlauch können die Gase entweichen.

Sicherung - allgemein, Kontrolle, Austausch: Die elektrische Anlage der Vespa ist durch eine Zentralsicherung geschützt, die sich unter der Sitzbank im Batteriefach befindet. Es handelt sich meist um eine 7,5-Ampère-Sicherung. Wenn sie ausgewechselt werden soll, muß die Batterie ausgebaut werden.
Bei einer defekten Sicherung stets auch den Verursacher des Schadens ermitteln und den Fehler beheben (z.B. Spannungsregler defekt, austauschen); sonst brennt die neue Sicherung gleich wieder durch. **Achtung:** Niemals die Sicherung mit Draht überbrücken oder Sicherungen mit höherer Kapazität verwenden. Dies kann zu schweren Elektrikschäden und Bränden führen.

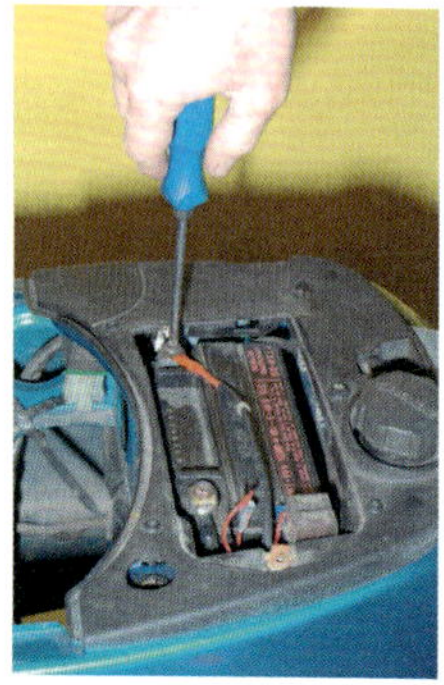

Oben alle Bilder: Ausbau Batterie ET 2 und ET 4. Links: Die Hauptsicherungen sitzen im Batteriefach.

Hauptsicherung - Kontrolle: Motor abstellen, Sicherung herausnehmen und Steckverbindung trennen. Ein Ohmmeter an die beiden Zungen der sicherungsseitigen Klemme anschließen; der Wert muß zwischen 12 und 20 Ohm liegen; anderenfalls Sicherung ersetzen. Jetzt ein Voltmeter an die beiden Zungen der anderen Klemme anschließen; es darf keine Spannung anliegen, auch dann nicht, wenn der Zündschlüssel auf „ON“ steht. Zuletzt Motor starten und Spannung nochmals prüfen; sie muß jetzt 11 - 13 Volt betragen. Bei Abweichungen 4A-Sicherung oder den Regler ersetzen.

Nebensicherungen: Einige Modelle verfügen über Nebensicherungen. Die entsprechende Klemmleiste befindet sich in der Regel im Gepäckfach. Normalerweise sind in diesem Fall vier Sicherungen vorhanden: 10 A für Beleuchtung und zugehörige Kontroll-Lampen; 7,5 A für Blinker, Bremslicht, Hupe, Starter, Ölstandsanzeiger, Blinkerkontrolle; 2 x 4 A für automatischen Choke, Benzinuhr, Benzinreserve, Batterieaufladung, Vergaservorwärmung. Niemals eine Sicherung mit falschem Wert einsetzen oder Sicherung durch Draht überbrücken; schwere Schäden an der Elektrik können die Folge sein.

Automatischer Choke - Kontrolle: Aus- und Einbau sowie Prüfung sind im Zusammenhang mit Arbeiten am Vergaser in den Kapiteln „Gemischaufbereitung Zwei- und Viertaktmodelle“ beschrieben.

Motorelektrik 2 - alle Modelle: elektrischer Anlasser, Lichtmaschine Rotor und Stator - Ausbau, Prüfung, Überholung

Anlasser ältere Zweitaktmodelle - Ausbau: Der Anlasser dreht links und wirkt über das bereits weiter oben erwähnte **Vorgelege** auf den Zahnkranz der treibenden Riemenscheibe (Ausbau Vorgelege nur nach Demontage des Antriebs möglich - s. Kap. Variator“ ab S. 77). Die Batterie muß 12 Volt und 4 Ah haben. **Achtung:** zuerst Batterie abklemmen! Die Anlasser-Befestigungsschrauben sind von der rechten Seite aus leicht mit Stecknuß oder Ringschlüssel zu erreichen. Wenn sie gelöst sind, kann der Anlasser komplett abgenommen werden. Dabei auf den O-Ring achten, der den Anlasser zum Motorgehäuse hin abdichtet; defekten O-Ring ersetzen.
ET- und LX-Modelle: Hier liegt der Anlasser unter dem Motor; zum Ausbau muß zuerst der Mittelständer demontiert werden.

Anlasser Zweitaktmodelle - Zerlegung, Prüfung: Zur Fehlersuche läßt sich der Anlasser in seine Einzelteile zerlegen. Dazu die Schrauben am Gehäuse lösen, den Anker und den Tragring mit den beiden **Schleifkohlen** herausnehmen. Die Kohlen lassen sich auswechseln, sie sind mit je einer Kreuzschlitzschraube gesichert. **Achtung:** Ein defekter Anlasser läßt sich meist durch **Abdrehen des Kollektors** und Austausch der Kohlen reparieren. Der Kauf eines Komplett-Starters ist nur in Ausnahmefällen nötig. Beim **Zusammenbau** beachten: Schleifkohlen mit einem schmalen Schraubendreher in die Führungen drücken, dann Tragring über den Kollektor schieben.
Defekte der **Wicklung** können nur mit **Spezial-Meßinstrumenten** auf einer Prüfbank geortet werden. Einzelne Informationen dazu helfen dem Hobbyschrauber nicht weiter, weshalb wir in diesem Punkt auf Details verzichten.

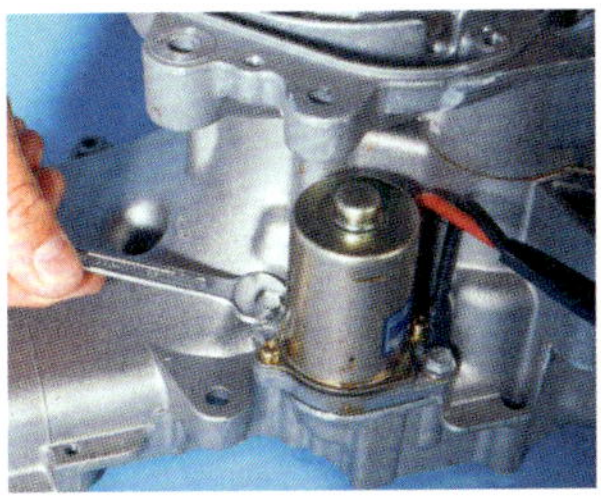

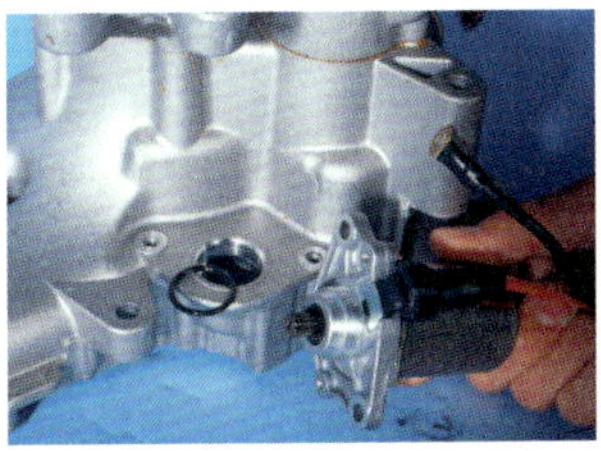

***Elektrischer Anlasser allgemein, Kontrolle:** Störungen am elektrischen Anlasser lassen sich meist einfach beheben. Springt der Motor nicht an, kann zum Beispiel eine mangelhafte **Masseverbindung** am Anlasser die Ursache sein. Das Massekabel ist bei den Zweitaktern mit der vorderen der beiden Schrauben SW 8 befestigt, die den Anlasser unten am Motorgehäuse fixieren. Bei den Viertaktern ist die Massekabelöse mit einer Schraube SW 10 seitlich rechts vorn befestigt. Die Massekabelbefestigung darf nicht locker, Kabel und Kabelschuh dürfen nicht beschädigt oder korrodiert sein. Vor Ausbau des Starters immer zuerst auch prüfen, ob der **Starterknopf** und seine Kabelverbindungen in Ordnung sind (Einzelheiten s. a. Kapitel „Karosserie“ ab Seite 20).*

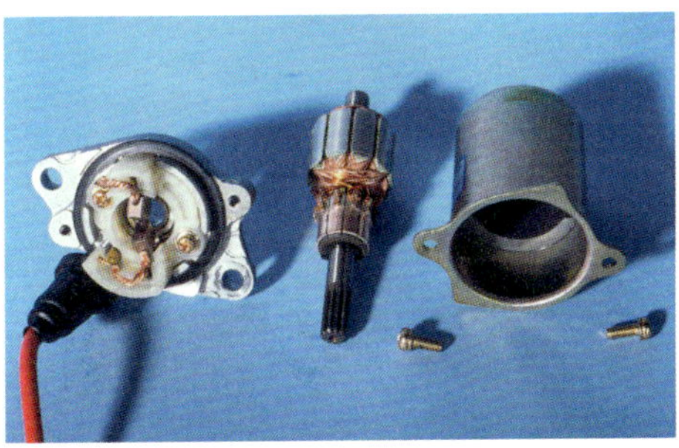

Vorgelege und Anlasser des Zweitaktmotors; ob.: Position des Vorgeleges; darunter 2 Bilder: Lösen des Anlassers vom Motorgehäuse und Abnahme. Links: zerlegter Anlasser, in der Mitte der Rotor.

Anlasser Viertaktmodelle - Ausbau: Anders als bei der Zweitakt-Vespa sitzt der Anlasser oben auf dem Motorgehäuse, direkt hinter dem Vergaser. Zum Ausbau des kräftiger ausgelegten ET4-Starters müssen blöderweise Hinterrad und Innenkotflügel ausgebaut werden (s. Fahrwerks-Kapitel). Denn die KS, mit der das Pluskabel befestigt ist, läßt sich nur von hinten erreichen. Die anderen Verschraubungen sind nach Herausnehmen des Helmfachs zugänglich. **Achtung:** vorher Batterie abklemmen! Zunächst von rechts mit Steckschlüssel SW 10 die Schraube lösen, mit der das **Massekabel** befestigt ist. Dann bei abgenommenem Hinterrad und Kotflügel Schutztülle am roten **Pluskabel** zurückziehen (schwergängig) und die kräftige KS lösen, die das Pluskabel am Anlasser hält. Die beiden Schrauben SW 8 ausdrehen, mit denen die **Anlasserplatte** rechts am Motor befestigt ist; gleichzeitig kommt damit das zweite, dünnere Massekabel los, das dahin führt, wo das **Anlasser-Relais** im Batterieschacht verschraubt ist. Beim Ausziehen der beiden Schrauben auf die ca. 2 cm langen **Distanzhülsen** zwischen Platte und Motor achten. Zuletzt den Deckel am Ritzel abschrauben - zwei kurze Schrauben SW 8. **Deckel und Gummidichtung** abheben, der Anlasser ist frei.

Anlasser-Vorgelege Viertaktmodelle - Ausbau: Zum Ausbau des Vorgeleges zunächst den Antriebsgehäusedeckel abnehmen wie gezeigt. Das Vorgelege sitzt nicht unterhalb der Riemenscheibe, sondern oben in einer speziellen Ausbuchtung und läßt sich nach Ausbau des Anlassers einfach herausziehen. Die Buchse, in der das Vorgelege läuft, ist dem Verschleiß ausgesetzt; der Innendurchmesser darf nicht größer werden als 8,03 mm. Die Vorgelegewelle ist abgenutzt, wenn der Grenzdurchmesser von 7,96 mm unterschritten ist.

Anker und Schleifkohlen Viertaktmodelle - Austausch: Die Schleifkohlen oder Bürsten sind in einer Einheit zusammengefaßt, die sich nach Lösen von zwei Kreuzschlitzschrauben auf der Anlasser-Rückseite herausziehen läßt. Bei abgenutzten **Schleifkohlen** Trägereeinheit komplett ersetzen und in den **Stator** einsetzen; dabei auf die Kerben bzw. Markierungen an Träger- und Gehäuserand achten. Beim Zusammenbau zuerst Vorgelege einsetzen, dann Anlasser montieren, die vier Befestigungsschrauben mit 11 - 13 Nm

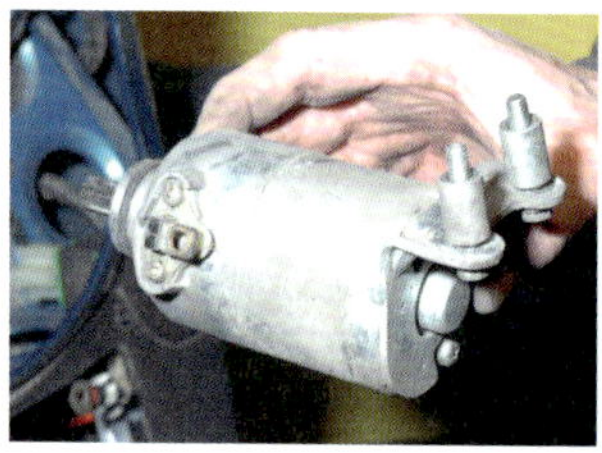

Anlasser Viertaktmotor; oben: Lösen der Verschraubung am Gehäuse. Mitte: Lagerdeckel mit Dichtung am Vorgelege. Unten: Anlasser umgedreht mit Schrauben und Distanzhülsen.

Drehmoment anziehen, Kabelverbindungen anbringen.

Anlasser Viertaktmodelle - Einbau: Der Einbau des elektrischen Anlassers geschieht in umgekehrter Reihenfolge bei abgebautem Hinterrad. Anlasser positionieren und im Variatorbereich mit der **Leichtmetallbrücke** fixieren; dabei auf sauberen Sitz der **Gummidichtung** achten, die das Eindringen von Schmutz ins Variatorgehäuse verhindert. Die beiden MS SW 8 ansetzen und leicht anziehen. Auf der rechten Seite die beiden übrigen MS SW 8 zusammen mit den **Distanzhülsen** anbringen. **Achtung:** zusammen mit der vorderen Schraube das **dünne Massekabel** befestigen. Dann alle vier Schrauben SW 8 handfest anziehen. Von rechts **dickes Massekabel** befestigen (Steckschlüssel SW 10). Von hinten das **rote Pluskabel** mit KS befestigen; Schutzhülle überziehen.

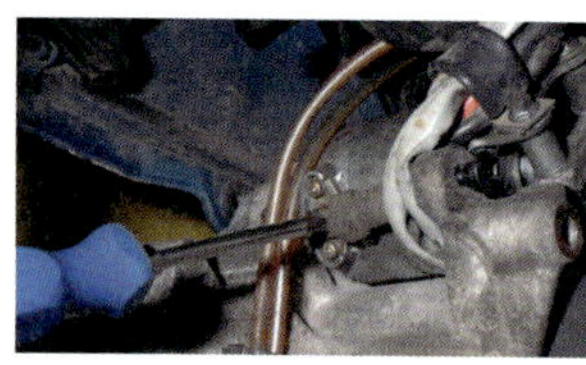

Anlasser, Vorgelege Viertaktmotor von oben nach unten: Anschluß Pluskabel, Vorgelege, Verschraubung von rechts gesehen, Verschraubung Pluskabel (Hinterrad ausgebaut).

Das Anlasserrelais der ET 4 sitzt gut zugänglich im Batteriefach und läßt sich nach Ausbau der Batterie und Lösen von 2 KS leicht ausbauen.

Anlasserrelais - Ausbau: Das Anlasserrelais befindet sich rechts im Batteriefach unter der Sitzbank und ist am besten zugänglich, wenn die Tankabdeckung ausgebaut wurde (s. Kapitel „Gemischaufbereitung" ab S. 99). Das Relais ist mit zwei großen KS befestigt. Zum Ausbau unbedingt vorher Batterie abklemmen. Strom- und Massekabelanschlüsse trennen.

Schwungrad/Rotor - Aus-/Einbau alle Modelle: Das Schwungrad, gleichzeitig Rotor der Lichtmaschine, ist mit einer **Dehnmutter SW 15** auf der Kurbelwelle befestigt. Zum Lösen der Mutter muß das **Schwungrad** fixiert werden. Dies macht man mit einer Spezialklammer oder einer selbstgebauten Vorrichtung. Wir haben ein 30 mm breites Leichtmetallprofil mit zwei Schrauben SW 8 und den zugehörigen Hammermuttern ausgerüstet. **Vorsicht** beim Anlegen der Gegenhalte-Vorrichtung: Spulen der Lichtmaschine nicht beschädigen! Nach Lösen der Mutter muß das Schwungrad abgezogen werden. Wir kommen nicht umhin, den passenden **Abzieher** in der Fachwerkstatt auszuleihen. Er muß linksläufiges Feingewinde haben. Der Abzieher wird bis zum Anschlag ins Schwungrad geschraubt und mit einem Gabelschlüssel SW 27 festgehalten. Mit einem Schlüssel SW 14 wird der Dorn nach rechts gegen den Kurbelwellenstumpf gedreht, bis sich das Schwungrad löst. **Achtung:** Beim Abnehmen des Schwungrades auf den **Sicherungskeil auf der Kurbelwelle** achten! Keil mit Klebestreifen auf der Kurbelwelle oder am Gehäuse befestigen, damit er nicht verlorengeht.

Zusammenbau: Keil einsetzen, und Schwungrad aufschieben. Stets eine neue Mutter SW 15 verwenden; es handelt sich um Dehnmuttern für den einmaligen Gebrauch. Gegenhalte-Vorrichtung anlegen und Mutter mit Drehmoment Nm 44 anziehen.

Lichtmaschinen-Stator und Pickup - Aus-/Einbau alle Modelle: Austauschfreundlich sind auch die inneren Elemente der Lichtmaschine befestigt. Drei längere KS halten den sogenannten **Stator oder Zündanker**, zwei kurze befestigen das elektronische **Pickup** (sitzt unterhalb des Stators am äußeren Gehäuserand). Die beiden Elemente werden zusammen mit dem **Kabelbaum** abgenommen; Tülle vom Kombistecker ziehen,

Oben: Abnahme des Gebläserads (3 KS). Mitte links: Lösen der Haltemutter; dan.: Abziehen des Rotors. U.: Lichtmaschine, Rotor ausgebaut.

Schlauchbinder entfernen und Kabelbaum mit der Gummidichtung aus dem Gehäuse ziehen. **Vorsicht:** Spulen des Stators nicht beschädigen! Per Sichtkontrolle nach Defekten oder Fehlern suchen. Beim **Zusammenbau** zuerst den Kabelbaum durchs Gehäuse führen und die Gummitülle korrekt plazieren. Dann Stator und Pickup festschrauben. Rotor über den Keil auf der Kurbelwelle schieben und satt einrasten lassen. Die Mutter mit 40 - 44 Nm anziehen.

Lichtmaschine Zweitaktmodelle - Prüfung: Von aussen unsichtbare Schäden an der Lichtmaschine lassen sich

Links: Beim Zusammenbau gequetschtes Kabel am Stator; Folge: Der Motor springt nicht an.

Foto: Christoph Schneider

nur mit einem **Ohmmeter** feststellen, das einen Meßbereich von 1 bis 1000 Ohm hat (Piaggio- oder Elektrik-Fachwerkstatt). **Hinweis:** Wenn das Meßgerät zwischen dem roten und weißen Kabel geschaltet ist, muß der Ohmwert 88 +/- 5 betragen. Zwischen grünem und weißem Kabel muß der Wert zwischen 980 und 50 Ohm betragen.

Lichtmaschine Viertaktmodelle ET 4, LX - Prüfung: Auch hier dürfen keine verkohlten bzw. angeschmorten Stellen oder blanke Kabel zu sehen sein. Zum Durchprüfen der Bauteile ist wieder ein Ohmmeter erforderlich. **Pickup:** Das Testgerät an das in den Stekker mündende braune und rote Kabel anschließen; es muß Strom mit einem Widerstand von 90 ./. 140 Ohm fließen. **Versorgungsspule** Schaltzentrale: Den Tester an das weiße und grüne Kabel anschließen. Der Strom muß einen Widerstand von 300 - 400 Ohm haben. Defekte Teile komplett auswechseln.

Unten links: Rotor der ET 4 bis 2000; daneben: Lichtmaschine Zweitaktmotor. Rechts: Lichtmaschine und Pickup ausgebaut.

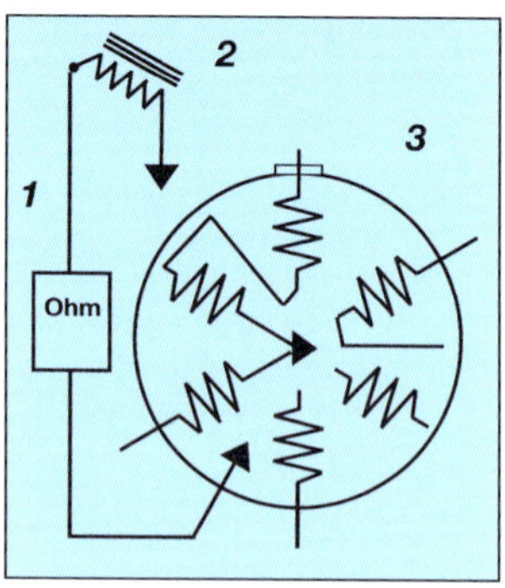

Einsatz eines Ohmmeters zur Kontrolle von Pickup (Bild links) und Zündanker mit sechs Spulen (Bild rechts); 1 = Ohmmeter, 2 = Pickup, 3 = Zündanker.

Stator ET ab 2000, LX: Mit dem HiPer2-Motor wurde der Stator geändert. Der Schwungradabzieher hat Rechtsgewinde, die Führung des Mehrfachkabels zum Stecker sitzt jetzt unter einer Sicherungsklammer, die mit der oberen Schraube des Pickupträgers fixiert ist. Das einzelne Pickupkabel muß bei der Montage unten am Pickup entlang gelegt werden. Schwierig: das Lösen der vier Schrauben des Gebläsegehäuses.

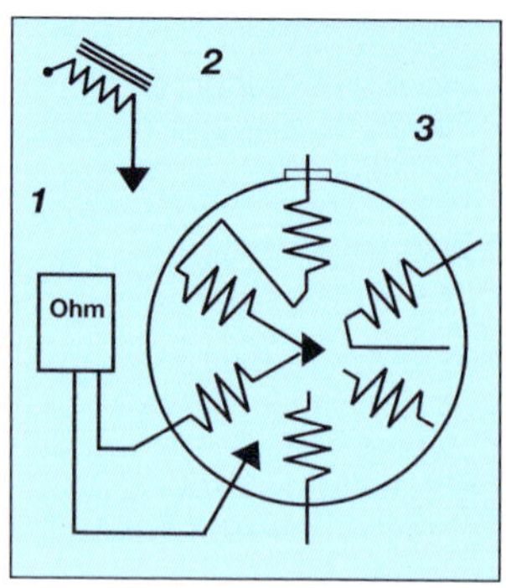

2 Zeichnungen: STX; Vorlage: © Piaggio & C. Pontedera

Motorelektrik 3: Zündkerze, Zündanlage, Spannungsregler Austausch, Prüfung, Wartrung, Einstellung - alle Modelle

Elektronische Zündung: *Alle modernen Piaggio-Roller sind mit einer elektronischen Zündanlage ausgerüstet.* ***Vorsicht*** *bei allen Arbeiten an der elektronischen Zündung: Motor abstellen, spannungsführende Teile nicht mit bloßen Händen berühren. Vor Abklemmen oder Ausbau einzelner Elemente Minuspol der Batterie abklemmen. Merken Sie sich Position und Farben von Kabelsteckern und Kabeln, damit beim Zusammenbau nichts verwechselt wird.*

Zeichnung: STX; Vorlage: © Piaggio & C. Pontedera

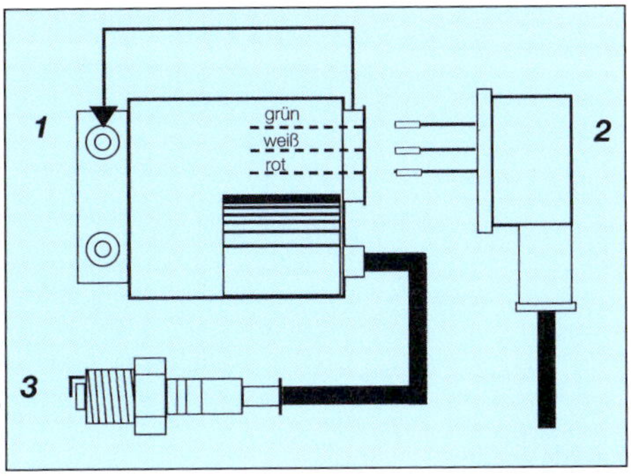

Links: So sind Hauptkabel und Zündkerze mit der Zündbox verbunden; 1 = Elektronik-Zündbox, 2 = Hauptkabel-Verbindung, 3 = Zündkerze (die einzelnen Kabelfarben können variieren); Zeichnung: STX, Quelle: Piaggio

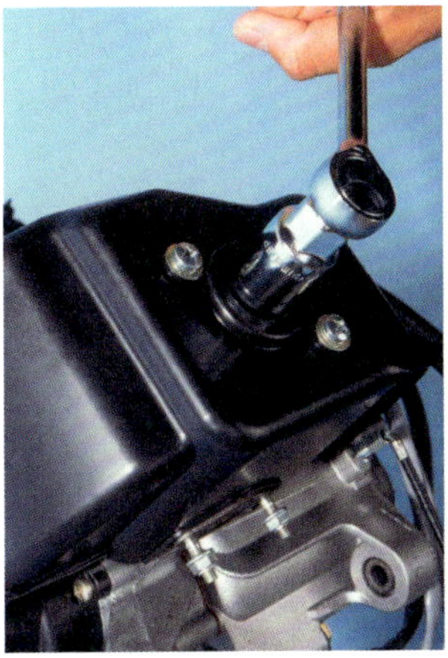

Oben und rechts: Ausbau der Zündkerze beim Zweitaktmotor; rechts oben: ausgebaute Kerze ET 4-Motor.

Zündkerzenstecker - Ausbau, Prüfung: Die Zündkerze wird nach Abnahme der zentralen Wartungsklappe unterhalb der Sitzbank zugänglich. Zunächst den **Kerzenstecker** abziehen, dabei nicht am Kabel reißen. Innen muß der Stecker frei von Feuchtigkeit oder Korrosion sein; er muß stramm auf der Kerze sitzen. Eventuell vorhandene Korrosion läßt sich bis zu einem gewissen Grad durch Kratzen oder Schmirgeln beseitigen. Auch ein Kontaktspray sorgt vorübergehend wieder für gute Leitfähigkeit. Einen angegriffenen oder beschädigten Stecker so schnell wie möglich samt Zündkabel erneuern; er wird komplett mit dem Zündkabel von der Zündspule abgezogen. Nur funkentstörte Stecker verwenden. Auf korrekte Gummidichtungen an den Kabelenden achten. Ausbau **Zündspule:** siehe Kapitel „Karosserie".

Zündkerze - Ausbau, Prüfung: Zündkerze mit Kerzenschlüssel aus dem Bordwerkzeug oder Spezial-Steckschlüssel ausbauen. **Achtung:** Der Motor muß kalt sein! **Vorsicht:** Schlüssel nicht verkanten, der aus Porzellan bestehende Isolierkörper ist zerbrechlich (gilt auch für den Einbau). Für die Zündkerzen der **Zweitaktmotoren** wird ein Kerzenschlüssel **SW 20,5** benötigt. Die **Viertaktmotoren** besitzen schmale Kerzen mit Aussengewinde **SW 16**.

Nun die **Zündkerze prüfen**. Kerze mit beschädigtem Isolator oder verbrannter Außenelektrode sofort ersetzen. Das **„Kerzengesicht"** gibt Auskunft darüber, ob der Motor einwandfrei arbeitet:

Isolierkörper rund um die Mittelelektrode **glänzend schwarz-braun**, feuchter Ölkohle- und Rußbelag: Beim **Zweitakter** Gemisch zu fett, Ölpumpe fördert zu viel Öl; Motor lange mit zu niedriger Drehzahl gefahren. Beim **Viertakter** Verdacht auf defekten Ölabstreifring am Kolben.

Isolierkörper verrußt: zu geringer Luftanteil im Gemisch; Kerze hat zu hohen Wärmewert und bleibt im Betrieb zu kalt; unter Umständen Leerlaufdüse mit kleinerem Querschnitt in den Vergaser einsetzen, Kerze mit niedrigerem Wärmewert verwenden.

Isolierkörper extrem hell, weiß oder mit Schmelzperlen behaftet, Elektroden teilweise

Zündkerze - Austausch allgemein: *Bei abgebrannten Elektroden sowie nach 5000 (Zweitakter), 6000 (50er Viertakt), 10.000 (ET 4) bzw. 12.000 km (LX 125 z. B.), muß die Kerze ausgewechselt werden.* **Achtung:** *Eine falsche Kerze kann zu schweren Schäden führen; Einbau nur bei kaltem Motor! Die von Piaggio empfohlenen Kerzentypen stehen im Anhang. Es können aber auch Marken-Zündkerzen anderer Hersteller verwendet werden; Vergleichslisten hält der Fachhandel bereit. Vor dem Einschrauben der gereinigten Kerze nach Möglichkeit die Dichtfläche am Zylinderkopf säubern (beim Viertaktmotor so gut wie nicht erreichbar). Dabei darauf achten, daß kein Schmutz in die Bohrung fällt. Gewinde der neuen Zündkerze leicht mit* **Kupferpaste** *bestreichen. Auf keinen Fall Fett verwenden, die Kerze würde festbrennen. Niemals den Dichtring entfernen; die Kerze ragt dann zu weit in den Brennraum, es kommt zu Glühzündungen mit ernsten Folgen.*

abgebrannt: Motor wird zu heiß, Motorschaden droht durch Zündkerzenteile, die in den Zylinder gelangen. Ursachen: Oktanzahl des Benzins zu niedrig, Vorzündung zu groß, Vergasereinstellung zu mager, Kerze mit zu niedrigem Wärmewert. Abhilfe: höheroktanigen Sprit (Super 98 bleifrei) tanken, Zündzeitpunkt zurücknehmen, Vergaser korrekt einstellen, richtige Zündkerze verwenden.

Zündkerze - Reinigung, Prüfung Elektrodenabstand: Bei einer wiederverwendbaren Zündkerze Ölkohleablagerungen an Elektroden und Isolierkörper mit einer Draht- oder Messingbürste entfernen. Kerze möglichst mit Druckluft sauber blasen. Den Elektrodenabstand mit einer handelsüblichen Lehre messen und gegebenenfalls neu einstellen. Piaggio empfiehlt bei den **Zweitaktern** einen Abstand von **0,5 bis 0,6 mm**, bei den **Viertaktern** von **0,6 bis 0,7 mm**. Zum Korrigieren des Abstands Meßblatt zwischen die Elektroden schieben und die äußere Elektrode vorsichtig nachbiegen, indem man z.B. mit einem leichten Hammer auf sie klopft. Der Abstand ist korrekt, wenn sich das Meßblatt nur noch schwer hin- und herbewegen läßt. Der Dichtring darf keinerlei Schäden aufweisen und muß vollkommen sauber sein.

Zündkerze - Einbau: Hier ist Fingerspitzengefühl gefragt. **Kerze stets zunächst mit der Hand einschrauben**, sonst besteht die Gefahr, daß sie verkantet und dabei das Gewinde im Zylinderkopf beschädigt. Erst zum Schluß Schlüssel ansetzen (ebenfalls ohne Verkanten) und Kerze mit Gefühl anziehen. Je nach Kerzentyp Schlüssel SW 20,5 oder SW 16 verwenden. **Achtung:** Zu starkes Anziehen kann zu Beschädigungen des Zylinderkopfs oder zum Abreißen der Kerze führen. Für Kerzen SW 20,5 gilt ein Anzugs-Drehmoment von 20-25 Nm (ET 2 Iniezione: 15-20 Nm); auch Kerzen SW 16 mit maximal 15-20 Nm anziehen. **Hinweis:** In manchen Anleitungen steht, daß die Kerze mit einem Drehmoment von 35 - 40 Nm angezogen werden soll; das ist falsch, denn dann reißt das Gewinde ab und bleibt im Zylinderkopf stecken. In einem solchen Fall das Gewinde mit einem Schraubendreher oder Dreikantschaber vorsichtig herausdrehen. **Achtung:** Sind Teile wie Späne oder Elektroden in den Brennraum gefallen, muß der Motor ausgebaut und bis hin zur Zylinderdemontage zerlegt werden, sonst rufen die Metallsplitter einen Motorschaden hervor.

Von oben: Reinigung der Zündkerze mit der Drahtbürste, Messen des Elektrodenabstands, Ausdrehen eines abgerissenen Kerzengewindes.

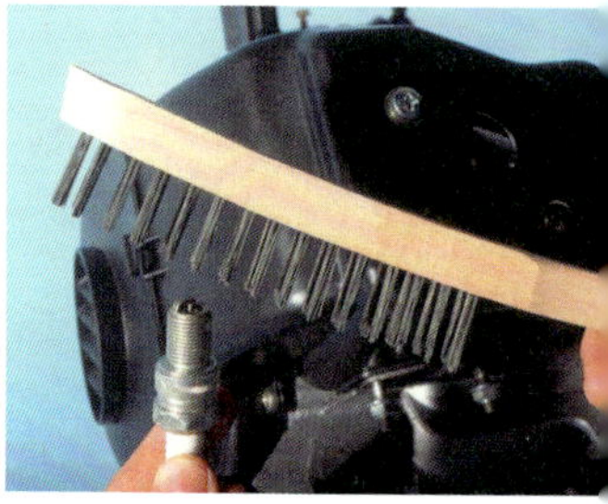

Zündung Zweitaktmotoren - Einstellung: Am Gebläsedeckel ist ein Kontrollsteg angebracht. Er muß bei der Stroboskop-Kontrolle mit der Markierung auf dem Gebläserad, das sich mit der Kurbelwelle dreht, exakt fluchten. Den Motor starten und den Lichtblitz auf die Markierung am Gebläsedeckel richten und Drehzahl auf mindestens 4000/min erhöhen. Die Zündeinstellung ist korrekt, wenn die Marke auf dem Gebläserad mit der Marke auf dem Deckel fluchtet. Wird eine Abweichung von mehr als 1°30 festgestellt, muß die Zündung durch Verdrehen des Lichtmaschinen-Stators neu eingestellt werden. Dazu muß der Rotor abgezogen werden wie im Kapitel „Motorelektrik 2" beschrieben. Bei der Vespa ET 2 in der normalen Vergaserversion beträgt die Vorzündung bei 4000/min^{-1} 16° +/- 1° vor OT. Für die Vespa ET 2 Iniezione gilt eine Vorzündung von 21° +/- 1 bei 4000/min^{-1}.

Zündung Viertaktmotoren - Einstellung: Auf der Rotorabdeckung sind zwei Markierungen angebracht, eine für niedrige Drehzahl, eine für Vollast. Den kleinen Deckel auf der Abdeckung lösen und Stroboskop anschließen wie oben beschrieben. Nun den Motor starten, mit 1500/min drehen lassen und den Lichtblitz auf die erste Markierung am Gebläsedeckel richten. Die Zündeinstellung ist korrekt, wenn die Markierung auf dem Gebläserad mit der Marke auf dem Deckel fluchtet. Bei der Vespa ET 4 beträgt die nötige Vorzündung bei 1500/min^{-1} 10° +/- 1° vor OT. Anschließend Zündeinstellung bei 6000/min prüfen; auch hier müssen die Markierungen exakt fluchten. Die Frühzündung beträgt hier 32° +/- 1°.

Spannungsregler - allgemein: Der Zündstrom wird bei allen Vespa-Modellen von einem Drehstromgenerator mit Schwungrad und Dauermagnet erzeugt. Stets ist der Generator direkt mit dem Spannungsregler verbunden. Der Regler selbst ist einerseits mit Masse, andererseits über eine 7,5 A- (ET-Modelle und LX 50) bzw. 15 A- (LX 125) Schutzsicherung mit dem Pluspol der Batterie verbunden. Eine direkte Verbindung zum Zündschloß besteht nicht.

Spannungsregler - Störungen, Kontrollarbeiten ET 2, ET 4: Der Spannungsregler sitzt hinter der Frontblende (s. Kap. „Karosserie"). Ob der Spannungsregler defekt ist, zeigt sich an ganz bestimmten Ausfallerscheinungen der Elektrik.

__Zündeinstellung - allgemeine Hinweise:__ Alle modernen Vespa-Motoren sind mit elektronisch gesteuerten Zündanlagen ausgerüstet, die im Prinzip wartungsfrei sind. Bei Zündstörungen jedoch ist es sinnvoll, zunächst einmal zu prüfen, ob die Grundeinstellung stimmt. Erst danach ist es angebracht, nach anderen Ursachen zu suchen. Zuerst müssen die rechte Seitenverkleidung und die Batterieabdeckung abgenommen werden. Elektronische Prüfgeräte gibt es im Fachhandel; wir empfehlen ein Stroboskop, das mindestens 11.000 Blitze pro Minute erzeugt. __Achtung:__ Alle Anschlußarbeiten unbedingt bei abgestelltem Motor und ausgeschalteter Zündung vornehmen! Anderenfalls drohen schwere Elektrikschäden.

Das rote Kabel des Stroboskops wird an den Pluspol der Batterie, das schwarze Kabel an den Minuspol angeschlossen. (Das grüne Kabel bleibt unberücksichtigt; grundsätzlich aber die Anschlußhinweise des Stroboskopherstellers beachten). Den Induktivclip des Stroboskops legen wir ans Zündkabel (Kerzenstecker nicht abnehmen).

Zündüberprüfung mit dem Stroboskop. Wir haben den Kontrollsteg am Deckel weiß markiert. Gerät bei abgestelltem Motor anschliessen - Hochspannung! Messen bei laufendem Motor; Werte s. Daten ab S. 120.

Störung 1 (Wechselspannungsteil): Lampen brennen dauernd durch; Stromfluß im Regler unterbrochen; Teil komplett austauschen.
Störung 2 (Wechselspannungsteil): Lichtanlage und elektrischer Choke fallen aus - der Regler hat einen Kurzschluß. Zunächst die Stromversorgung der Lichtmaschine prüfen. Dazu das Kabel mit der Schutzkapsel vom Regler abschließen, zwischen Kabel und Masse ein Wechselstrom-Voltmeter schalten. Motor starten; bei 3000/min^{-1} muß die Spannung zwischen 25 und 30 Volt liegen. Ist dies der Fall, sind Regler oder mangelhafte Kabelverbindungen schuld.
Störung 3 (Gleichspannungsteil): Sicherung brennt durch, Batterie wird nicht mehr aufgeladen. Der Regler hat einen Kurzschluß und ist wie die Sicherung auszuwechseln.

Störung 4 (Gleichspannungsteil): Die Batterie wird nicht aufgeladen. Grund: Stromunterbrechung im Regler. Lichtmaschine überprüfen. Dann Ampèremeter zwischen Regler und Batterie schalten, Motor starten; der Strom muß bei 3000/min bei ungefähr 13 V Batteriespannung etwa 1,5 bis 2 Ampère betragen (stärker als 1,8 Ampère bei ET 4). Bei geringeren Werten ist der Regler auszutauschen.

Spannungsregler - Kontrollarbeiten Vespa LX 125: Bei Störungen mit einem Ohmmeter die Kabel vom Regler nehmen und den Stromfluß zwischen jedem der gelben Kabel und den übrigen beiden Kabeln prüfen; der Widerstand muß zwischen **0,7 und 0,9 Ohm** liegen. Kontrollieren, daß die gelben Kabel keinen Kontakt zu Masse haben (feh-

ET 4, (ET 2 Prinzip) Batterieladesystem, Elektrostarten:
1 = Lichtmaschine, 2 = Pickup, 3 = Zündschloß, 4 = Spannungsregler, 5 = Sicherung 7,5 A, 6 = Batterie 12V-9Ah, 7 = Anlasserrelais, 8 = Anlassermotor; Quelle: Piaggio; Zeichnung: STX

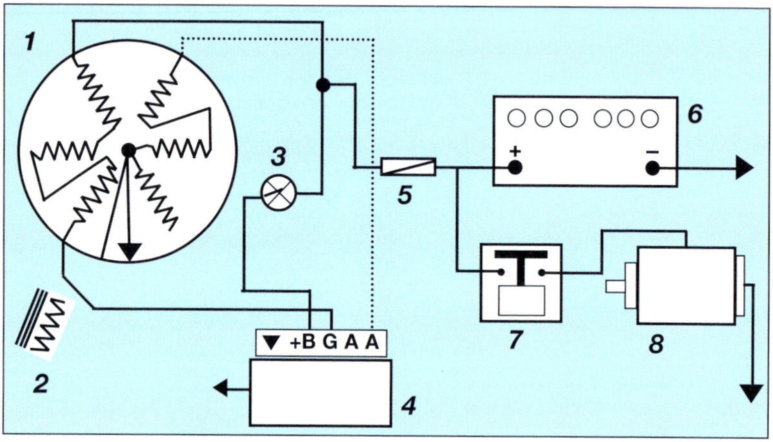

Zeichnung: STX; Vorlage: © Piaggio & C. Pontedera

lerhafte Isolierung). Läßt sich der Fehler so nicht eingrenzen, den Stator der Lichtmaschine prüfen und bei Defekt komplett austauschen. Mit etwas Glück sind nur einzene Kabel im Statorbereich beschädigt, die sich auswechseln bzw. neu isolieren lassen. Bei geladener Batterie und ausgeschalteter Beleuchtung darf die Spannung zwischen den Batteriepolen **nicht mehr als 15,2 Volt** betragen (Spannungspprüfer verwenden). Bei höheren Werten ist der Regler defekt und auszuwechseln. Bei Werten unter 14 Volt liegt der Fehler im Statorbereich; diesen durchprüfen, reparieren oder austauschen. Geprüft werden kann die **Batteriespannung** auch mit einem **Ampèremeter**; dazu bei abgestelltem Motor das Gerät an das Pluskabel des Spannungsreglers anschließen. Nun Scheinwerfer einschalten und warten, bis sich die Spannung auf 12 Volt eingepegelt hat. Dann Motor starten, auf hohe Drehzahl bringen und bei weiter eingeschaltetem Scheinwerfer den Strom messen. Liegt der Wert unter 10 A, sind Spannungsregler oder Stator defekt.

Diese Messung wird auch zur **Prüfung des automatischen Choke** durchgeführt. Wird keine Spannung am Pluskabel des Spannungsreglers festgestellt, muß die Minusklemme des Meßgeräts an Masse und die Plussonde an das orangefarbene Kabel des Choke angeschlossen werden. Zündschlüssel auf „On" drehen; liegt immer noch keine Spannung an, das Verbindungskabel zum Zündschloß prüfen. Bei vorhandener Spannung hingegen die Kontrolle am Kabelstecker der **Zündelektronik** wiederholen; Choke abklemmen, Motor im Leerlauf laufen lassen. Plusklemme des Meßgeräts an das orangefarbene, Minusklemme an das schwarz-weiße Kabel anschließen. Liegt keine Spannung an, sind Kabel oder Zündelektronik defekt.

Unregelmäßige Zündung - Kontrollarbeiten: *Geprüft - und bei Defekt ausgewechselt - wird (immer bei abgestelltem Motor!) stets in folgender Reihenfolge: Wegfahrsperre (Viertakter), Zündkerze, elektronische Zündanlage, elektronische Zündspule, Magnet Lichtmaschine, Stator Lichtmaschine. Dabei zuerst Sichtkontrolle vornehmen und den festen und korrosionsfreien Sitz aller Steck- und Kabelverbindungen sowie Masseanschlüsse prüfen. Besteht der Fehler fort, Zündanlage, Zündspule, Lichtspule und Pickup mit einem* ***Ohmmeter*** *durchmessen. Bei der* ***ET 2 mit Normal-Vergaser*** *beträgt der Sollwert zwischen dem roten und dem weißen Kabel 100-130 Ohm, zwischen dem grünen und dem weißen Kabel 850-1050 Ohm. Bei der* ***ET 2 Iniezione*** *müssen zwischen braunem Kabel und Masse am Pickup 170-180 Ohm vorliegen, zwischen grauem Kabel und Masse der Ladespule 1-1,2 Ohm. Bei der* ***ET 4*** *betragen die Werte: 90-140 Ohm zwischen Kabel rot und braun, 300-400 Ohm zwischen Kabel grün und weiß, 0,5 +/- 0,01 Ohm an der Hauptwicklung Zündspule, 5000 +/- 200 Ohm an der Sekundärwicklung. Fehlerhafte Teile können nicht repariert werden, sie sind auszuwechseln.* ***Achtung:*** *Bei Fahrzeugen mit* ***Wegfahrsperre*** *diese Arbeiten nur unter Verwendung des* ***blauen Schlüssels*** *durchführen.*

Wegfahrsperre - Kontrolle: *Vespa ET 4 und neuere Modelle sind mit einer elektronischen Wegfahrsperre ausgerüstet. Bei Startschwierigkeiten oder wenn der Motor nicht genügend Drehzahl aufbaut, muß die Sperre mit Hilfe des roten und blauen Zündschlüssels sowie einem speziellen Testgerät geprüft und neu programmiert werden; s. a. Seite 31.*

Werkzeug und Werkzeugeinsatz: Tips zur Werkstattausrüstung und zum richtigen Umgang mit dem Werkzeug; Sicherheitshinweise

Das serienmäßige Bordwerkzeug der Vespa ist - wie bei den meisten Rollern - nur ein Notbehelf. Es taugt kaum zum Zündkerzenwechsel, versagt erst recht, wenn beispielsweise die Räder abgenommen werden müssen. Sinnvoll ist es daher, sich fürs Vespa-Schrauben zumindest einen **Basis-Werkzeugsatz** mit Umschaltknarre und Stecknüssen SW 8 bis SW 24 sowie diversen Schlitz- und Kreuzschlitz-Schraubendrehern anzuschaffen.

Wer professionell arbeiten will, sollte indes in eine **gehobenere Werkstatt-Ausrüstung** investieren: Werkbank mit Schraubstock, Stecknuß-Satz SW 6 bis 24 mit kleiner und großer Umschaltknarre sowie den zugehörigen Adaptern 1/4- und 1/2-Zoll, Ring- und Gabelschlüssel-Satz SW 6 bis 24 (auch in kombiniert erhältlich), Innensechskantschlüssel SW 3 - 10, Zündkerzenschlüssel SW 20,5 und SW 16, vier Schlitz-Schraubendreher mit Schneidenbreiten 2, 3/4, 5/7, 9/0, drei Kreuzschlitz-Schraubendreher klein, mittel und groß, Kombizange, Wasserpumpenzange, Spitzzange, Seegeringzange, Dorn 8 mm, Schlosserhammer klein und mittel, Kunststoffhammer, Draht- und Messingbürste, Hand-Fettpresse, Bowdenzugöler, Batteriesäure-Prüfer, Batterie-Ladegerät, Fühlerlehre, Hakenschlüssel für Lenkkopfmutter, Fußluftpumpe mit Manometer.

Unentbehrlich für Arbeiten an Motor, Antrieb und Fahrwerk sind außerdem zwei automatisch überspringende **Drehmomentschlüssel** (ca. 10 bis 60 und 30 bis 140 Nm). Für den Ausbau der Kurbelwelle etwa benötigt man eine Heißluftpistole fürs Erwärmen bestimmter Elemente vor der Montage. Auf weitere **Spezialwerkzeuge** und Hilfsgeräte wird im Text an entsprechender Stelle hingewiesen. Unentbehrlich bei Reparaturarbeiten an der Elektrik ist ein Quetschverbinderset mit Kabelschuh- und Abisolierzange. In einer Top-Werkstatt dürfen darüber hinaus Stroboskop-Prüfgerät und elektronisch geregelte Bohrmaschine nicht fehlen.

Natürlich will auch der **Umgang mit dem Werkzeug** gelernt sein. Unerfahrene Schrauber greifen gern zum falschen Schlüssel: Ein Gabelschlüssel eignet sich nur zum Beidrehen von Muttern oder Schrauben, keinesfalls zum endgültigen Festziehen; dazu sollten ausschließlich Ring- oder Steckschlüssel bzw. Stecknüsse verwendet werden. Bei Schraubendrehern gilt: nur Werkzeuge mit unbeschädigten, sauber gekanteten Klingen verwenden.

Abgerissene Schrauben müssen **ausgebohrt** werden: Zuerst Schaftende glatt feilen, in der Mitte körnen und mit einem kleinen Bohrer vorbohren. Dann mit exakt passendem Bohrer nacharbeiten. Anschließend muß ein neues Gewinde geschnitten werden, in der Regel in drei Stufen.

Vom Reifenluftdruck hängt die Sicherheit ab. Fußluftpumpe oder Kompressor gehören daher in jede Werkstatt. Luftdruck mindestens einmal im Monat prüfen.

Wer den Schraubendreher als Meißel benutzt, beschädigt Werkzeug und Werkstück. Generell sollten alle Schrauben, die in Leichtmetallteile gedreht werden (Motorgehäuse z.B.) **drehmomentkontrolliert** festgedreht werden. Niemals versuchen, festsitzende Muttern mit Gewalt zu lösen: Die Schraube reißt ab, die Ecken von Muttern werden rund gedreht. Korrodierte Schraubverbindungen lösen sich meist, wenn ein guter Rostlöser einige Zeit eingewirkt hat; billiges Fahrradöl tut Wunder. Es kann auch helfen, einen Schraubendreher anzusetzen und dem Griffende einen kräftigen Hammerschlag zu verpassen - oft löst sich die Schraube dann.

Wichtig: verschmutzte Fahrwerks- und Motorteile **reinigen**, bevor die Schraubarbeit beginnt. Keinesfalls Benzin verwenden - es enthält krebserregendes Benzol und giftiges Toluol. Während der Arbeit unbedingt auf **Sicherheit** achten: Armbanduhren, Armbänder, Ringe und Halsketten sollten stets abgelegt werden. Auch flatternde Kleidungsstücke wie weite Jacken oder Schals können beim Schrauben gefährlich werden.

Für unterwegs empfehlen wir: je zwei verschieden starke Schraubendreher Schlitz und Kreuzschlitz, Kombischlüssel Ring/Gabel SW 8 bis SW 19, Steckschlüssel SW 24 für Radausbau, Zündkerzenschlüssel, Mehrzweckzange, multifunktionales (Taschen-)Messer. Nützlich sind ein Stück Draht, Elektrokabel und Klebeband.

Wartungsplan für Vespa-Motorroller der Baureihen ET, LX, LXV und S

Basis: Piaggio-Empfehlungen; Ergänzungen aufgrund eigener Erfahrung

Bitte beachten: Motor niemals in geschlossenen Räumen oder Garagen laufen lassen - Vergiftungsgefahr! Hautkontakt mit Benzin vermeiden, Dämpfe nicht einatmen. Altöl, gebrauchtes Kühlmittel und alte Bremsflüssigkeit an der Sondermüll-Sammelstelle abgeben.

***1000** = Grundinspektion nach 1000 km oder 4 Monaten; **5000 oder 6000** = Inspektion alle 5000 oder 6000 km bzw.12 Monate; **10 000, 20 000 etc.** = Inspektion alle 10 000, 20 000 etc. km oder 24 Monate;*
***Besonderheit LX 125:** für einfache Prüf- und Einstellarbeiten wurden die Intervalle von 5000 auf **6000** und von 10.000 auf **12 000** km verlängert (wir geben dies nicht überall speziell an).*

Motor nach 1000 (alle Modelle): Befestigung Vergaser prüfen; Leerlaufkontrolle, evtl. Vergaser u. Gaszug einstellen; wird volle Leistung nicht erreicht: Zylinderkopf, Zylinder, Kolben, Kolbenringe prüfen; **alle 20.000 (alle Modelle):** Kühlluftführungen von Zylinderkopf und Zylinder abnehmen und alle Teile reinigen.

Motoröl, Ölfilter ET 4 nach 1000, alle 5000, LEADER- und 50-cm³-Viertaktmotoren nach 1000, 6000, dann alle 6000: Ölwechsel; **ET 4 nach 1000, 10 000, dann alle 10 000, LEADER- und 50-cm³-Viertaktmotoren alle 6000:** Ölfilterwechsel.

Ventilspiel Viertaktmotor Viertaktmodelle nach 1000, 5000 (ET) 6000 (übrige Modelle), dann alle 10 000 (ET) 12 000 (übrige Modelle): prüfen, einstellen.

Vergaser nach 1000 alle Modelle: auf festen Sitz prüfen; nach **1000, 5000,** dann **alle 10 000 (alle Modelle):** Leerlauf, Gemischabstimmung und Gaszug prüfen, evtl. einstellen.

Benzinleitungen alle 5000 (alle Modelle): Zustand von Benzinzufuhr und Unterdruckleitung prüfen; poröse oder rissige Leitungen ersetzen.

Luftfilter alle 5000, nach Überholung (alle Modelle): Schaumstoff-Element ausbauen, mit Wasser und Seife auswaschen, mit Preßluft oder an der Sonne trocknen; anschließend leicht einölen (Nähmaschinen- oder Fahrradöl); bei häufigem Fahren auf staubigen Straßen täglich reinigen.

Luftfilter Sekundärluftsystem alle 10 000 (alle Modelle): ausbauen, mit Wasser und Seife auswaschen, mit Preßluft trocknen, nicht tränken.

Ölpumpe nach 1000, dann alle 5000 Zweitakter: Ölzufuhrleitungen auf Luftblasen prüfen, Pumpenfunktion prüfen, evtl. entlüften; **alle 20 000 km oder 3 Jahre bei Zweitakt-Modellen:** Antriebsriemen auswechseln.

Getriebe/Hinterradnabe (alle Modelle): nach 1000, 10 000, 20 000, dann **alle 5000** Ölstand prüfen; Mengen und Spezifikationen s. Wartungsteil und Anhang.

Zündkerze Zweitakter alle 5000, ET 4 alle 10 000, LEADER-Motoren alle 12 000: austauschen; dabei Wärmewert und Elektrodenabstand beachten; bei Ausbau zwischendurch und **alle 6000 bei LEADER-Motoren** reinigen, Elektrodenabstrand prüfen; **50-cm³-Viertaktmotoren:** alle **6000** wechseln-

Batterie alle 5000 (ältere Modelle): Säurestand prüfen, evtl. destilliertes Wasser auffüllen, Pol-Korrosion beseitigen, Pole fetten.
Lenkung nach 1000 und 5000, dann alle 10 000 sowie nach Überholung (alle Modelle): Freigängigkeit und Spiel des Lenkkopflagers prüfen, evtl. einstellen und fetten.

Trommel-Bremsanlage hinten nach 1000, dann alle 5000: Funktion prüfen, Seilzug einstellen, Bremshebelgelenk fetten, Bremsbelagstärke kontrollieren, bei Unterschreitung der Mindeststärke Backen wechseln; Bremstrommeln auf Rundlauf und Riefen prüfen.

Hydraulik-Bremsanlage nach 1000, dann alle 5000 (alle Modelle): Bremsflüssigkeitsstand prüfen, ergänzen; Zustand und Dichtigkeit aller Leitungen, Schläuche und Anschlüsse prüfen.
Scheibenbremsbelagstärke prüfen nach 1000, dann alle 5000 (alle Modelle): Belagstärke kontrollieren, u.U. Plaketten wechseln; Bremsscheibe auf Rundlauf und Riefen prüfen.

Bremsflüssigkeit alle zwei Jahre und nach Arbeiten an Hauptbremszylinder oder Bremszange: erneuern (DOT 4), Bremse entlüften; keine DOT 5-Flüssigkeit einfüllen.

Bremsschläuche alle 30 000 km: erneuern, vor allem, wenn sich Risse oder Schäden zeigen.

Bowdenzüge Vergaser, Bremsen nach 1000, dann alle 10 000 (alle Modelle): prüfen, einstellen, fetten (Ausnahme: teflonbeschichtete Züge), Hebelgelenke schmieren.

Antriebsriemen alle 10.000 (ET-Modelle), alle 12.000 (LEADER- und 50-cm³-Viertaktmotoren): ersetzen; **ET alle 5000 (LEADER- und 50-cm³-Viertaktmotoren 6000)** prüfen

Steuerungsriemen Einspritzpumpe ET 2 Iniezione alle 10 000: austauschen, nicht knicken.

Variator ET 4 und ET 2 Iniezione alle 5000, ET 2 alle 15 000 sowie nach Überholung: Rollen fetten; **Variator LX 50, LXV 50, S 50 2T alle 10 000:** Rollen wechseln; **Variator LEADER- und 50-cm³-Viertaktmotoren alle 6000:** prüfen, **alle 12 000:** Rollen wechseln.

Kickstarterritzel nach Überholung (alle Modelle): mit Universalfett fetten.

Kupplungseinheit Überholung (alle Modelle): gleitende Metallteile einfetten; kein Fett auf Beläge gelangen lassen.

Muttern und Schrauben Fahrgestell, Motorbefestigung, Radbefestigung, Radaufhängung nach 1000, dann alle 5000 sowie nach Überholung (alle Modelle): festen Sitz prüfen, Anzugsdrehmomente prüfen; Bowdenzüge nach Schäden und Knickstellen absuchen.

Vorderradaufhängung nach 1000, dann alle 5000 (alle Modelle): Tachowellengehäuse fetten; **alle 10 000 (alle Modelle):** Kugellager, Tachowellenantrieb, Tachowellengehäuse fetten; Radlager **alle 30 000 km** neu fetten.

Federbein Schwinge alle 10 000 (alle Modelle): Funktion prüfen, auf Ölverlust kontrollieren.

Beleuchtung, Blinker, Hupe, Batterie nach 1000, dann alle 5000 (alle Modelle): Funktion, Verglasungen und Dichtungen kontrollieren, Batterie warten

Scheinwerfer alle 10.000: Einstellung prüfen, notfalls korrigieren

Räder, Reifen, Reifenluftdruck nach 1000, alle 5000 sowie möglichst einmal im Monat (alle Modelle): Zustand von Rädern, Radlagern und Reifen prüfen; Reifenluftdruck kontrollieren; Einzelwerte s. techn. Daten; Befestigung der Rad-/Achsmuttern prüfen.

Probefahrt nach 1000, alle 4000 sowie nach Überholung (alle Modelle): alle Funktionen sowie Fahrstabilität, Bremsen, Ansprechen der Fliehkraft-Kupplung, Motorlauf prüfen.

Stillegung über einen Zeitraum von mehr als zwei Monaten (Zwei- und Viertakter):
Fahrzeug reinigen, anschließend Motor warmfahren, damit sich keine Säurerückstände im Auspuff bilden. Lackierte und verchromte Teile polieren, nicht lackierte Metallteile dünn mit Korrosionsschutzfett bestreichen. Benzin aus Tank, Leitungen und Schwimmerkammer über einen Trichter in einen Kanister ablassen. Zündkerze ausbauen, in die Öffnung 10 bis 15 cm³ Motoröl SAE 10W30 oder 20W40 spritzen, Kickstarter zwei- bis dreimal durchtreten, Kerze wieder einbauen. Batterie ausbauen und trocken sowie kühl lagern, alle vier Wochen nachladen. Reifenluftdruck um 0,3 bar erhöhen und Fahrzeug so aufbocken, daß beide Räder entlastet sind. Alle Bowdenzüge ölen (außer teflonbeschichteten). Plastiktüte über Auspuffendrohr ziehen. An feuchten Orten oder in Meeresnähe alle Metallteile leicht einölen. Fahrzeug nicht mit undurchlässiger Plastikfolie, sondern textilem Gewebe oder Spezialhülle (Zubehörhandel) abdecken.

Technische Daten, Einstelldaten Vespa Zweitakt-Modelle ET, LX, S

(alle Angaben nach bestem Wissen, aber ohne Gewähr, Haftung ausgeschlossen, vor allem bei Einstelldaten)

Modell	**ET 2 50**	**ET 2 50 Iniez.**	**LX 50**	**LXV 50**	**S 50**
Produktionszeit	1996-2005	1998-2005	seit 2005	seit 2006	seit 2006
Motor					
Bauart	1-Zylinder-2-Takt, gebläseluftgekühlt, mit Antrieb verblockt				
Motortyp Piaggio	Zweitakt-Standard	Zweitakt-Standard	Hi-Per2	Hi-Per2	Hi-Per2
Hubraum cm³	49,4	49,4	49,4	49,4	49,4
Bohrung x Hub mm	40,0 x 39,3	40,0 x 39,3	40,0 x 39,3	40,0 x 39,3	40,0 x 39,3
Verdichtungsverhältnis	10,3 : 1	11,3 : 1	10,3 : 1	9,9 : 1	9,9 : 1
Leistung PS/kW	4,2 (3,1)	4,7 (3,45)	4,4 (3,2)	4,4 (3,2)	4,4 (3,2)
b.Drehz./min⁻¹	6250	6500	7500	7500	7500
Maximales Drehmoment Nm bei Drehzahl/min⁻¹	4,8/5000	5,4/6250	4,4/6500	4,4/6500	4,4/6500
Einlaßsystem	Membran	Verg.+Einspritz.	Membran	Membran	Membran
Kurbelwelle	kugelgelagert				
Schmierung	Getrenntschmierung, sep. Öltank, Ölpumpe				
Zündung	kontaktlos elektronisch CDI (Capacitor Discharge Ignition)				
Zündkerze	Champion N2C	Cham. RA 59 PP	Cham. RGN2C	Cham. RGN2C	Cham. RGN2C
Vergaser	Weber 12 OM	Weber 4/12 DIP	Dell'Orto PHVA 17,5	Dell'Orto PHVA 17,5	Dell'Orto PHVA 17,5
Abgasanlage	Abgasrückführung, ungeregelter Katalysator			Sekundärluftsystem, Zweiweg-Kat	
Starter	Kick- und Elektrostarter				
E-Starter-Leistung	0,15 kW	0,15 kW	0,25 kW	0,25 kW	0,25 kW
Lichtmaschine	Schwungradmagnetzünder, Wechselstrom, einphasig				
Kraftübertragung					
Primärtrieb	Direktantrieb über Variator auf der Kurbelwelle				
Kupplung	Fliehkraftkupplung mit Dämpferelementen auf Getriebeantriebswelle				
Getriebe	Zahnradgetriebe mit Antriebs- und Abtriebswelle				
Übersetzung	keine Angaben erhältlich				
Sekundärtrieb	Keilriemen auf Fliehkraftkupplung, Untersetzungsgetriebe, Abtriebswelle/Hinterachse				
Fahrwerk, Bremsen					
Rahmen	Stahlblechrahmen selbstragend				
Karosserie	Stahlblech mit Kunststoff-Anbauteilen				
Vorderradführung	Lenkrohr mit gezogener Schwinge, hydraulisch gedämpftes Federbein				
Hinterradführung	LM-Triebsatzschwinge mit Achse und Gummielementen, hydraul. gedämpftes Federbein				
Federwege v/h	70/80 mm	70/80 mm	70/83,5 mm	70,3/83 mm	70,3/83 mm
Bremse vorn	gelochte Bremsscheibe, Zweikolben-Festsattel				
Bremse Durchmesser	200 mm	200 mm	200 mm	200 mm	200 mm
Bremsbetät. vorn	hydraulisch von Hand per Hebel rechts am Lenker				
Bremse hinten	Zweibacken-Trommelbremse, selbstrückstellend				
Bremse Durchmesser	110 mm	110 mm	110 mm	110 mm	110 mm
Bremsbetätigung hint.	mechanisch per Seilzug von Hand per Hebel links am Lenker				
Räder, Bauart vorn	LM 2.50 x 10	LM 2.50 x 10	LM 2.50 x 11	LM 2.50 x 11	LM 2.50 x 11
Räder, Bauart hinten	LM 3.00 x 10	LM 3.00 x 10	LM 3.00 x 10	LM 3.00 x 10	LM 3.00 x 10
Reifen vorn	100/80-10	100/80-10	110/70-11	110/70-11	110/70-11
Reifen hinten	120/70-10	120/70-10	120/70-10	120 /70-10	120 /70-10
Fahrleistungen					
Vmax km/h in D	50	50	45	45	45
Treibstoff	alle Modelle: Super bleifrei ROZ 95				
l/100 km durchschn.	4,2	3,5	4,2	4,2	4,2
Anmerkungen	keine				

Modell	**ET 2 50**	**ET 2 50 Iniez.**	**LX 50**	**LXV 50**	**S 50**
Maße und Gewichte					
Länge mm	1780	1780	1755	1800	1755
Breite ohne Spiegel mm	710	710	740	740	740
Höhe ohne Spiegel	1100	1100	1140	1180	1140
Sitzhöhe mm	810	810	820	810	775
Benzintank Liter	8,6	8,6	8,5	8,6	8,6
Öltank-Inhalt	1,35 l	1,35 l	1,2 l	1,2	1,5
Radstand mm	1260	1260	1290	1290	1290
Leergewicht kg (trocken)	98	100	96	98	96
Zuladung kg	192	190	194	192	194
zulässiges Ges.gew. kg	290	290	290	290	290
Vergaser- und Umweltdaten					
Typ	Weber 12 OM	Weber 4/12 DIP	Dell'Orto PHVA 17,5	Dell'Orto PHVA 17,5	Dell'Orto PHVA 17,5
Einlaßquerschnitt	12,0 mm	4/12,0 mm Venturi	17,5 mm	17,5 mm	17,5 mm
Hauptdüse	76	66	53	53	53
Luftbohrung dazu	100/100	130/100	---	---	---
Leerlaufdüse	34 L	30	32	32	32
Luftbohrung dazu	225/100	50/100	---	---	---
Startdüse	50	50 (6 Bohrungen)	50	50	50
Düsennadel	V	P8	A22	A22	A22
Clip-Stellung von oben	2	---	1	1	1
Standgasgemisch-Regulierungsschraube:					
Umdrehungen heraus	2 1/2 - 3 1/2	k.A.	1 1/2	1 1/2	1 1/2
Leerlaufdrehzahl/min^{-1}	ca. 1800	ca. 1800	1800 +/- 100	1800 +/- 100	1800 +/- 100
Benzinpegel Schwimmer	3,5 mm	k. A.	5 mm	5 mm	5mm
CO-Einstellung	3 - 4 %	3 - 4 %	3 - 4 %	3 - 4 %	3 - 4 %
Abgasnorm	k.A.	k.A.	Euro 2	Euro 2	Euro 2
Elektrik, Beleuchtung (12 Volt)					
Batterie	12V - 4 Ah	12V - 5 Ah	12V - 4Ah	12V - 4 Ah	12V - 4 Ah
Fern-/Fahrlicht	35/35 W	35/35 W	35/35 W	35/35 W	35/35 W
Standlicht	5 W	5 W	5 W	5 W	5 W
Rück-/Bremslicht	5/21 W	5/21 W	5/21 W	5/21 W	5/21 W
Blinker vorn/hinten	10/10 W	10/10 W	10/10 W	10/10 W	10/10 W
Hauptsicherung	7,5 A	7,5 A	7,5 A	7,5 A	7,5 A
Zusatzsicherungen	---	---	---	---	---
Instrumente	6 x 1,2/3 x 2 W	6 x 1,2/3 x 2 W	6 x 1,2/3 x 2 W	4 x 1,2/7 x 2 W	7 x 1,2 W
Nummernschild	5 W	5 W	---	---	---
Füllmengen, Reifenluftdruck					
Getriebeöl cm^3	75	75	85	85	80
Getriebeöl Spezifikation	80W-90	80W-90	75W-85	80W-90	80W90
Motoröl aus Zusatztank	synthetisches 2T-Öl für Ölpumpen JATO FC, ISO L-EGD, z. B. AGIP City Tec 2T --------------				
Bremsflüssigkeit	DOT 4	DOT 4	DOT 4	DOT 4	DOT 4
Luftdruck vorn bar solo	1,3	1,3	1,3	1,3	1,3
Luftdruck hinten bar solo	1,8	1,8	1,8	1,8	1,8
Luftdr. v/h beladen	1,6/2,0	1,6/2,0	1,6/2,0	1,6/2,0	1,6/2,0
Einstell- und Elektrik-Daten					
Gaszugspiel	1,0 mm	1,0 mm	1,0 mm	1,0 mm	1,0 mm
Bremshebelspiel	4,0-5,0 mm	4,0-5,0 mm	4,0-5,0 mm	4,0-5,0 mm	4,0-5,0 mm
Bremsbelag minimal	1,5 mm	1,5 mm	1,5 mm	1,5 mm	1,5 mm
Elektrodenabstand					
Zündkerze mm	0,5-0,6 mm	0,6-0,7 mm	0,5-0,6 mm	0,5-0,6 mm	0,5-0,6 mm
Vorzündung v. OT/min^{-1}	16° +/- 1°/4000	21° +/- 1°/4000	17°/4000	17°/4000	17°/4000

Technische Daten, Einstelldaten Vespa Viertakt-Modelle ET

(alle Angaben nach bestem Wissen, aber ohne Gewähr, Haftung ausgeschlossen, vor allem bei Einstelldaten)

Modell	**ET 4 50**	**ET 4 125**	**ET 4 125 LEADER**	**ET 4 150**	**ET 4 150 LEADER**
Produktionszeit	2000-2005	1996-2000	2000-2005 [1)]	2000-2005	seit 2005
Motor					
Bauart	1-Zyl.-4-Takt, gebläseluftgekühlt, mit Antrieb verblockt ----------				
Motortyp Piaggio	Hi-Per4	Viertakt Standard	LEADER	LEADER	LEADER
Ventilsteuerung	SOHC, 2 Ventile, 1 obenliegende, kettengetriebene Nockenwelle ----------				
Hubraum cm³	49,9	124,0	124,0	150,0	150,0
Bohrung x Hub mm	39,0 x 41,8	57,0 x 48,6	57,0 x 48,6	62,2 x 48,6	62,2 x 48,6
Verdichtungsverhältnis	11,5 : 1	10,4 : 1	10,6 : 1	10,6 : 1	10,6 : 1
Leistung PS/kW	3,4 (2,5)	12,2 (9,0)	10,9 (8,0)	11,6 (8,6)	12,5 (9,0)
b.Drehz./min^{-1}	6500	7500	8000	7750	7500
Maximales Drehmoment Nm bei Drehzahl/min^{-1}	k. A.	10,1/7000	10,2/6750*	ca. 11,0/7000	11,6/6000
Einlaßsystem	Unterdruck-Vergaser ----------				
Kurbelwelle	kugelgelagert	kugelgelagert	gleitgelagert	gleitgelagert	gleitgelagert
Schmierung	Ölpumpe, 2 Ölfilter ----------		ab LEADER: kettengesteuerte Nockenpumpe, Netz-Vorfilter + Fliehkraft-Filter an der Kurbelwelle		
Zündung	kontaktlos elektronisch CDI (Capacitor Discharge Ignition) ----------				
Zündkerze	Champ. RG4 PHP	Champ. RG4HC	NGK CR7EB	k. A.	NGK CR7EB
Vergaser	Keihin CVK 18	Mikuni BS 24	Keihin CVEK 26	Mikuni BS 24	Keihin CVEK 26
Abgasanlage	ungeregelter Katalysator, SAS-System ----------				
Starter	Kick- und Elektrostarter ----------				
E-Starter-Leistung	k. A.	0,5 kW	0,5 kW	0,5 kW	0,5 kW
Lichtmaschine	Schwungradmagnetzünder, Wechselstrom, einphasig ----------				
Kraftübertragung					
Primärtrieb	Direktantrieb über Variator auf der Kurbelwelle ----------				
Kupplung	Fliehkraftkupplung auf Getriebeantriebswelle ----------				
Getriebe	Zahnradgetriebe mit Antriebs- und Abtriebswelle ----------				
Übersetz. 1/	k. A.	22,4-7,4	k. A.	k. A.	k. A.
Sekundärtrieb	Keilriemen auf Fliehkraftkupplung, Untersetzungsgetriebe, Abtriebswelle/Hinterachse ----------				
Fahrwerk, Bremsen					
Rahmen	Stahlblechrahmen selbstragend ----------				
Karosserie	Stahlblech mit Kunststoff-Anbauteilen ----------				
Vorderradführung	Lenkrohr mit gezogener Schwinge, hydraulisch gedämpftes Federbein ----------				
Hinterradführung	LM-Triebsatzschwinge mit Achse und Gummielementen, hydraul. gedämpftes Federbein ----				
Federwege v/h	70/80 mm	70/83,5 mm	70/83,5 mm	70/83,5 mm	70/83,5 mm
Bremse vorn	gelochte Bremsscheibe, Zweikolben-Festsattel ----------				
Bremse Durchmesser	200 mm	200 mm	200 mm	200 mm	200 mm
Bremsbetät. vorn	hydraulisch von Hand per Hebel rechts am Lenker ----------				
Bremse hinten	Zweibacken-Trommelbremse, selbstrückstellend ----------				
Bremse Durchmesser	110 mm	110 mm	110 mm	110 mm	140 mm
Bremsbetätigung hint.	mechanisch per Seilzug von Hand per Hebel links am Lenker ----------				
Räder, Bauart vorn	LM 2.15 x 10	LM 2.50 x 10	LM 2.50 x 10	LM 2.50 x 10	LM 2.50 x 10
Räder, Bauart hinten	LM 3.00 x 10	LM 3.00 x 10	LM 3.00 x 10	LM 3.00 x 10	LM 3.00 x 10
Reifen vorn	100/80-10	100/80-10	110/80-10	100/80-10	110/80-10
Reifen hinten	120/70-10	120/70-10	120/70-10	120/80-10	120/80-10
Fahrleistungen					
Vmax km/h in D	45	91	95	97	97
Treibstoff	alle Modelle: Super bleifrei ROZ 95 ----------				
l/100 km durchschn.	ca. 2,8	3,2	3,2	ca. 3,4	ca. 3,4

Anmerkungen

[1)] ungedrosselter 125er LEADER-Motor mit 12 PS (8,8 kW)/8000/min;
[2)] ET 4 50 auch mit Vergaser Walbro WP 16 A

Modell	ET 4 50	ET 4 125	ET 4 125 LEADER*	ET 4 150	ET 4 150 LEADER
Maße und Gewichte					
Länge mm	1780	1780	1760	1780	1760
Breite ohne Spiegel mm	710	710	710	710	710
Höhe ohne Spiegel	1090	1090	1090	1090	1090
Sitzhöhe mm	820	810	785	810	785
Benzintank Liter	9,0	9,0	9,0	9,0	9,0
Ölinhalt Motor	ca. 850 cm^3	ca. 850 cm^3	ca. 1000 cm^3	ca. 850 cm^3	ca. 1000 cm^3
Radstand mm	1280	1280	1280	1280	1280
Leergewicht kg trocken	97	109	104	110	105
Zuladung kg	193	181	186	180	185
zulässiges Ges.gew. kg	290	290	290	290	290
Vergaser- und Umweltdaten					
Typ	Keihin CVK 18 [2)]	Mikuni BS 24 1J	Keihin CVEK 26	Mikuni BS 24	Keihin CVEK 26
Einlaßquerschnitt	18 mm	24 mm	26,5 mm	24 mm	26,5 mm
Hauptdüse	75	87,5	82	87,5	82
Luftbohrung dazu	---	50/100	85	50/100	85
Leerlaufdüse	35	20	35	20	35
Luftbohrung dazu	---	---	150	k. A.	150
Startdüse	k. A.	35	42	42	42
Düsennadel	NACA	4CZ6	NELA	4CZ6	NJHA
Clip-Stellung von oben	keine Kerben	2	k. A.	2	k. A.
Standgasgemisch-Regulierungsschraube:					
Umdrehungen heraus	k. A.	k. A.	ca. 1 3/4	k. A.	ca. 1 3/4
Leerlaufdrehzahl/min^{-1}	1900-2000	ca. 1600	1600-1800	ca. 1600	1600-1800
Benzinpegel Schwimmer	3,5 mm	12,2 mm	k. A.	k. A.	k. A.
CO-Einstellung/min^{-1}	3,2 % +/- 0,5	3,5 % /1600	3,8 %/1650	3,5 % /1600	3,8 %/1650
Abgasnorm	Euro 2	Euro 2	Euro 2	Euro 2	Euro 2
Elektrik, Beleuchtung (12 Volt)					
Batterie	12V - 9 Ah	12V - 9 Ah	12V - 9 Ah	12V - 9 Ah	12V - 9 Ah
Fern-/Fahrlicht	35/35 W	55/55 W	55/55 W	55/55 W	55/55 W
Standlicht	5 W	5 W	5 W	5 W	5 W
Rück-/Bremslicht	5/21 W	5/21 W	5/21 W	5/21 W	5/21 W
Blinker vorn/hinten	10/10 W	10/10 W	10/10 W	10/10 W	10/10 W
Hauptsicherung	10 A	7,5 A	7,5 A	7,5 A	15 A
Zusatzsicherungen	---	---	7,5 A (3x)	---	7,5 A (3 x)
Instrumente	6 x 1,2/3 x 2 W	6 x 1,2/3 x 2 W	6 x 1,2/3 x 2 W	6 x 1,2/3 x 2 W	7 x 1,2/2 x 2 W
Nummernschild	5 W	5 W	5 W	5 W	5 W
Füllmengen, Reifenluftdruck					
Getriebeöl cm^3	80	90	90	90	90
Getriebeöl Spezifikation	80W-90	80W-90	80W-90	80W-90	80W-90
Motoröl	10W/50 vollsynthetisch ----------				
Bremsflüssigkeit	DOT 4	DOT 4	DOT 4	DOT 4	DOT 4
Luftdruck vorn bar solo	1,3	1,3	1,3	1,3	1,3
Luftdruck hinten bar solo	1,8	1,8	1,8	1,8	1,8
Luftdr. v/h beladen	1,6/2,0	1,6/2,0	1,6/2,0	1,6/2,0	1,6/2,0
Einstell- und Elektrik-Daten					
Ventilspiel Einlaß/	0,10	0,15	0,10	0,15	0,10
Auslaß mm	0,15	0,15	0,15	0,15	0,15
Gaszugspiel	1,0 mm	1,0 mm	1,0 mm	1,0 mm	1,0 mm
Bremshebelspiel	4,0-5,0 mm	4,0-5,0 mm	4,0-5,0 mm	4,0-5,0 mm	4,0-5,0 mm
Bremsbelag minimal	1,5 mm	1,5 mm	1,5 mm	1,5 mm	1,5 mm
Elektrodenabstand					
Zündkerze mm	ca. 0,6 mm	0,7-0,8 mm	0,6-0,7 mm	0,7-0,8 mm	0,6-0,7 mm
Vorzündung v. OT/min^{-1}	10°-26°/1800-6000	10°-32°/1500-6000	keine Angaben	keine Angaben	k. A.

Technische Daten, Einstelldaten Vespa Viertakt-Modelle LX, LXV

(alle Angaben nach bestem Wissen, aber ohne Gewähr, Haftung ausgeschlossen, vor allem bei Einstelldaten)

Modell	**LX 50 4T**	**LX 125**	**LX 150**	**LXV 125**
Produktionszeit	2005-2007	2005-2010	2005-2010	2006-2010
Motor				
Bauart	1-Zyl.-4-Takt, gebläseluftgekühlt, mit Antrieb verblockt --------------------			
Motortyp Piaggio	Hi-Per4	LEADER	LEADER	LEADER
Ventilsteuerung	SOHC, 2 Ventile, 1 obenliegende, kettengetriebene Nockenwelle ---------			
Hubraum cm³	49,9	124,0	150,46	124,0
Bohrung x Hub mm	40,0 x 39,3	57,0 x 48,6	62,8 x 48,6	57,0 x 48,6
Verdichtungsverhältnis	11,5 : 1	10,6 : 1	10,6 : 1	10,6 : 1
Leistung PS/kW	3,4 (2,5)	10,3 (7,6)	11,6 (8,6)	10,3 (7,6)
bei Drehzahl/min⁻¹	6500	8000	7750	8000
Maximales Drehmoment Nm bei Drehzahl/min⁻¹	k. A.	9,6/6000	11,6/6000	9,6/6000
Einlaßsystem	Unterdruck-Vergaser --			
Kurbelwelle	kugelgelagert	gleitgelagert --		
Schmierung	kettengesteuerte Nockenpumpe, Netz-Vorfilter + Fliehkraft-Filter an der Kurbelwelle			
Zündung	kontaktlos elektronisch CDI (Capacitor Discharge Ignition) ----------------			
Zündkerze	NGK CR8EB	Champion RG6YC oder NGK CR7EB -----------------		
Vergaser	Keihin CVK 18	Keihin CVEK 26	Keihin CVEK 26	Keihin CVEK 26
Abgasanlage	ungeregelter Zweiweg-Katalysator, Sekundärluft-System SAS ---------			
Starter	Kick- und Elektrostarter --			
E-Starter-Leistung	0,15 kW	0,5 kW	0,5 kW	0,5 kW
Lichtmaschine	Schwungradmagnetzünder, Wechselstrom, einphasig --------------------			
Kraftübertragung				
Primärtrieb	Direktantrieb über Variator auf der Kurbelwelle ----------------------------			
Kupplung	Fliehkraftkupplung auf Getriebeantriebswelle ------------------------------			
Getriebe	Zahnradgetriebe mit Antriebs- und Abtriebswelle -------------------------			
Übersetz. 1/	keine Angaben erhältlich ---			
Sekundärtrieb	Keilriemen auf Fliehkraftkupplung, Untersetzungsgetriebe, Abtriebswelle/Hinterachse			
Fahrwerk, Bremsen				
Rahmen	Stahlblechrahmen selbsttragend --			
Karosserie	Stahlblech mit Kunststoff-Anbauteilen --------------------------------------			
Vorderradführung	Lenkrohr mit gezogener Schwinge, hydraulisch gedämpftes Federbein			
Hinterradführung	LM-Triebsatzschwinge mit Achse und Gummielementen, hydraul. gedämpftes Federbein			
Federwege v/h	70/83,5 mm	70/83,5 mm	70/83,5 mm	70/83,5 mm
Bremse vorn	gelochte Bremsscheibe, Zweikolben-Festsattel ----------------------------			
Bremse Durchmesser	200 mm	200 mm	200 mm	200 mm
Bremsbetät. vorn	hydraulisch von Hand per Hebel rechts am Lenker -----------------------			
Bremse hinten	Zweibacken-Trommelbremse, selbstrückstellend --------------------------			
Bremse Durchmesser	110 mm	110 mm	110 mm	110 mm
Bremsbetätigung hint.	mechanisch per Seilzug von Hand per Hebel links am Lenker ------------			
Räder, Bauart vorn	LM 2.50 x 11	LM 2.50 x 11	LM 2.50 x 11	LM 2.50 x 11
Räder, Bauart hinten	LM 3.00 x 10	LM 3.00 x 10	LM 3.00 x 10	LM 3.00 x 10
Reifen vorn	110/70-11	110/70-11	110/70-11	110/70-11
Reifen hinten	120/70-10	120/70-10	120/70-10	120/70-10
Fahrleistungen				
Vmax km/h in D	45	91	95	91
Treibstoff	alle Modelle: Super bleifrei ROZ 95 --			
l/100 km durchschn.	2,8	3,2	3,4	3,2
Anmerkungen	keine			

Modell	LX 50 4T	LX 125	LX 150	LXV 125
Maße und Gewichte				
Länge mm	1755	1800	1800	1800
Breite ohne Spiegel mm	740	740	740	740
Höhe ohne Spiegel	1140	1140	1140	1180
Sitzhöhe mm	775	785	785	810
Benzintank Liter	8,6	8,6	8,6	8,6
Ölinhalt Motor	ca. 850 cm^3	ca. 1000 cm^3	ca. 1000 cm^3	ca. 1000 cm^3
Radstand mm	1280	1280	1280	1280
Leergewicht kg	102	110	110	114
Zuladung kg	188	180	180	176
zulässiges Ges.gew. kg	290	290	290	290
Vergaser- und Umweltdaten				
Typ	Keihin CVK 18	Keihin CVEK 26	Keihin CVEK 26	Keihin CVEK 26
Einlaßquerschnitt	18 mm	26,5 mm	26,5 mm	26,5 mm
Hauptdüse	75	82	82	82
Luftbohrung dazu	---	85	85	85
Leerlaufdüse	35	35	35	35
Luftbohrung dazu	---	150	150	150
Startdüse	40	42	42	42
Düsennadel	NGBA	NELA od. NJHA	NJHA	NELA
Clip-Stellung von oben	keine Kerben	k. A.	k. A.	k. A.
Standgasgemisch-Regulierungsschraube:				
Umdrehungen heraus		1 3/4	1 3/4	1 3/4
Leerlaufdrehzahl/min⁻¹	1900-2000	1600-1800	1600-1800	1600-1800
Benzinpegel Schwimmer	k. A.	k. A.	k. A.	k. A.
CO-Einstellung/min⁻¹	3,2% +/- 0,5	3,8 %+/- 0,7 1650 +/- 50 -------------------------		
Abgasnorm	Euro 2	Euro 3	Euro 3	Euro 3
Elektrik, Beleuchtung (12 Volt)				
Batterie	12V - 9 Ah	12V - 9 Ah	12V - 9 Ah	12V - 9 Ah
Fern-/Fahrlicht	35/35 W	55/55 W	55/55 W	55/55 W
Standlicht	5 W	5 W	5 W	5 W
Rück-/Bremslicht	5/21 W	5/21 W	5/21 W	5/21 W
Blinker vorn/hinten	10/10 W	10/10 W	10/10 W	10/10 W
Hauptsicherung	10 A	7,5 A	7,5 A	7,5 A
Zusatzsicherungen	7,5 A	7,5 A (3 x)	7,5 A (3 x)	7,5 A (3 x)
Instrumente	4 x 1,2 W	7 x 1,2/2 x 2 W	7 x 1,2/2 x 2 W	7 x 1,2/2 x 2 W
Füllmengen, Reifenluftdruck				
Getriebeöl cm^3	85	ca. 100	ca. 100	ca. 100
Getriebeöl Spezifikation	80W-90	80W-90	80W-90	80W-90
Motoröl	5W/40 vollsynthetisch --			
Bremsflüssigkeit	DOT 4	DOT 4	DOT 4	DOT 4
Luftdruck vorn bar solo	1,3	1,3	1,3	1,3
Luftdruck hinten bar solo	1,8	1,8	1,8	1,8
Luftdr. v/h beladen	1,6/2,0	1,6/2,0	1,6/2,0	1,6/2,0
Einstell- und Elektrik-Daten				
Ventilspiel Einlaß/	0,10	0,10	0,10	0,10
Auslaß mm	0,15	0,15	0,15	0,15
Gaszugspiel	1,0 mm	1,0 mm	1,0 mm	1,0 mm
Bremshebelspiel	4,0-5,0 mm	4,0-5,0 mm	4,0-5,0 mm	4,0-5,0 mm
Bremsbelag minimal	1,5 mm	1,5 mm	1,5 mm	1,5 mm
Elektrodenabstand				
Zündkerze mm	ca. 0,6 mm	0,6-0,7 mm	0,6-0,7 mm	0,6-0,7 mm
Vorzündung v. OT/min⁻¹	keine Angaben	keine Angaben	keine Angaben	keine Angaben

Technische Daten, Einstelldaten Vespa Viertakt-Modelle LX 4V und S

(alle Angaben nach bestem Wissen, aber ohne Gewähr, Haftung ausgeschlossen, vor allem bei Einstelldaten)

Modell	**LX 50 4V**	**S 50 4V**	**S 125**	**S 150**
Produktionszeit	seit 2008	seit 2008	2006-2010	2008-2010
Motor				
Bauart	1-Zyl.-4-Takt, gebläseluftgekühlt, mit Antrieb verblockt --------------------			
Motortyp Piaggio	Quadrovalvole	Quadrovalvole	LEADER	LEADER
Ventilsteuerung	SOHC, 4 Ventile	SOHC, 4 Ventile	SOHC, 2 Ventile	SOHC, 2 Ventile
	1 obenliegende, kettengetriebene Nockenwelle ----------------------------			
Hubraum cm^3	49,9	49,9	124,0	151,0
Bohrung x Hub mm	39,0 x 41,8	39,0 x 41,8	57,0 x 48,6	62,8 x 48,6
Verdichtungsverhältnis	11,5 : 1	11,5 : 1	10,6 : 1	10,6 : 1
Leistung PS/kW	4,4 (3,2)	4,4 (3,2)	10,3 (7,6)	12,1 (8,9)
bei Drehzahl/min^{-1}	8256	8250	8000	7750
Maximales Drehmoment Nm bei Drehzahl/min^{-1}	3,8/7750	3,8/7750	9,6/6000	11,8/6000
Einlaßsystem	Unterdruck-Vergaser --			
Kurbelwelle	kugelgelagert -------------------------		gleitgelagert -------------------------	
Schmierung	kettengesteuerte Nockenpumpe, Netz-Vorfilter + Fliehkraft-Filter an der Kurbelwelle			
Zündung	kontaktlos elektronisch CDI (Capacitor Discharge Ignition) ----------------			
Zündkerze	NGK ER9EH-N	NGK ER9EH-N	Champion RG6YC od. NGK CR7EB	
Vergaser	Keihin NCV 20	Keihin NCV 20	Keihin CVK 26	Keihin CVK 26
Abgasanlage	ungeregelter Zweiweg-Katalysator, Sekundärluft-System SAS ------------			
Starter	Kick- und Elektrostarter ---			
E-Starter-Leistung	0,15 kW	0,15 kW	0,5 kW	0,5 kW
Lichtmaschine	Schwungradmagnetzünder, Wechselstrom, einphasig ----------------------			
Kraftübertragung				
Primärtrieb	Direktantrieb über Variator auf der Kurbelwelle ----------------------------			
Kupplung	Fliehkraftkupplung auf Getriebeantriebswelle -------------------------------			
Getriebe	Zahnradgetriebe mit Antriebs- und Abtriebswelle --------------------------			
Übersetz. 1/	keine Angaben erhältlich --			
Sekundärtrieb	Keilriemen auf Fliehkraftkupplung, Untersetzungsgetriebe, Abtriebswelle/Hinterachse			
Fahrwerk, Bremsen				
Rahmen	Stahlblechrahmen selbsttragend ---			
Karosserie	Stahlblech mit Kunststoff-Anbauteilen --------------------------------------			
Vorderradführung	Lenkrohr mit gezogener Schwinge, hydraulisch gedämpftes Federbein			
Hinterradführung	LM-Triebsatzschwinge mit Achse und Gummielementen, hydraul. gedämpftes Federbein			
Federwege v/h	70/83,5 mm	70/83,5 mm	70,3/83,5 mm	70,3/83,5 mm
Bremse vorn	gelochte Bremsscheibe, Zweikolben-Festsattel ----------------------------			
Bremse Durchmesser	200 mm	200 mm	200 mm	
Bremsbetät. vorn	hydraulisch von Hand per Hebel rechts am Lenker ------------------------			
Bremse hinten	Zweibacken-Trommelbremse, selbstrückstellend ---------------------------			
Bremse Durchmesser	110 mm	110 mm	110 mm	
Bremsbetätigung hint.	mechanisch per Seilzug von Hand per Hebel links am Lenker ------------			
Räder, Bauart vorn	LM 2.50 x 11	LM 2.50 x 11	LM 2.50 x 11	LM 2.50 x 11
Räder, Bauart hinten	LM 3.00 x 10	LM 3.00 x 10	LM 3.00 x 10	LM 3.00 x 10
Reifen vorn	110/70-11	110/70-11	110/70-11	110/70-11
Reifen hinten	120/70-10	120/70-10	120/70-10	120/70-10
Fahrleistungen				
Vmax km/h in D	45	45	91	95
Treibstoff	alle Modelle: Super bleifrei ROZ 95 ---------------------------------------			
l/100 km durchschn.	2,8	2,8	3,2	3,4

Anmerkungen keine

Modell	**LX 50 4V**	**S 50 4V**	**S 125**	**S 150**
Maße und Gewichte				
Länge mm	1755	1755	1800	1800
Breite ohne Spiegel mm	740	740	740	740
Höhe ohne Spiegel	1140	1140	1140	1140
Sitzhöhe mm	775	775	785	785
Benzintank Liter	8,6	8,6	8,6	8,6
Ölinhalt Motor	ca. 850 cm^3	ca. 850cm^3	1100 cm^3	1100 cm^3
Radstand mm	1280	1290	1280	1280
Leergewicht kg	102	110	114	114
Zuladung kg	188	180	186	186
zulässiges Ges.gew. kg	290	290	300	300
Vergaser- und Umweltdaten				
Typ	Keihin NCV 20	Keihin NCV 20	Keihin CVK 26	Keihin CVK 26
Einlaßquerschnitt	20 mm	20 mm	26,5	26,5
Hauptdüse	k. A.	k. A.	82	82
Luftbohrung dazu	---	---	85	85
Leerlaufdüse	k. A.	k. A.	42	42
Luftbohrung dazu	---	---	---	---
Startdüse	k. A.	k. A.	k. A.	k. A.
Düsennadel	k. A.	k. A.	NJHA	NJHA
Clip-Stellung von oben	k. A.	k. A.	k. A.	k. A.
Standgasgemisch-Regulierungsschraube:				
Umdrehungen heraus	k. A.	k. A.	2 1/2	2 1/2
Leerlaufdrehzahl/min^{-1}	1900-2000	1900-2000	1650 +/- 100	1650 +/- 100
Benzinpegel Schwimmer	k. A.	k. A.	k. A.	k. A.
CO-Einstellung//min^{-1}	k. A.	k. A.	k A.	k A.
Abgasnorm	Euro 3	Euro 3	Euro 3	Euro 3
Elektrik, Beleuchtung (12 Volt)				
Batterie	12V - 9 Ah	12V - 9 Ah	12V - 10 Ah	12V - 10 Ah
Fern-/Fahrlicht	35/35 W	35/35 W	55/60 W	55/60 W
Standlicht	5 W	5 W	5 W	5 W
Rück-/Bremslicht	5/21 W	5/21 W	5/21 W	5/21 W
Blinker vorn/hinten	10/10 W	10/10 W	10/10 W	10/10 W
Hauptsicherung	10 A	15 A	15 A	15 A
Zusatzsicherungen	7,5 A	7,5 + 10 A	15 A + 2 x 7,5 A	15 A + 2 x 7,5 A
Instrumente	4 x 1,2 W	4 x 1,2 W	5 x 1,2/3 x 2 W	5 x 1,2/3 x 2 W
Füllmengen, Reifenluftdruck				
Getriebeöl cm^3	85	85	ca. 100	ca. 100
Getriebeöl Spezifikation		80W-90	80W-90	80W-90
Motoröl	5W/40 vollsynthetisch	---	---	---
Bremsflüssigkeit	DOT 4	DOT 4	DOT 4	DOT 4
Luftdruck vorn bar solo	1,3	1,3	1,3	1,3
Luftdruck hinten bar solo	1,8	1,8	1,8	1,8
Luftdr. v/h beladen	1,6/2,0	1,6/2,0	1,6/2,0	1,6/2,0
Einstell- und Elektrik-Daten				
Ventilspiel Einlaß/	0,10	0,10	0,10	0,10
Auslaß mm	0,15	0,15	0,15	0,15
Gaszugspiel	1,0 mm	1,0 mm	1,0 mm	1,0 mm
Bremshebelspiel	4,0-5,0 mm	4,0-5,0 mm	4,0-5,0 mm	4,0-5,0 mm
Bremsbelag minimal	1,5 mm	1,5 mm	1,5 mm	1,5 mm
Elektrodenabstand				
Zündkerze mm	ca. 0,6 mm	ca. 0,6 mm	0,6-0,7 mm	0,6-0,7 mm
Vorzündung v. OT/min^{-1}	keine Angaben	keine Angaben	keine Angaben	keine Angaben

Drehmoment-Richtwerte alle Modelle *(zusammengefaßt nach konstruktiv ähnlichen Typen; Ausnahmen für bestimmte Modelle werden unterhalb der entsprechenden Positionen und leicht eingerückt* ***in Fettschrift*** *hervorgehoben); (Angaben in Nm für das Anziehen in 2 Stufen; alle Angaben nach bestem Wissen, aber ohne Gewähr, Haftung ausgeschlossen)*

Modell	**ET 2 50** **LX 50 2T** **LX 50 4T** **LX 50 4T 4V** **LXV 50** **S 50** **S 50 4V**	**ET 2 Iniezione**	**ET 4 50** **ET 4 125** **ET 4 150**	**ET 4 125 LEAD.** **ET 4 150 LEAD.**	**LX 125** **LX 150** **LXV 125** **S 125** **S 150**
Motor					
Kickstarter-Befestigung	12 - 13	12 - 13	12 - 13	12 - 13	12 - 13
Anlasser am Gehäuse	12 - 13	12 - 13	11 - 13	11 - 13	11 - 13
Auspuffkrümmer am Zylinder	9 - 11	9 - 11	16 - 18		16 - 18
Auspufftopf am Krümmer	11 - 13	12 - 13	11 - 13	11 - 13	11 - 13
Auspufftopf am Gehäuse	24 - 27	24- 27	24 - 27	24 - 27	24 - 27
ET 4 50, LX 50 2T, LXV 50, S 50: 22 - 24					
Kurbelgehäusehälften	12 - 13	12 - 13	11 - 13		11 - 13
Ventilator auf Schwungrad	3,5 - 5	3,5 - 5	3 - 4		3 - 4
Schwungrad auf Kurbelwelle	40 - 44*	40 - 44*	40 - 44**		52 - 58**
Zylinderkopf-Schrauben	10 - 11	12 - 13	28 - 30*		s. Anmerkung.
ET 4 50, LX 50 4T, LX 50 4V, S 50 4V: alte Schrauben: 6-7 +90° +90°, neue Schrauben: 6-7 +90° +90° +90° kreuzw.					
LX 125/150, LXV 125, S 125/150: alte Schrauben: 10 + 90° + 90°, neue Schrauben: 10 + 90° + 90° + 90° kreuzweise					
Zylinderdeckel-Schrauben	3,5 - 5	3,5 - 5	11 - 13		11 - 13
ET 4 50: 8 - 10					
Schrauben Zyl.-Kopf seitlich	---	---	12 - 14		11 - 13
Schrauben Zyl.-Basis seitlich	---	---	11 - 13		11 - 13
ET 4 50, LX 50 4T, LX 50 4V, S 50 4V: 8 - 10					
Zahnkranz an Nockenwelle	---	---	12 - 14*		12 - 14*
Führungsschuh Steuerkette	---	---	8 - 10***		10 - 14***
Schraube Schwinghebelwelle **ET 4 50, LX 50 4T, LX 50 4V, S 50 4V:** 3 - 4					
Schwinghebelstellvorrichtung **ET 4 50, LX 50 4T, LX 50 4V, S 50 4V:** 7 - 9					
Gegengewicht Dekompression **LX 125/150, LXV 125, S 125/150:** 7 - 8,5					
Zahnkranz an Ölpumpe	---	---	12 - 14*		10 - 14*
ET 4 50, LX 50 4T, LX 50 4V, S 50 4V: 8 - 10					
Ölpumpe an Motorgehäuse	---	---	5 - 6*		5 - 6*
Deckelschraube Ölfilter unten	---	---	25 - 28		27 - 33
Kontrollverschluß Ölfilter oben	---	---	25 - 28		---
Ölablaßschraube Motor	---	---	25 - 28		24 - 30
ET 4 50, LX 50 4T, LX 50 4V, S 50 4V: 25 - 28					
Motoröl-Vorfilter-Verschluß **ET 4 50, LX 50 4T, LX 50 4V, S 50 4V:** 25 - 28; **LX 125/150, LXV 125, S 125/150:** 24-30					
Ölwanne an Gehäuse	---	---	11 - 13		12 - 14
ET 4 50, LX 50 4T, LX 50 4V, S 50 4V: 8 - 10					
Zündkerze	20 - 25***	15 - 20***	15-20***		12 - 14***
ET 4 50, LX 50 4T, LX 50 4V, S 50 4V: 10 - 15***					
Verdichterträger	---	12 - 13	---	---	---
Verdichter: Riemenspanner	---	15 - 18	---	---	---
Riemenspannrolle, Schraube	---	12 - 13	---	---	---
Einspritzventil	---	13 - 15	---	---	---

** neue Muttern verwenden, ** neue Muttern mit flüssiger Schraubensicherung einsetzen; *** kritisch = Vorsicht!*

Modell	ET 2 50 LX 50 2T LX 50 4T LX 50 4T 4V LXV 50 S 50 S 50 4V	ET 2 Iniezione	ET 4 50 ET 4 125 ET 4 150	ET 4 125 LEAD. ET 4 150 LEAD.	LX 125 LX 150 LXV 125 S 125 S 150
Antrieb					
Antriebsgehäusedeckel	11 - 13	12 - 13	11 - 13	11 - 13	11 - 13
Kupplungsglocke/Mutter	40 - 44**	40 - 44**	40 - 44**	40 - 44**	54 - 60**
Variator/Mutter	40 - 44**	40 - 44**	40 - 44**	40 - 44**	75 - 83**
ET 4 50, LX 50 4T, LX 50 4V, S 50 4V: 18 - 20 + 90°					
Kupplung mit Riemenscheibe	55 - 60**	55 - 60**	55 - 60**	55 - 60**	45 - 50**
Schrauben Ölstand,-ablaß	11 - 13	3 - 5	3 - 5	3 - 5	15 - 17
ET 4 50, LX 50 2T, LXV 50, S 50, LX 50 4T, LX 50 4V, S 50 4V: 3 - 5					
*** neue Muttern verwenden, Muttern mit flüssiger Schraubensicherung einsetzen*					
Vorderradaufhängung					
Federbein-Befestigung oben	20 - 30	20 - 30	20 - 30	20 - 30	s. Anmerkung
LX 50 4T, LX 50 4V, S 50 4V, LX 125/150, LXV 125, S 125/150: 20 - 25					
Federbein-Befestigung unten	20 - 27	20 - 27	20 - 27	20 - 27	20 - 25
LX 125/150, LXV 125, S 125: 20 - 27					
Radnabe Zentralmutter	75 - 90	75 - 90	75 - 90	75 - 90	75 - 90
Inbus-Radschrauben an Nabe	16 - 26	16 - 26	20 - 25	20 - 25	20 - 25
ET 4 50, LX 50 2T, LXV 50, S 50, LX 50 4T, LX 50 4V, S 50 4V: 20-25					
Vorderrad-Scheibenbremse					
Leitung an Hauptbremszyl.	8 - 12	8 - 12	8 - 12	8 - 12	8 - 12
Leitung an Bremszange	15 - 25	15 - 25	15 - 25	15 - 25	20 - 25
ET 4 50, LX 50 2T, LXV 50, S 50, LX 50 4T, LX 50 4V, S 50 4V: 20 - 25					
Bremszange an Träger	20 - 25	20 - 25	20 - 25	20 - 25	20 - 25
Bremsscheibe an Nabe	5 - 6,5	5 - 6,5	5 - 6,5	5 - 6,5	5 - 6,5
S 125: 8 - 10					
Entlüftungsschraube	10 - 12	10 - 12	10 - 12	10 - 12	10 - 12
Bremszylinder an Lenker	7 - 10	7 - 10	7 - 10	7 - 10	7 - 10
Lenkung					
Lenkerbefestigung	45 - 50	45 - 50	45 - 50	45 - 50	s. Anmerkung
LX 50 2T, LXV 50, S 50, LX 50 4T, LX 50 4V, S 50 4V: 50-55; **S 125/150:** 45 - 50					
untere Nutmutter Lager oben	50 - 60***	50 - 60***	30 - 40***	30 - 40***	s. Anmerkung
ET 4 50, LX 50 2T, LXV 50, S 50, LX 50 4T, LX 50 4V, S 50 4V, S 125/150: 8 - 10					
Konter-Nutmutter Steuerlager	30 - 40	30 - 40	30 - 40	30 - 40	35 - 40
LX 50 2T, LXV 50, S 50,, LX 50 4T, LX 50 4V, S 50 4V: 35 - 40					
**** nach Erreichen des Drehmoments Nutmutter wieder um ca 120° zurückdrehen*					
Hinterradaufhängung					
Hinterrad/Zentralmutter	137 - 152*	113 - 123*	115 - 125*	115 - 125*	104 - 126*
ET 4 50: 137 - 152; **LX 50 4T, LX 50 4V, S 50 4V:** 104 - 126					
Federbein am Motor	33 - 41*	33 - 41*	20 - 27*	20 - 27*	33 - 41*
Federbein am Rahmen	20 - 25*	20 - 25*	20 - 27*	20 - 27*	20 - 25*
Motorgehäuse an Schwinge	33 - 41*	38 - 52*	33 - 41*	33 - 41*	33 - 41*
Platte Schwinge an Rahmen	44 - 52	38 - 52	44 - 52	44 - 52	44 - 52
ET 4 50, LX 50 2T, LXV 50, S 50:		33 - 41			
Ständer am Rahmen	15 - 20	15 - 20	15 - 20	15 - 20	32 - 40
** neue Muttern verwenden*					

Kolben- und Zylindermaße ET-Modelle

(alle Angaben nach bestem Wissen, aber ohne Gewähr, Haftung ausgeschlossen)

Modell	ET 2 50 Zweitakt	ET 2 50 Iniezione Zweitakt	ET 4 125 bis Bj. 2000 Viertakt
Einbauspiel in mm			
Zylinder - Kolben	0,050 - 0,060	0,065 - 0,075	0,0505 - 0,0606
Stoß zw. Kolbenringenden ET2	0,10 - 0,25	0,10 - 0,25	---
Stoß Kompressionsring ET4	---	---	0,140 - 0,315
Stoß Mittelring ET4	---	---	0,090 - 0,260
Stoß Ölabstreifring ET4	---	---	0,140 - 0,315
Maße und Übermaße Zylinder (innen), Kolben und Kolbenringe (außen) - Durchmesser in mm			
Zylinder Standard	40,00 + 0,015/ - 0,005	40,00 +/- 0,010	57,00 + 0,015/ - 0,010
Zylinder 1. Übermaß	40,20 + 0,015/ - 0,005	40,20 +/- 0,010	57,20 + 0,015/ - 0,010
Zylinder 2. Übermaß	40,40 + 0,015/ - 0,005	40,40 +/- 0,010	57,40 + 0,015/ - 0,010
Zylinder 3. Übermaß	---	---	57,60 + 0,015/ - 0,010
Kolben Standard	39,95 +/- 0,010	39,93 +/- 0,010	56,947 + 0,0125/ - 0
Kolben 1. Übermaß	40,15 +/- 0,010	40,13 +/- 0,010	57,147 + 0,0125/ - 0
Kolben 2. Übermaß	40,35 +/- 0,010	40,33 +/- 0,010	57,347 + 0,0125/ - 0
Kolben 3. Übermaß	---	---	56,547 + 0,0125/ - 0
Kolbenringe Standard ET2	40,00	40,00	---
Kolbenringe 1. Übermaß ET2	40,20	40,20	---
Kolbenringe 2. Übermaß ET2	40,40	40,40	---
Kompressionskolbenringe ET4	---	---	57,0 x 1,0
Ölabstreifring ET4	---	---	57,0 x 2,5
Paßgruppen Zylinder/Kolben in mm			
Kennmarke A - Zylinder/Kolben	39,995 / 39,940	39,990 / 39,920	---
Kennmarke B - Zylinder/Kolben	40,000 / 39,945	39,995 / 39,925	---
Kennmarke C - Zylinder/Kolben	40,005 / 39,950	40,000 / 39,930	---
Kennmarke D - Zylinder/Kolben	40,010 / 39,955	40,005 / 39,935	---
Kennmarke E - Zylinder/Kolben	40,015 / 39,960	40,010 / 39,940	---
Durchmesser Pleuelkopf, Kolbenbolzen, Verdichterelemente in mm			
Durchmesser Pleuelkopf	17,00 + 0,011/ - 0,001	17,00 + 0,011/ - 0,001	14,00 + 0,0120/ - 0,0085
Durchmesser Kolbenbolzen	12,00 + 0,005/ - 0,001	12,00 + 0,005/ - 0,001	14,00 + 0,002/ - 0
Durchmesser Zylinder Verdichter	---	24,00 + 0,013/ - 0	---
Abnutzungsgrenzwert Zyl. Verd.	---	24,02	---
Durchmesser Kolben Verdichter	---	23,97 + 0/- 0,01	---
Durchmesser Kolbenbolzen Verd.	---	5,00 + 0,002	---
Maximalspiel Kolben/Zylin. Verd.	---	0,06	---
Zylinderfußdichtung: Stärke in mm bei Ermittlung des Abstandes Kolbenboden-Meßfühler*			
bei Abstand 2,45 - 2,7 mm	Stärke 0,6 mm	Stärke 0,6 mm	---
bei Abstand 2,25 - 2,45 mm	Stärke 0,4 mm	Stärke 0,4 mm	---
bei Abstand 2,25 mm	Stärke 0,2 mm	Stärke 0,2 mm	---
bei Abstand -0,1 - 0,1 mm	---	---	0,7 +/- 0,05 mm
bei Abstand 0,1 - 0,3 mm	---	---	0,6 +/- 0,05 mm
bei Abstand 0,3 - 0,5 mm	---	---	0,4 +/- 0,05 mm

** Messung mit Spezialmeßuhr, die auf den Zylinder geschraubt wird, Kolben im oberen Totpunkt*

Wichtiger Hinweis für alle Modelle:

Der Kolben muß so eingebaut werden, daß der oben eingeprägte Pfeil zur Auslaßseite hinweist.
Die Kolbenringe sind so einzubauen, daß die Markierungen „Top“ oder das Herstellerzeichen nach oben zeigen.

Kolben- und Zylindermaße ET-, LX-, LXV-Modelle

(alle Angaben nach bestem Wissen, aber ohne Gewähr, Haftung ausgeschlossen)

Modell	LX 50 Zweitakt		ET 4 125 LEADER, LX 125 LEADER, LXV 125 LEADER Viertakt	
Einbauspiel in mm				
Zylinder - Kolben (alle Codes)	0,055 - 0,069		0,040 - 0,054	
Stoß zw. Kolbenringenden LX 50	0,10 - 0,25		---	
Stoß Kompressionsring 125er	---		0,15 - 0,30	
Stoß Ölabstreifring oben 125er	---		0,10 - 0,30	
Stoß Ölabstreifring unten 125er	---		0,15 - 0,35	
Maße und Übermaße Zylinder (innen)) - Durchmesser in mm				
Zylinder Standard	Code M:	40,005 - 40,012	Code A:	56,980 - 56,987
Zylinder Standard	Code N:	40,012 - 40,019	Code B:	56,987 - 56,994
Zylinder Standard	Code O:	40,019 - 10,026	Code C:	56,994 - 57,001
Zylinder Standard	Code P:	40,026 - 40,033	Code D:	57,001 - 57,008
Zylinder 1. Übermaß	Code M1:	40,205 - 40,212	Code A1:	57,180 - 57,187
Zylinder 1. Übermaß	Code N1:	40,212 - 40,219	Code B1:	57,187 - 57,194
Zylinder 1. Übermaß	Code O1:	40,219 - 40,226	Code C1:	57,194 - 57,201
Zylinder 1. Übermaß	Code P1:	40,226 - 40,233	Code D1:	57,201 - 57,208
Zylinder 2. Übermaß	Code M2:	40,405 - 40,412	Code A2:	57,380 - 57,387
Zylinder 2. Übermaß	Code N2:	40,412 - 40,419	Code B2:	57,387 - 57,394
Zylinder 2. Übermaß	Code O2:	40,419 - 40,426	Code C2:	57,394 - 57,401
Zylinder 2. Übermaß	Code P2:	40,426 - 40,433	Code D2:	57,401 - 57,408
Zylinder 3. Übermaß	---		Code A3:	57,580 - 57,587
Zylinder 3. Übermaß	---		Code B3:	57,587 - 57,594
Zylinder 3. Übermaß	---		Code C3:	57,594 - 57,601
Zylinder 3. Übermaß	---		Code D3:	57,601 - 57,608
Maße und Übermaße Kolben und Kolbenringe (außen) - Durchmesser in mm				
Kolben Standard	Code M:	39,943 - 39,950	Code A:	56,933 - 56,940
Kolben Standard	Code N:	39,950 - 39,957	Code B:	56,940 - 56,947
Kolben Standard	Code O:	39,957 - 39,964	Code C:	56,947 - 56,954
Kolben Standard	Code P:	39,964 - 39,971	Code D:	56,954 - 56,961
Kolben 1. Übermaß	Code M1:	40,143 - 40,150	Code A1:	57,133 - 57,140
Kolben 1. Übermaß	Code N1:	40,150 - 40,157	Code B1:	57,140 - 57,147
Kolben 1. Übermaß	Code O1:	40,157 - 40,164	Code C1:	57,147 - 57,154
Kolben 1. Übermaß	Code P1:	40,164 - 40,171	Code D1:	57,154 - 57,161
Kolben 2. Übermaß	Code M2:	40,343 - 40,350	Code A2:	57,333 - 57,340
Kolben 2. Übermaß	Code N2:	40,350 - 40,357	Code B2:	57,340 - 57,347
Kolben 2. Übermaß	Code O2:	40,357 - 40,364	Code C2:	57,347 - 57,354
Kolben 2. Übermaß	Code P2:	40,364 - 40,371	Code D2:	57,354 - 57,361
Kolben 3. Übermaß	---		Code A3:	57,533 - 57,540
Kolben 3. Übermaß	---		Code B3:	57,540 - 57,547
Kolben 3. Übermaß	---		Code C3:	57,547 - 57,554
Kolben 3. Übermaß	---		Code D3:	57,544 - 57,561
Kolbenringe Standard LX 50	40,00		---	
Kolbenringe 1. Übermaß LX 50	40,20		---	
Kolbenringe 2. Übermaß LX 50	40,40		---	
Kompressionskolbenring 125er	---		57,0 x 1,0 / Übermaße 57,2/57,4/57,6	
Ölabstreifring oben 125er	---		57,0 x 1,0 / Übermaße 57,2/57,4/57,6	
Ölabstreifring unten 125er	---		57,0 x 2,5 / Übermaße 57,2/57,4/57,6	
Zylinderfußdichtung 125er: Stärke in mm bei Ermittlung des Abstandes Kolbenboden-Meßfühler*				
bei Abstand 2,80 - 3,04 mm	Stärke 0,4 mm		---	
bei Abstand 3,04 - 3,24 mm	Stärke 0,6 mm		---	
bei Abstand 3,25 - 3,48 mm	Stärke 0,8 mm		---	

** Messung mit Spezialmeßuhr, die auf den Zylinder geschraubt wird, Kolben im oberen Totpunkt*

Kolben- und Zylindermaße LX-, LXV- und S-Modelle

(alle Angaben nach bestem Wissen, aber ohne Gewähr, Haftung ausgeschlossen)

Modell	LXV 50, S 50 Zweitakt	LX 50 4T, LX 50 4T 4V, S 50 4T 4V, ET 4 50	S 125 LEADER Viertakt
Einbauspiel in mm		**0,037-0,051 (mit Kolben „shiram" Standard; 0,025-0,030 bei ET 4 50)*	
Zylinder - Kolben (alle Codes):	0,055 - 0,069	0,032 - 0,046*	0,046 - 0,060
Stoß zw. Kolbenringenden 50 2T:	0,10 - 0,25	---	---
Stoß 1. Kompressionsring LX 50 4T, LX 50 4T 4V, S 50 4T 4V:		0,08 - 0,20	---
Stoß 2 Kompressionsring LX 50 4T, LX 50 4T 4V, S 50 4T 4V:		0,05 - 0,20	---
Stoß Ölabstreifring LX 50 4T, LX 50 4T 4V, S 50 4T 4V:		0,20 - 0,70	---
Stoß Kompressionsring S 125	---		0,15 - 0,30
Stoß Ölabstreifring ob. S 125	---		0,10 - 0,30
Stoß Ölabstreifring unt.S 125	---		0,10 - 0,35
Maße und Übermaße Zylinder (innen)) - Durchmesser in mm			
Zylinder Standard	Code M: 40,005 - 40,012	Code A: 38,993 - 39,000	Code M: 56,997 - 57,004
Zylinder Standard	Code N: 40,012 - 40,019	Code B: 39,000 - 39,007	Code N: 57,004 - 57,011
Zylinder Standard	Code O: 40,019 - 10,026	Code C: 39,007 - 39,014	Code O: 57,011 - 57,018
Zylinder Standard	Code P: 40,026 - 40,033	Code D: 39,014 - 39,021	Code P: 57,018 - 57,025
Zylinder 1. Übermaß	Code M1: 40,205 - 40,212	Code A1: 39,193 - 39,200	Code M1: 57,197 - 57,204
Zylinder 1. Übermaß	Code N1: 40,212 - 40,219	Code B1: 39,200 - 39,207	Code N1: 57,204 - 57,211
Zylinder 1. Übermaß	Code O1: 40,219 - 40,226	Code C1: 39,207 - 39,214	Code O1: 57,211 - 57,218
Zylinder 1. Übermaß	Code P1: 40,226 - 40,233	Code D1: 39,214 - 39,221	Code P1: 57,218 - 57,225
Zylinder 2. Übermaß	Code M2: 40,405 - 40,412	Code A2: 39,393 - 39,400	Code M2: 57,397 - 57,404
Zylinder 2. Übermaß	Code N2: 40,412 - 40,419	Code B2: 39,400 - 39,407	Code N2: 57,404 - 57,411
Zylinder 2. Übermaß	Code O2: 40,419 - 40,426	Code C2: 39,407 - 39,414	Code O2: 57,411 - 57,418
Zylinder 2. Übermaß	Code P2: 40,426 - 40,433	Code D2: 39,414 - 39,421	Code P2: 57,418 - 57,425
Zylinder 3. Übermaß	---	Code A3: 39,593 - 39,600	Code M3: 57,597 - 57,604
Zylinder 3. Übermaß	---	Code B3: 39,600 - 39,607	Code N3: 57,604 - 57,611
Zylinder 3. Übermaß	---	Code C3: 39,607 - 39,614	Code O3: 57,611 - 57,618
Zylinder 3. Übermaß	---	Code D3: 39,614 - 39,621	Code P3: 57,618 - 57,625
Maße und Übermaße Kolben und Kolbenringe (außen) - Durchmesser in mm			
Kolben Standard	Code M: 39,943 - 39,950	Code A: 38,954 - 38,961	Code M: 56,944 - 56,951
Kolben Standard	Code N: 39,950 - 39,957	Code B: 38,961 - 38,968	Code N: 56,951 - 56,958
Kolben Standard	Code O: 39,957 - 39,964	Code C: 38,968 - 38,975	Code O: 56,958 - 56,965
Kolben Standard	Code P: 39,964 - 39,971	Code D: 38,975 - 38,982	Code P: 56,965 - 56,972
Kolben 1. Übermaß	Code M1: 40,143 - 40,150	Code A1: 39,154 - 39,161	Code M1: 57,144 - 57,151
Kolben 1. Übermaß	Code N1: 40,150 - 40,157	Code B1: 39,161 - 39,168	Code N1: 57,151 - 57,158
Kolben 1. Übermaß	Code O1: 40,157 - 40,164	Code C1: 39,168 - 39,175	Code O1: 57,158 - 57,165
Kolben 1. Übermaß	Code P1: 40,164 - 40,171	Code D1: 39,175 - 39,182	Code P1: 57,165 - 57,172
Kolben 2. Übermaß	Code M2: 40,343 - 40,350	Code A2: 39,354 - 39,361	Code M2: 57,344 - 57,351
Kolben 2. Übermaß	Code N2: 40,350 - 40,357	Code B2: 39,361 - 39,368	Code N2: 57,351 - 57,358
Kolben 2. Übermaß	Code O2: 40,357 - 40,364	Code C2: 39,368 - 39,375	Code O2: 57,358 - 57,365
Kolben 2. Übermaß	Code P2: 40,364 - 40,371	Code D2: 39,375 - 39,382	Code P2: 57,365 - 57,372
Kolben 3. Übermaß	---	Code A3: 39,554 - 39,561	Code M3: 57,544 - 57,551
Kolben 3. Übermaß	---	Code B3: 39,561 - 39,568	Code N3: 57,551 - 57,558
Kolben 3. Übermaß	---	Code C3: 39,568 - 39,575	Code O3: 57,558 - 57,565
Kolben 3. Übermaß	---	Code D3: 39,575 - 39,582	Code P3: 57,565 - 57,572
Kolbenringe Standard 50 2T	40,00	---	---
Kolbenringe 1. Übermaß 50 2T	40,20	---	---
Kolbenringe 2. Übermaß 50 2T	40,40	---	---
1. Kompressionsring LX 50 4T, LX 50 4T 4V, S 50 4T 4V		39,0 x 1,0 / Übermaße 39,2/39,4/39,6	
2. Kompressionsring LX 50 4T, LX 50 4T 4V, S 50 4T 4V		39,0 x 1,0 / Übermaße 39,2/39,4/39,6	
Ölabstreifring LX 50 4T, LX 50 4T 4V, S 50 4T 4V		39,0 x 2,0 / Übermaße 39,2/39,4/39,6	
Kompressionskolbenring S 125	---		57,0 x 1,0 / Übermaße 57,2/57,4/57,6
Ölabstreifring oben S 125	---		57,0 x 1,0 / Übermaße 57,2/57,4/57,6
Ölabstreifring unten S 125	---		57,0 x 2,5 / Übermaße 57,2/57,4/57,6

Fehlersuche und Mängelbehebung bei Motorrollern der Vespa-Baureihen ET, LX, LXV und S, Zwei- und Viertaktmodelle

MOTOR: STARTPROBLEME

Häufigste Ursache: Benzinmangel, daher zuerst prüfen, ob genügend **Benzin im Tank** ist; bei ausreichender Treibstoffmenge **Durchlauf prüfen:** dazu Seitendeckel oder Montageklappe abnehmen, Kickstarter oder Anlasser bei geschlossenem Gasgriff betätigen und kontrollieren, ob Benzin durch die Zulaufleitung strömt.
Düsen oder Benzinhahn verstopft: ausbauen, reinigen und mit Druckluft trocknen.
Unterdruckventil am Benzinhahn defekt: ausbauen, unter Umständen austauschen.
Luftfilter verschmutzt: reinigen oder komplett wechseln.
Automatischer Choke defekt: elektrische Zuleitungen, Durchfluß und mechanische Leichtgängigkeit prüfen.
Motor „abgesoffen“; Anzeichen: es riecht aus dem Auspuff nach Benzin; Vollgas geben und Anlasser oder Kickstarter betätigen; notfalls Zündkerze ausbauen, trocknen, reinigen, Elektrodenabstand prüfen und korrigieren; notfalls Kerze ersetzen; vor dem Wiedereinbau den Motor mit Anlasser oder Kickstarter einige Male durchdrehen, um das Benzin-Luft-Gemisch aus dem Zylinder zu drücken; **Achtung:** war der Tank ganz leer, den Gasgriff nach dem Auffüllen in Leerlaufstellung lassen, um beim Anlassen hohen Unterdruck am Hahn zu erzeugen.
Schwimmernadelventil verklemmt; Anzeichen: Benzin läuft kräftig aus Überlaufschlauch unten am Vergaser; Schwimmerkammer öffnen und Teile durchprüfen.
Schwimmer defekt: Schwimmerkammer öffnen, Schwimmer ersetzen.
Anlasser dreht nicht oder nur schwach: Batterie entladen; ersetzen oder nachladen; Batteriekabel und Anlasseranschlüsse auf festen Sitz und Korrosion überprüfen.
Zündanlage, Zündkerze defekt: Zuleitungen zum Zündschloß und Zündanlage bis hin zu Kerzenstecker und Zündkabel kontrollieren; Kerzenstecker vom Zündkabel drehen, Kabel bei Korrosion um 5 mm kürzen, Stecker aufdrehen; Kerze prüfen (Wärmewert, Elektrodenabstand), ersetzen.
Batterieprobleme: Batterie leer, defekt (Plattenschluß, zu niedriger Säurestand), lockere oder korrodierte Kabelanschlüsse. Ist Batterie nur entladen, Kickstarter benutzen; Aufladung beim Fahren.
Kickstarter springt nicht zurück: Deckel ausbauen und Feder fetten.
Störungen im System der Wegfahrsperre: Anlage prüfen, neu programmieren.
Einspritzpumpe ET 2 Iniezione: ausbauen, prüfen, Antriebsriemen wechseln.

MOTOR, ANTRIEB: SCHLECHTE LEISTUNG

Düsen oder Benzinhahn verstopft oder verschmutzt: ausbauen, reinigen und mit Druckluft ausblasen.
Auspuff undicht oder verstopft: prüfen, ob Anschlüsse dicht sind; bei Verkrustung Austausch des Schalldämpfers (Zweitakter).
Luftfilter verschmutzt oder defekt: reinigen bzw. ersetzen.
Choke bleibt hängen: Leichtgängigkeit und Funktion prüfen bzw. wiederherstellen.
Vergaser falsch eingestellt: Gemischzusammensetzung und Leerlauf einstellen oder in Werkstatt einstellen lassen; Abgas prüfen.
Zündkerze abgebrannt, defekt oder falscher Wärmewert: durch neue ersetzen.
Zündung verstellt: Phaseneinstellung prüfen.
Starke Verkrustung von Brennraum und Zylinderkanälen: Zylinderkopf und Zylinder ausbauen und entkrusten; Kolbenboden sorgfältig reinigen (Zweitakter).
Zylinder, Kolben, Kolbenringe abgenutzt oder beschädigt: Zylinder ausschleifen lassen, Kolben erneuern (Maße s. Anhang).
Kupplung rutscht: Backen der Fliehkraftkupplung prüfen und notfalls austauschen.
Riemenscheiben gleiten schlecht: Teile ausbauen, prüfen, beschädigte Elemente ersetzen, Variatorrollen fetten oder auswechseln.
Keilriemen abgenutzt: ausbauen, erneuern.
Verdichtung zu niedrig beim Viertaktmotor: Ventile falsch eingestellt oder überhitzt; Ventilsitze/Ventile verformt oder abgebrannt; prüfen, einstellen, erneuern.

MOTOR: ABSTERBEN IM LEERLAUF

Vergaser falsch eingestellt: Leerlauf und Gemischeinstellung prüfen, korrigieren.
Leerlaufdüse verschmutzt: ausbauen, reinigen und mit Druckluft durchblasen.
Choke schließt sich nicht: Freigängigkeit prüfen/wiederherstellen.
Schwimmernadel, Schwimmer hängen: ausbauen, prüfen, Freigängigkeit herstellen.
Ansaugtrakt undicht: Abdichtung zwischen Vergaser und Ansaugrohr (alle) sowie zwischen Ansaugrohr und Membran prüfen (Zweitakter); Membranventil prüfen; ersetzen, wenn es nicht oder nur ungenügend schließt (Zweitakter).
Kupplungsschaden: Feder gebrochen; ersetzen
Leerlauf falsch eingestellt: prüfen, korrigieren
Zündanlage, Zündkerze defekt: prüfen, instandsetzen.
Einspritzanlage ET 2 Iniezione: Riemen austauschen, Steuerung prüfen und einstellen.
Decoder Wegfahrsperre defekt: austauschen.

MOTOR: ABSTERBEN BEI VOLLGAS

Hauptdüse verschmutzt, Gemisch zu mager: Düse ausbauen und mit Druckluft durchblasen.
Vergaser verschmutzt: ausbauen, zerlegen, mit geeignetem Lösungsmittel reinigen und mit Druckluft durchblasen.
Wasser im Vergaser: Ursache suchen, notfalls gesamtes Kraftstoffsystem entleeren und trocknen; hat der Motor bereits Wasser angesaugt, Triebwerk komplett zerlegen, reinigen, prüfen; **Achtung:** Motorschaden droht!
Zündkerze defekt: prüfen, reinigen, einstellen oder ersetzen.
Ölzufuhr und Gemischzusammensetzung nicht in Ordnung (Zweitakter): sofort Ölstand im Vorratstank prüfen - **Achtung:** Motorschaden droht bei Ölmangel! Schlauchleitungen prüfen und kontrollieren, ob Ölpumpe blasenfrei arbeitet (Zweitakter).

MOTOR: AUSSETZER BEIM BESCHLEUNIGEN ODER AM BERG

Luftfilter verschmutzt: ausbauen und reinigen oder ersetzen.
Zündkerze defekt: prüfen, reinigen, einstellen oder ersetzen; Wärmewert und Elektrodenabstand müssen stimmen (s.a. technische Daten).
Ölzufuhr und Gemischzusammensetzung prüfen (Zweitakter) - siehe oben.
Starke Verkrustung von Kanälen, Brennraum und Kolben (Zweitakter): ausbauen, reinigen.

MOTOR: VERBRAUCH ZU HOCH

Vergaser verstellt: Gemisch und Leerlauf einstellen, Spiel der Seilzüge prüfen.
Luftfilter und/oder Vergaser verstopft oder verschmutzt: reinigen, Luftfilter ersetzen.
Choke defekt: prüfen, gängig machen, notfalls austauschen.
Hoher Verschleiß an Kolben und Zylinder: Motor überholen.

MOTOR ET 2 INIEZIONE: GERINGE LEISTUNG BEI VOLLGAS

Übermäßige Verkrustungen an Zylinder und Zylinderkopf: reinigen; Riemen der Einspritzsteuerung austauschen.
Düsen im Vergaser oder Benzinhahn verstopft: ausbauen, reinigen.
Phaseneinstellung Einspritzung falsch: Riemen wechseln, Steuerung neu einstellen.
Eindringen von Luft in den Ansaugstutzen der Einspritzpumpe: Ansaugstutzen wechseln und sauber abdichten.
Wasser im Vergaser: Schwimmerkammer öffnen, reinigen, Düsen und Kanäle ausblasen.

MOTOR: ÜBERHITZUNG, SCHLECHTE LEISTUNG (VIERTAKT-MODELLE)

Ölstand zu niedrig: auffüllen
Ölfilter verschmutzt: auswechseln
Ölpumpe defekt, Öldruck zu niedrig: zu grosses Spiel, Antrieb defekt, Bypass-Ventil bleibt geöffnet; Teile ausbauen, prüfen, ersetzen.
Ventile falsch eingestellt: prüfen, korrigieren.
Ventile verschlissen: Zylinderkopf ausbauen, neue Ventile einschleifen.
Ventilsitze abgenutzt oder verformt: Zylinderkopf komplett austauschen.

MOTOR: ÖLFAHNE, HOHER ÖLVERBRAUCH (VIERTAKT-MODELLE)

Zylinder, Kolben, Kolbenringe verschlissen oder beschädigt: Zylinder ausschleifen lassen, Kolben auswechseln (Maße s. Anhang)
Kolbenringe falsch eingebaut: korrekt ausrichten, Versatz beachten.
Ölverlust an Leitungen oder Dichtungen: Ölkühleranschlüsse, Öleinfüll- und Ablaßschrauben prüfen, Ölfilterdeckel prüfen
Ölschutz am Ventil, Ventilführungen, Ventilteller abgenutzt: ausbauen, prüfen, ersetzen

MOTOR, GETRIEBE: METALLISCHE GERÄUSCHE, KLAPPERN

Kolben und Zylinder ausgeschlagen, Kolbenbolzenlager und/oder Pleuellager verschlissen, Kurbelwellenlager verschlissen oder defekt (u.U, infolge Ölmangels); **Getriebezahnräder beschädigt**, Lager Vorgelege oder Antriebswelle defekt, kein oder zu wenig Öl im Getriebe;
Defekte im Bereich Variator und/oder Kupplung; Teile ausbauen, prüfen, ersetzen oder überholen wie im Buch beschrieben.

VERGASER: GEMISCH ZU MAGER

Düsen verstopft: sorgfältig reinigen, ausblasen.
Schwimmernadelventil, Schwimmer defekt: prüfen, ersetzen.
Tankentlüftung oder Versorgungsleitungen verstopft: prüfen, instandsetzen.
Filter am Unterdruckhahn verstopft: reinigen.
Ansaugstutzen rissig: auswechseln

VERGASER: GEMISCH ZU FETT

Schwimmerkammer läuft über, Nadelventil defekt: ausbauen, prüfen, ersetzen.
Luftfbohrungen verstopft: Vergaser ausbauen, auswaschen, mit Druckluft ausblasen.
Automatik-Choke schaltet nicht ab: Freigängigkeit des kleinen Kolbens prüfen, ggfs. Choke komplett austauschen.
Luftfilter verschmutzt: reinigen, trocknen, tränken (50 % Luftfilterspray, 50 % bleifreies Benzin).

ANTRIEB: KUPPLUNG RUPFT ODER RUTSCHT DURCH

Schwungmassen klemmen: Freigängigkeit der Elemente prüfen.
Keilriemen rutscht durch: Prüfen, ob Fliehkraftelemente sich unter Daumendruck bewegen und leicht zurückspringen; Schwungmassen und/oder Riemenscheiben von Fett und Öl verschmutzt; notfalls Getriebe neu abdichten, Wellendichtringe erneuern; Keilriemen gelängt oder abgenutzt;
Kupplungsbeläge beschädigt: Kupplung ausbauen, zerlegen, Beläge prüfen und gegebenenfalls ersetzen.
Kupplungsglocke innen beschädigt: es dürfen keine Riefen vorhanden sein; Ursache: völlig abgenutzte Beläge. **Achtung:** Motor nie ohne Kupplungsglocke laufen lassen!

HYDRAULIK-SCHEIBENBREMSEN: SCHLECHTE WIRKUNG

Bremsbeläge abgenutzt: prüfen/ersetzen.
Bremsanlage undicht oder defekt: Luft im System, zu wenig oder überalterte Bremsflüssigkeit, undichte Bremsleitungen oder Bremszylinder, abgenutzte oder korrodierte Bremskolben und/ oder Bremszylinder.
Brems-Blockieren nach Loslassen des Hebels, Überhitzung der Bremsen: Hauptbremszylinder (HBZ) und/oder Bremszange defekt - ausbauen und ersetzen; Ausgleichslöcher des Hauptbremszylinders verstopft - reinigen; Gummiteile aufgebläht oder verklebt - alle Gummiteile und Bremsflüssigkeit ersetzen, Anlage entlüften.
Federnde Wirkung: Flüssigkeitsverlust oder Druckstange HBZ gebrochen - Anlage prüfen und instandsetzen.
Zu langer Bremshebelweg: Luft im System, Bremsflüssigkeit unter Minimum im Behälter, Dichtungen im HBZ defekt - Anlage prüfen, instandsetzen, entlüften.

TROMMELBREMSEN: SCHLECHTE WIRKUNG

Bowdenzüge falsch eingestellt oder schwergängig: Spiel an Bremshebeln, Radbremsen überprüfen und korrigieren; schwergängige Bowdenzüge ölen oder ersetzen.
Bremsbeläge abgenutzt: prüfen/ersetzen.
Bremsbeläge am Hinterrad verölt: ersetzen, Undichtigkeit im Antrieb suchen und beseitigen.
Bremstrommeln abgenutzt: bei unzulässigem Verschleiß oder starker Riefenbildung Trommeln austauschen. Ausdrehen nur bedingt möglich.
Bremshebel stellt nicht zurück: Rückholfeder beschädigt - ersetzen; Lagerung Bremsnocken trocken - abschmieren.

LENKUNG: SCHWERGÄNGIG

Lager zu stramm eingestellt: Anzugsmoment der oberen Nutmutter prüfen und korrigieren.
Kugellager verschlissen oder mangels Schmierung korrodiert: Rillen und Rollspuren schränken die Freigängigkeit ein, angegriffene Lager daher komplett ersetzen.

LENKUNG: ZU VIEL SPIEL

Lager nicht richtig angezogen: Mit richtigem Anzugsmoment anziehen.

VORDERRADAUFHÄNGUNG: DEUTLICHE POLTERGERÄUSCHE

Steuerrohr-Lager zu großes Spiel: durch Anziehen der oberen Nutmutter korrigieren.
Federbein/Stoßdämpfer defekt, ausgeschlagen: Federbein komplett auswechseln.
Vorderrad und/oder Bremsträger und/oder Bremsscheibe nicht korrekt befestigt: Mutter Radachse lose, Bremsträger nicht korrekt eingesetzt, Bremsscheibe nicht richtig befestigt; prüfen, anziehen, korrigieren; **Achtung:** Unfallgefahr!
Radlager defekt: prüfen, u.U. austauschen.

HINTERRADAUFHÄNGUNG: POLTERN

Anlenkung Triebsatzschwinge defekt, lose, ausgeschlagen: prüfen und ersetzen
Stoßdämpfer defekt: Federbein tauschen.
Radlager in Schwinge defekt: prüfen, u.U. ausbauen und ersetzen.
Hinterrad lose: Mutter prüfen, anziehen.

Foto: © Ufficio Stampa Gruppo Piaggio, Pontedera

Die 2006 vorgestellte Vespa S - lieferbar mit 50, 125 und 150 cm³ Hubraum - erinnert an berühmte Vorbilder aus den 1960er Jahren und hat wie alle Vespa-Klassiker die robuste und verwindungsfeste Stahlblech-Karosserie. Fahrwerk und Antriebskonzept wurden unverändert von ET, LX und LXV übernommen. Typisch: der Rechteck-Scheinwerfer.

Stichwortverzeichnis

Beispiel-Schaltbilder Elektrik Vespa ET 4, ET 2, LX 125

Schaltbilder anderer Modelle sind im Prinzip ähnlich; Abweichungen s. Schaltpläne

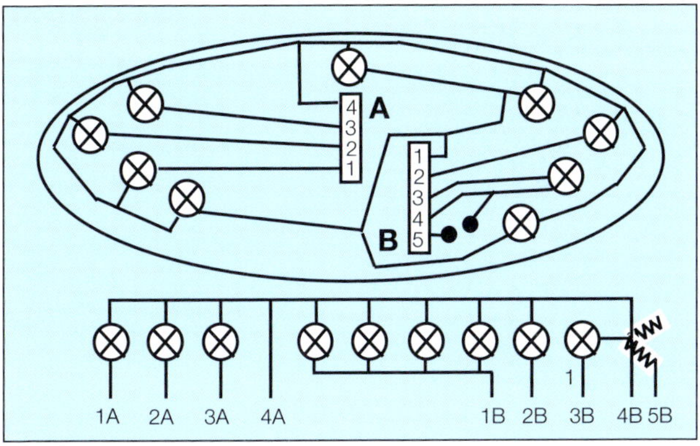

Oben: Musterschaltbild Instrumente: Anzeigen, Kontrollen (unten im Bild) am Beispiel ET 4, ET 2: *1A = Ölkontrollleuchte, 2A = Blinkerkontrolle links, 3A = Fernlichtkontrolle, 4A = Masse, 1B = Beleuchtung Instrumente, 2B = Blinkerkontrolle rechts, 3B = Reserveanzeige Benzin, 4B = zur Batterie, 5B = Anzeige Benzinstand; Quelle: Piaggio; Zeichnung: STX.*

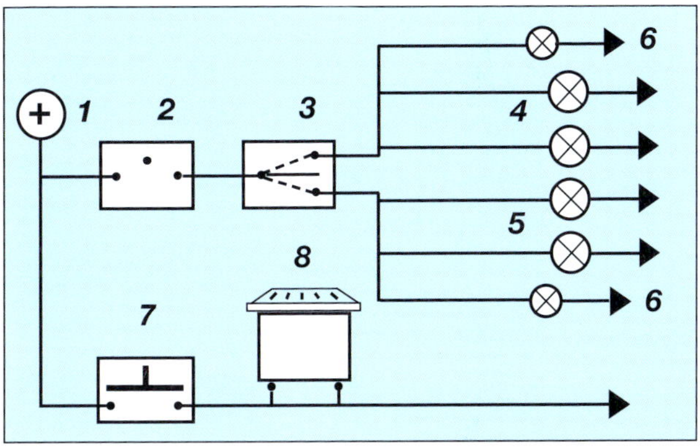

Mitte: Musterschaltbild Blinkanlage, Hupe am Beispiel: ET 4, ET 2: *1 = zum Batterie-Pluspol, 2 = Blinkgeber, 3 = Blinkerschalter, 4 = vordere Blinker 12V-10W, 5 = hintere Blinker 12V-10W, 6 = Kontrollampen Blinker 12V-2W, 7 = Hupenknopf, 8 = Hupe; Zeichnung: STX; Quelle: Piaggio.*

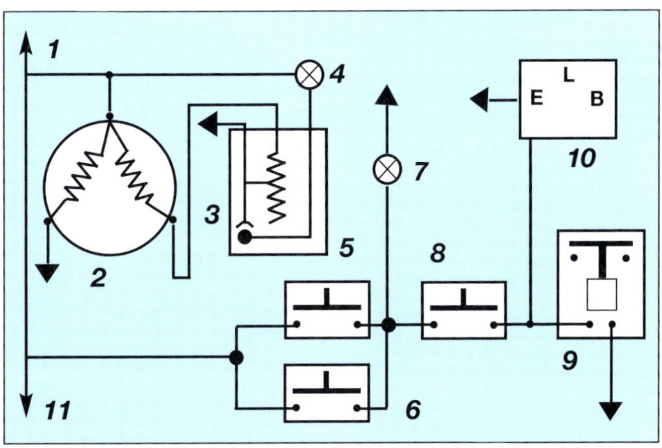

Unten: Musterschaltbild Schalter, Relais, Niveauanzeigen am Beispiel ET 4, ET 2: *1 = zu anderen Gleichstromabnehmern, 2 = Benzin-standanzeige, 3 = Benzinstandgeber, 4 = Reservekontrollampe 12V-1,2W, 5 = Stop- und Startsicherheitsschalter vorn, 6 = Stop- und Startsicherheitsschalter hinten, 7 = Bremslicht 12V-5/21W, 8 = Anlasserknopf, 9 = Fernanlaßschalter, 10 = Automatik-Choke, 11 = zur 12V-Stromversorgung bzw. zum Spannungsregler;*

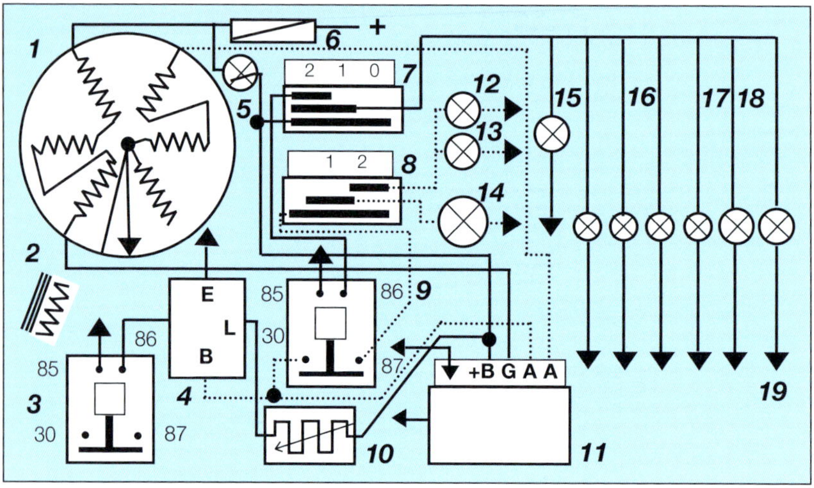

ET 4, (ET 2 Prinzip) Beleuchtung (oben): *1 = Lichtmaschine, 2 = Pickup, 3 = Fernanlaßschalter, 4 = Relais Automatik-Choke, 5 = Zündschloß, 6 = Sicherung 7,5 A, 7 = Lichtschalter, 8 = Abblendschalter, 9 = Fernlichtrelais, 10 = Automatik-Starter, 11 = Spannungsregler, 12 = Fernlichtkontrolle 12V-1,2W, 13 = Fernlicht 12V-55W H3, 14 = Abblendlicht 12V-55W H7, 15 = Standlicht 12V-5W, 16 = 3 x Instrumentenbeleuchtung 12V-1,2W, 17 = Scheinwerferkontrolle 12V-1,2W, 18 = Rücklicht 12V-5/21W, 19 = Kennzeichenbeleuchtung 12V-5W; Quelle: Piaggio; Zeichnung: STX*

LX 125 Zündanlage (Mitte): *1 = Zündelektronik, 2 = Lichtmaschine, 3 = Pickup, 4 = Zündspule, 5 = Zündkerze, 6 = Spannungsregler; Quelle: Piaggio; Zeichnung: STX*

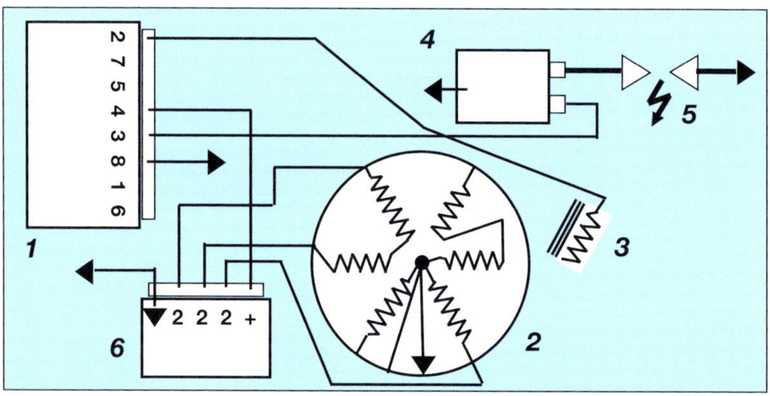

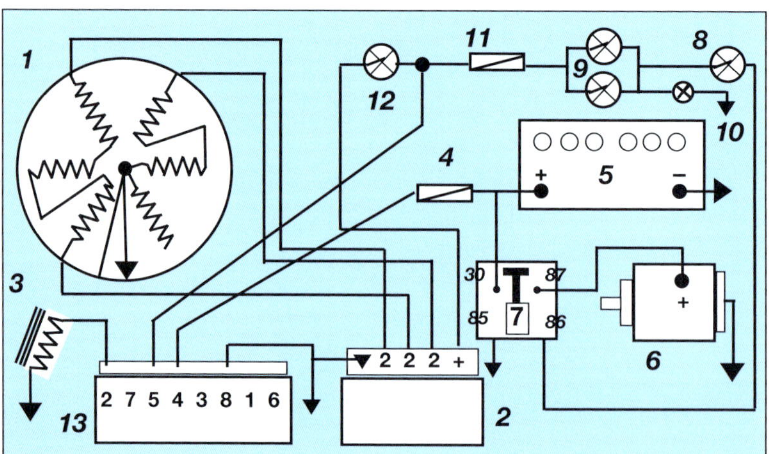

LX 125 Batterieladesystem, elektrisches Starten (unten): *1 = Lichtmaschine, 2 = Spannungsregler, 3 = Pickup, 4 = Hauptsicherung 15 A, 5 = Batterie 12V-9Ah, 6 = Anlasser, 7 = Anlasserrelais, 8 = Anlasserfernschalter, 9 = Bremslichtschalter Vorder- und Hinterradbremse, 10 = Bremslicht, 11 = Sicherung 7,5 A, 12 = Zündschloß, 13 = Zündelektronik; Qu.: Piaggio; Zeichn.: STX*

Schaltplan Vespa ET4 125 mit Anlasser und Wegfahrsperre

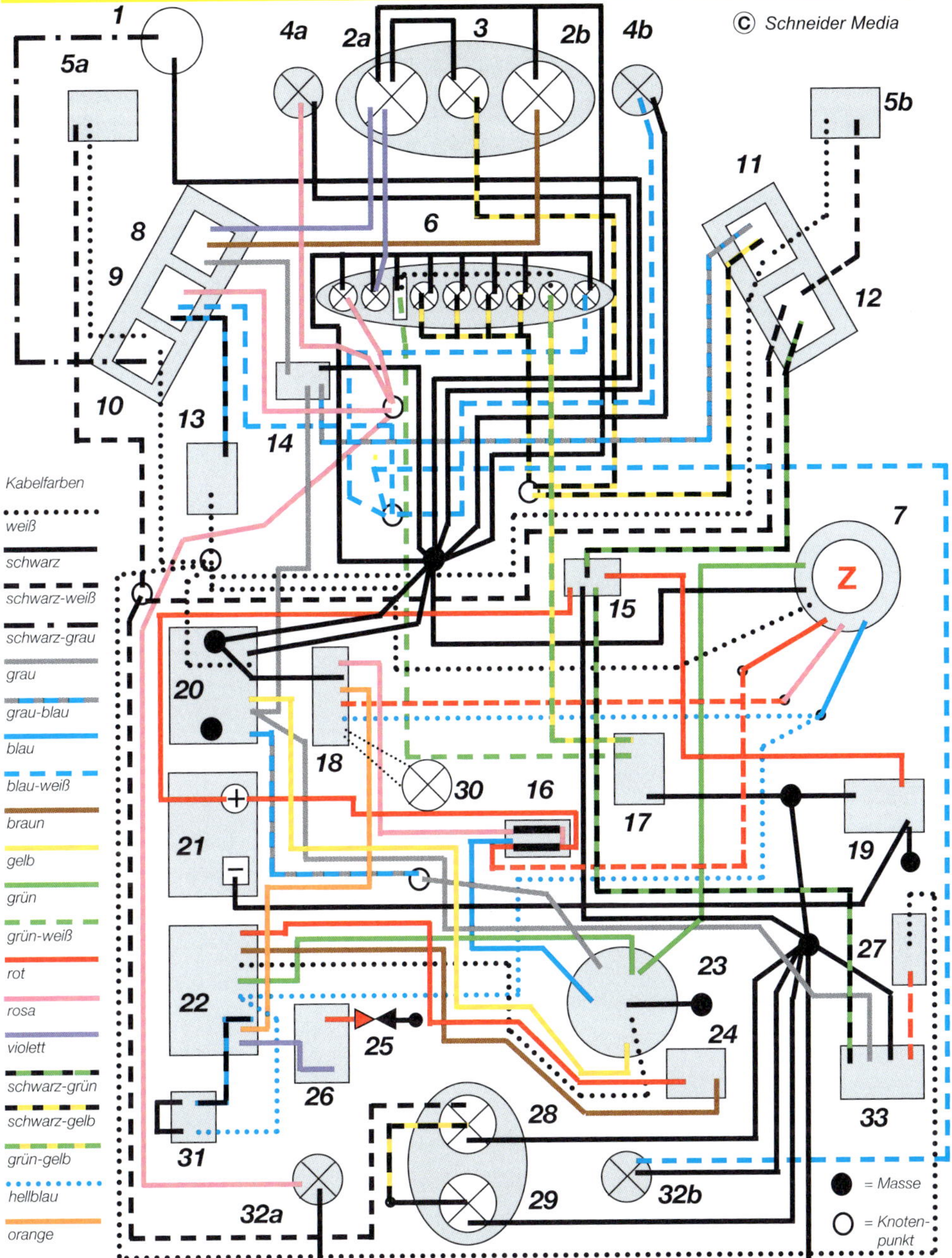

Elektrik-Baugruppen: 1 = Hupe, 2a = Scheinwerfer-Abblendlicht, 2b = Scheinwerfer-Fernlicht, 3 = Standlicht, 4a/4b = Blinker vorn links/rechts, 5a/5b = Bremslichtschalter Hinterrad-/Vorderradbremse mit Startersperre, 6 = Cockpitbeleuchtung, 7 = Zündschloß, 8 = Lichtumschalter, 9 = Blinkerschalter, 10 = Huptaste, 11 = Lichtschalter ein/aus, 12 = Anlasserknopf, 13 = Blinkgeber, 14 = Fernlichtrelais, 15 = Fernunterbrecher Anlasser, 16 = Sicherungen mit 7,5 A, 17 = Geber für Benzinstand, 18 = Decoder für Wegfahrsperre, 19 = elektrischer Anlasser, 20 = Spannungsregler, 21 = Batterie 12 V/9 Ah, 22 = Elektronik-Zündbox, 23 = Lichtmaschine, 24 = Pickup Lichtmaschine, 25 = Zündkerze, 26 = Zündspule, 27 = automatischer Choke, 28 = Heckleuchte, 29 = Kennzeichenbeleuchtung, 30 = Antenne Wegfahrsperre, 31 = Diagnoseanschluß, 32a/32b = Blinker hinten links/rechts, 33 = Anlasserrelais

Schaltplan Vespa ET2 50 Vergaser mit Anlasser, ohne Wegfahrsperre

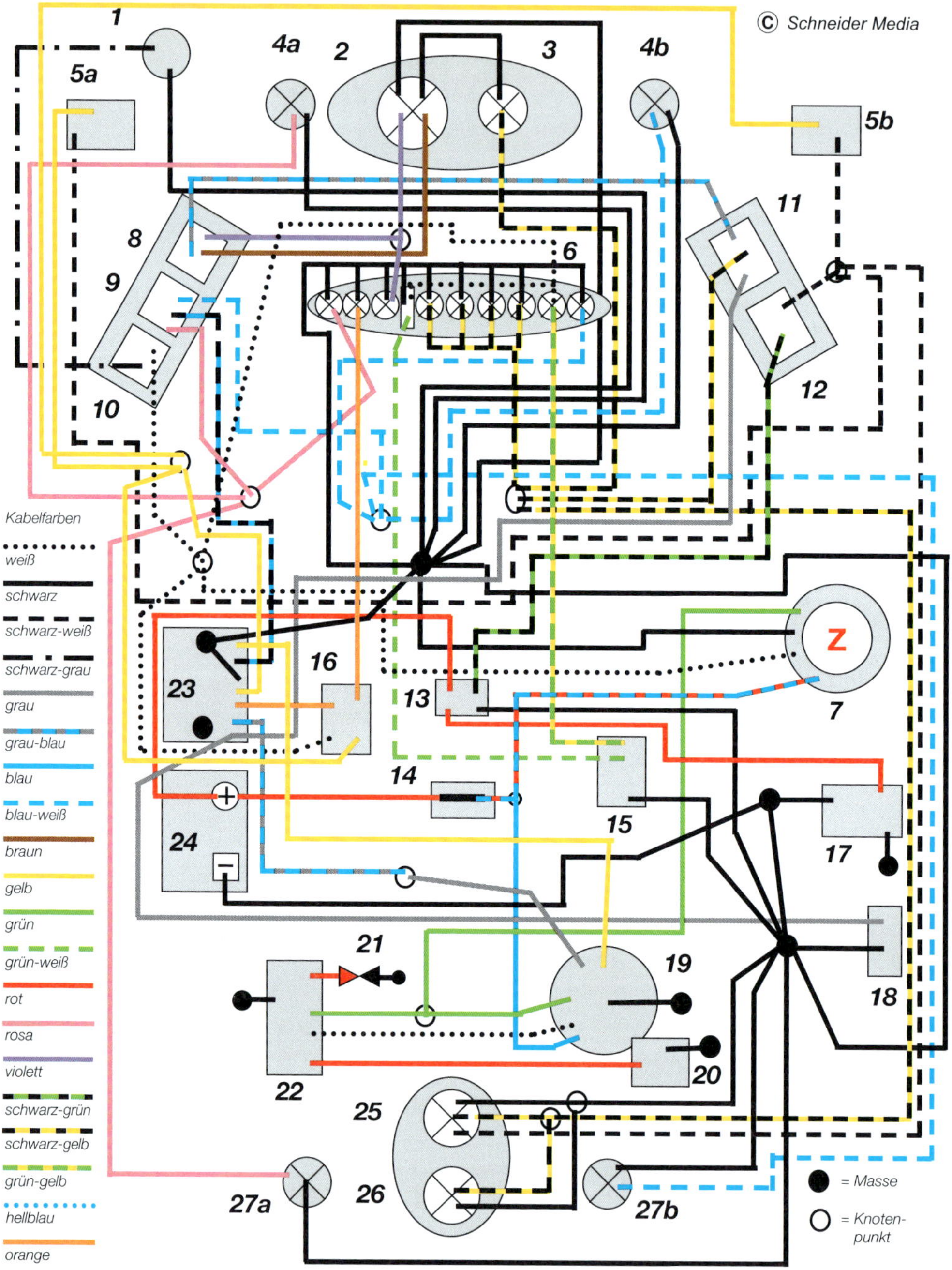

Elektrik-Baugruppen: 1 = Hupe, 2 = Scheinwerfer-Abblend-/Fernlicht, 3 = Standlicht, 4a/4b = Blinker vorn links/rechts, 5a/5b = Bremslichtschalter Hinterrad-/Vorderradbremse mit Startersperre, 6 = Cockpitbeleuchtung, 7 = Zündschloß, 8 = Lichtumschalter, 9 = Blinkerschalter, 10 = Huptaste, 11 = Lichtschalter ein/aus, 12 = Anlasserknopf, 13 = Anlasserrelais, 14 = Sicherung mit 7,5 A, 15 = Geber für Benzinstand, 16 = Geber Zweitaktölstand, 17 = elektrischer Anlasser, 18 = automatischer Choke, 19 = Lichtmaschine, 20 = Pickup Lichtmaschine, 21 = Zündkerze, 22 = CDI-Zündbox, 23 = Spannungsregler mit eingebautem Blinkgeber und Kontrolle für Zweitaktölstand, 24 = Batterie 12 V/4 Ah, 25 = Heckleuchte, 26 = Kennzeichenbeleuchtung, 27a/27b = Blinker hinten links/rechts

Schaltplan Vespa ET2 50 Iniezione Anlasser, ohne Wegfahrsperre

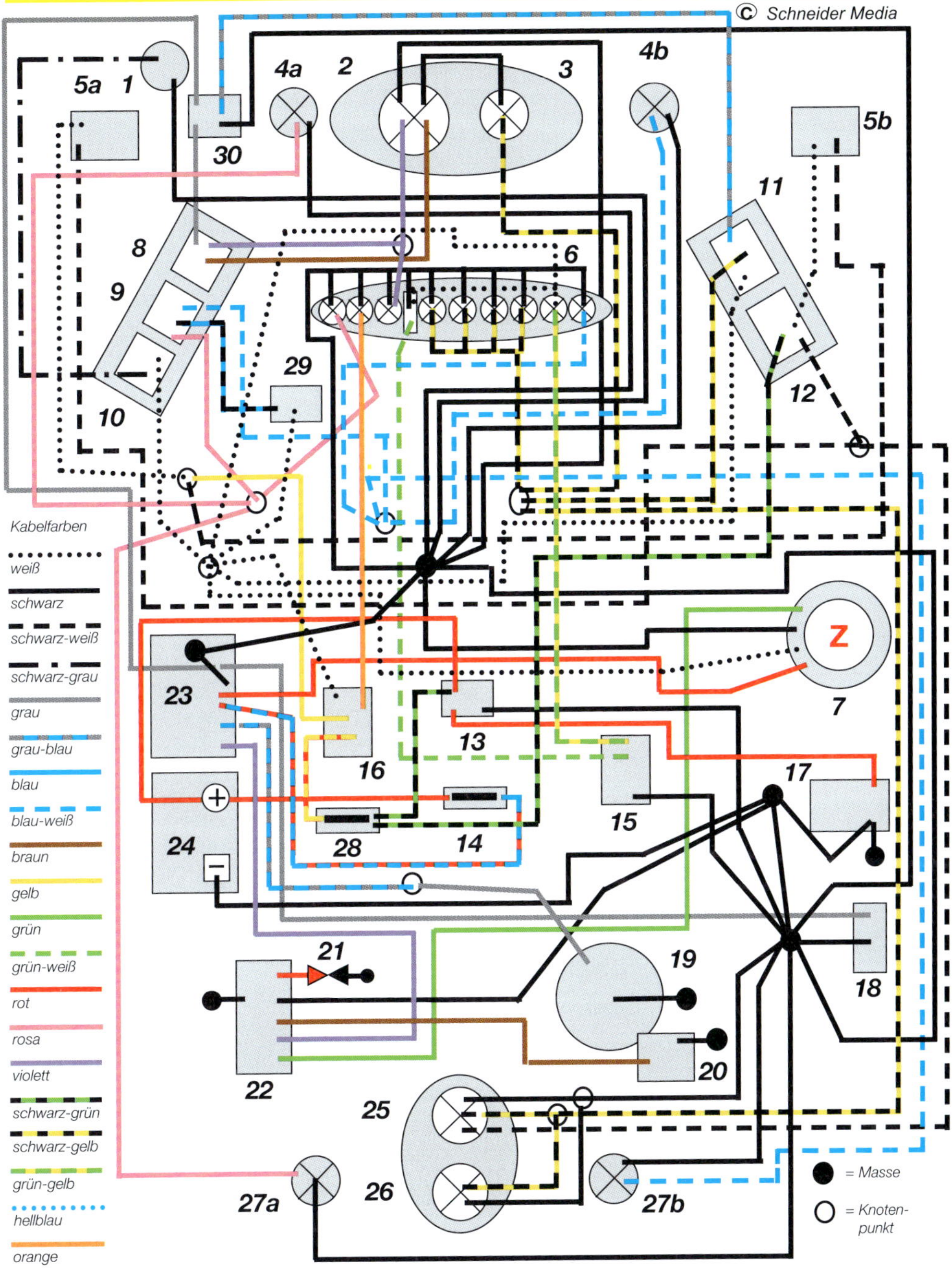

Elektrik-Baugruppen: 1 = Hupe, 2 = Scheinwerfer-Abblend-/Fernlicht, 3 = Standlicht, 4a/4b = Blinker vorn links/rechts, 5a/5b = Bremslichtschalter Hinterrad-/Vorderradbremse mit Startersperre, 6 = Cockpitbeleuchtung, 7 = Zündschloß, 8 = Lichtumschalter, 9 = Blinkerschalter, 10 = Huptaste, 11 = Lichtschalter ein/aus, 12 = Anlasserknopf, 13 = Anlasserrelais, 14 = Sicherung mit 7,5 A, 15 = Geber für Benzinstand, 16 = Geber Zweitaktölstand, 17 = elektrischer Anlasser, 18 = automatischer Choke, 19 = Lichtmaschine, 20 = Pickup Lichtmaschine, 21 = Zündkerze, 22 = CDI-Zündbox, 23 = Spannungsregler, 24 = Batterie 12 V/4 Ah, 25 = Heckleuchte, 6 = Kennzeichenbeleuchtung, 27a/27b = Blinker hinten links/rechts, 28 = Diode, 29 = Blinkgeber, 30 = Fernlichtrelais

Schaltplan Vespa LX 50 mit Anlasser, ohne Wegfahrsperre

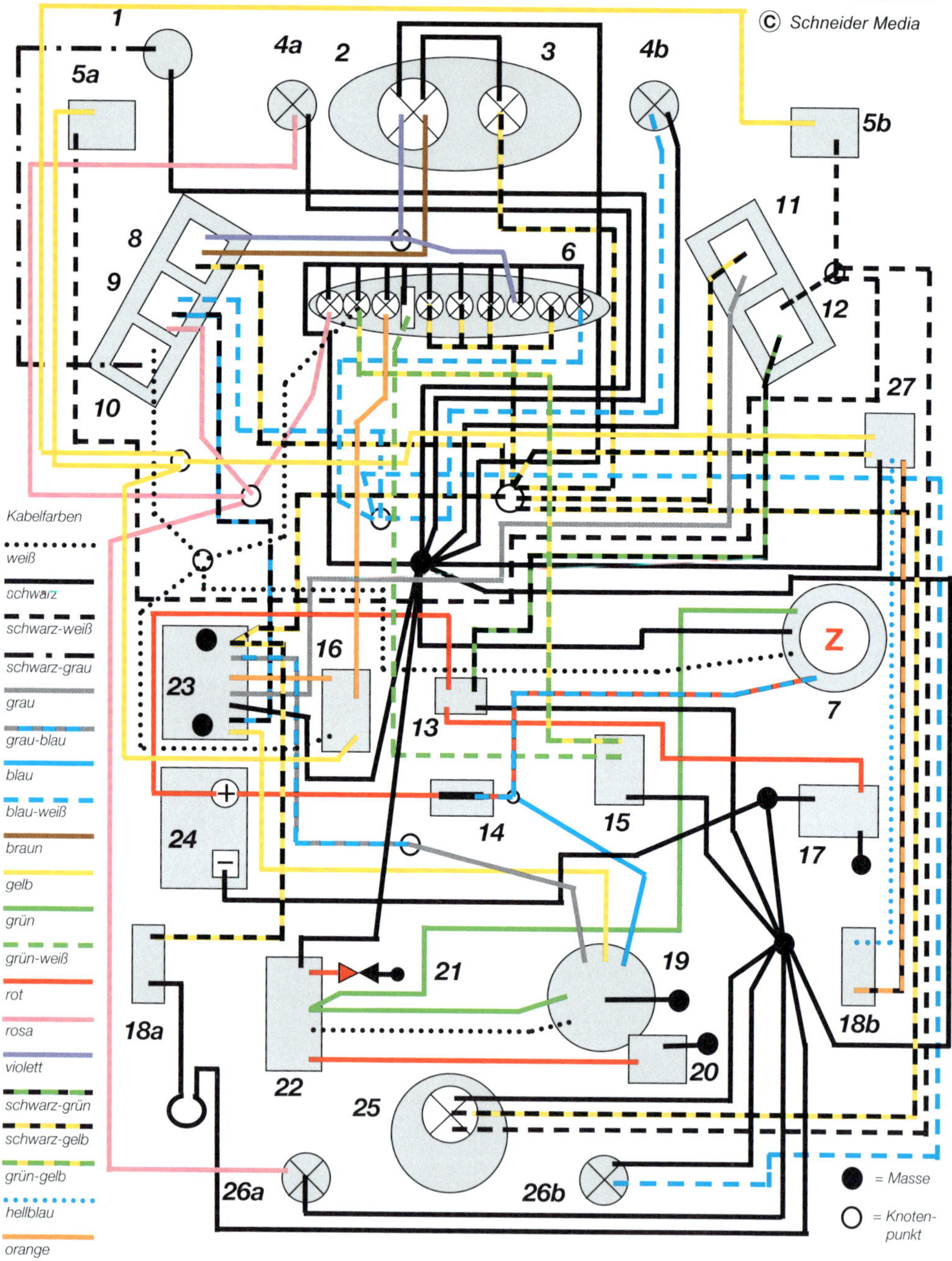

Elektrik-Baugruppen: 1 = Hupe, 2 = Scheinwerfer-Abblend-/Fernlicht, 3 = Standlicht, 4a/4b = Blinker vorn links/rechts, 5a/5b = Bremslichtschalter Hinterrad-/Vorderradbremse mit Startersperre, 6 = Cockpitbeleuchtung, 7 = Zündschloß, 8 = Lichtumschalter, 9 = Blinkerschalter, 10 = Huptaste, 11 = Lichtschalter ein/aus, 12 = Anlasserknopf, 13 = Anlasserrelais, 14 = Sicherung mit 7,5 A, 15 = Geber für Benzinstand, 16 = Geber Zweitaktölstand, 17 = elektrischer Anlasser, 18a = Benzinvorwärmung, 18b = automatischer Choke, 19 = Lichtmaschine, 20 = Pickup Lichtmaschine, 21 = Zündkerze, 22 = CDI-Zündbox, 23 = Spannungsregler mit eingebautem Blinkgeber, 24 = Batterie 12V/4Ah, 25 = Heckleuchte, 26a/26b = Blinker hinten links/rechts, 27 = Diagnosestecker

Schaltplan Vespa LX 125 mit Anlasser und Wegfahrsperre

© Schneider Media

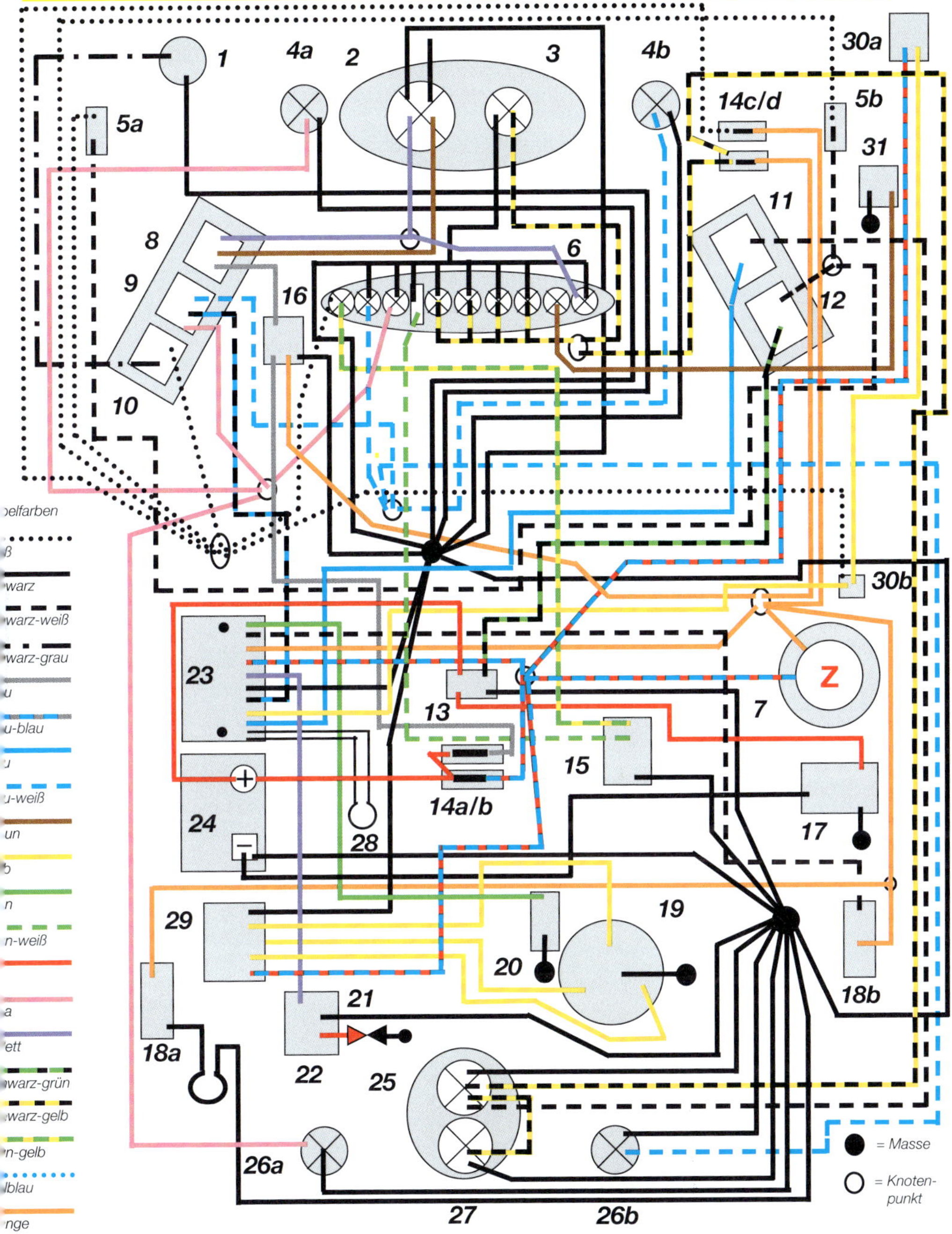

Elektrik-Baugruppen: 1 = Hupe, 2 = Scheinwerfer-Abblend-/Fernlicht, 3 = Standlicht, 4a/4b = Blinker vorn links/rechts, 5a/5b = Bremslichtschalter Hinterrad-/Vorderradbremse mit Startersperre, 6 = Cockpitbeleuchtung,+ Kontrollen, 7 = Zündschloß, 8 = Lichtumschalter, 9 = Blinkerschalter, 10 = Huptaste, 11 = Lichtschalter ein/aus, 12 = Anlasserknopf, 13 = Anlasserrelais, 14a/b/c/d = Sicherungen, 15 = Geber für Benzinstand, 16 = Fernlichtrelais, 17 = elektrischer Anlasser, 18a = Benzinvorwärmung, 18b = automatischer Choke, 19 = Lichtmaschine, 20 = Pickup Lichtmaschine, 21 = Zündkerze, 22 = CDI-Zündbox, 23 = Spannungsregler mit eingebautem Blinkgeber und Wegfahrsperre, 24 = Batterie 12 V/4 Ah, 25 = Heckleuchte, 26a/26b = Blinker hinten links/rechts, 27 = Bremslicht, 28 = Antenne Wegfahrsperre, 29 = Spannungsregler, 30a/30 b = Diagnosestecker, 31 Öldrucksensor

Vespa LX, Primavera, S, Sprint und Sondermodelle: die wichtigsten Neuheiten ab 2010

Vespa LX mit Einspritzung ab 2010

Um den Faden von Seite 19 wieder aufzunehmen: Das Kürzel LX entspricht der römischen Zahl 60. Und warum? 2006 feierten Piaggio und die ganze Welt den 60sten Geburtstag der Vespa.

Die Vergaserversionen wurden 2010 nur noch abverkauft. Das **49-cm³-**Viertakt-Zweiventil-Vergaser-Modell der LX war bereits 2007 aus dem Programm genommen worden und wurde **2008** durch das **Vierventil-Modell** mit ebenfalls 49 cm³ ersetzt.

Die Leistungsdaten der von **2005 bis 2010** produzierten Viertakt-Vierventil-Einzylinder-Motoren der L.E.A.D.E.R.-Generation mit **124 und 151 cm³** und **Vergaser** waren 10,7 bzw. 11,7 PS bei 8250/min^{-1} und maximales Drehmoment von 9,6 Nm bei 6500 bzw. 11,8 Nm bei 6250/min^{-1}. Eine Kontrolle des Ölstands war alle 3000 km, ein komplettes Service-Intervall alle 6000 km vorgeschrieben, was sich aber 2012 ändern sollte.

Um Schadstoffemission und Verbrauch zu senken, waren die **125er und 150er** LX-Modelle **ab 2010 nur noch mit elektronisch gesteuerter Benzineinspritzung** zu haben. Die Grunddaten wie Bohrung, Hub, Hubraum, Leistung und Drehmoment blieben gegenüber den Vergaser-Motoren gleich.

Während die Fahrwerks- und Antriebstechnik leicht selbst zu warten ist, können wir für die Einspritzanlage keine Tipps geben. Für die Wartung sind spezielle Schulung und bestimmte Meßinstrumente erforderlich.

Nach wie vor verfügte die LX über die solide **Stahlblech-Karosserie, 11/10-Zoll-Räder** vorn und hinten sowie die stufenlose Keilriemen-Variomatik für den Antrieb. Einige optische Elemente werteten die LX ab 2010 etwas auf: verchromter Grill am Beinschild und eine ähnlich wie bei der GTS gestaltete Finne auf dem Frontkotflügel.

Vespa LX Dreiventiler 2012

Bedeutende Änderung war die Einführung neuer, ebenfalls mit Benzineinspritzung ausgerüsteter **Dreiventil-Motoren** mit **124 und 155 cm³** im Sommer **2012.** Sie erfüllten die Abgasnorm Euro 3 statt wie bis dahin Euro 2 und verbrauchten im Idealbetrieb bis zu 30 % weniger Benzin. Vorgestellt worden war der Dreiventiler bereits Ende **2011** bei der Präsentation der Vespa **Quarantasei (46)** auf der EICMA in Mailand. Mehr zu diesem Lifestyle-Modell, das 2012 als Vespa 946 in Serie ging, weiter unten.

Bohrung und Hub hatte man modifiziert: das 125er Modell war nun langhubig (Bohrung x Hub = 52 x 58,6 mm), das 150er Modell leicht überquadratisch ausgelegt (58 x 58,6 mm). Die

Foto: © Ufficio Stampa Gruppo Piaggio, Pontedera

Oben: der gebläsegekühlte Viertakt-Einzylindermotor mit drei Ventilen, wie er seit 2012 in die Baureihe LX-Primavera-Sprint-946 eingebaut wird. Links: Vespa LX Touring 2010 – viele Unterschiede zur Primavera.

Höchstleitung betrug nun 11,6 bzw. 12,9 PS bei unveränderten Maximal-Drehzahlen. Während die LX 125 93 km/h schaffte, war die LX 150 nun mit 95 km/h geringfügig schneller. Zerlegung, Wartung und Zusammenbau der Dreiventil-Motoren erfolgen im Prinzip nach der gleichen Methode wie bei den in diesem Buch behandelten Zweiventilern.

Erfreulich: Weil die Präzision bei der Produktion noch besser geworden war und sich damit Ölverbrauch und Verschleiß reduziert hatten, konnte Piaggio die **Ölkontroll- und Wechselintervalle** auf 5000 bzw. 10 000 km heraufsetzen. Nebenbei hatte man auch die Variomatik überarbeitet.

Vorne rollte die LX weiterhin auf einem Rad der Größe 11 x 2,50 Zoll (Bereifung 110/70 x 11 45L; hinten: 10 x 3.00 Zoll und 120/70 x 10 54L). Weitere Features (Modell 125 i.e. Dreiventilmotor): ca. 128 kg Leergewicht, zulässiges Gesamtgewicht 300 kg, Länge/Breite/Höhe 1770/ 740/1225 mm.

Erfolgreich waren auch die **LXV-Modelle,** die ebenfalls 2006 erschienen und bis 2013 gebaut wurden (s.a. weiter vorn). Technisch identisch mit der LX stand bei der LXV das „V" für Vintage, was sich unter anderem durch einen klassischen Rohrlenker, einen unverkleideten und verchromten Scheinwerfer sowie eine Ledersitzbank ausdrückte. Eher an Vielfahrer richtete sich die **LX Touring** mit zwei verchromten Gepäckträgern und kleinem Windschild.

Ansonsten brachte Piaggio in den 2000er Jahren im Jahresrhythmus Sondermodelle heraus, die speziell lackiert und besser ausgestattet waren. Beispiel war die rosa lackierte Vespa LX 50 „Rosa Chic".

Alles in allem war die Vespa LX in all ihren Ausführungen ein riesiger Erfolg. Allein zwischen 2006 und 2014 wurden weltweit rund **740 000 Exemplare** dieser Baureihe produziert und verkauft. In Deutschland betrugen die Zulassungszahlen bis Ende 2013 für die LX 50 rund 50 000 und für die LX 125 etwa 10 000.

Vespa Primavera 1967-1982

Auf eine 50jährige Tradition blickte 2017 die Vespa Primavera zurück. Das legendäre **Klassik-Modell** mit **121 cm³** und 5,6 PS wurde als Facelift der Vespa 125 Nuova (1965 bis 1967) von 1967 bis 1982 gebaut und gehört heute zu den am meisten gesuchten Sammlerfahrzeugen. Mit mehr als 240 000 verkauften Einheiten in drei verschiedenen Ausführungen war die klassische Primavera einer der größten Piaggio-Erfolge der damaligen Zeit.

1976 stellte Piaggio mit der **Primavera 125 ET3** (Elettronica 3) ein optisch nur wenig, technisch aber merklich verbessertes Parallelmodell vor (elektronische Zündung, bananenförmiger Auspuff, dritter Überströmkanal). Bis 1983 lieferten die Italiener weltweit 144 000 Fahrzeuge dieses Typs aus. Die von 1983 bis 1990 produzierte, völlig neu konzipierte, kantigere, weiterhin aber vom bewährten Einzylinder-Zweitaktmotor angetriebene PK 125 löste die klassische Primavera ab.

Alle Fotos auf dieser Seite: © Ufficio Stampa Gruppo Piaggio, Pontedera

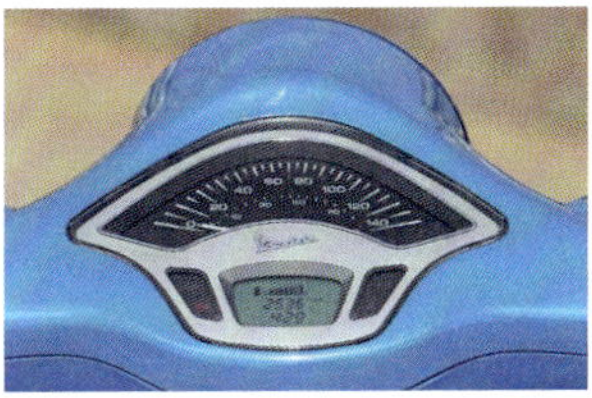

Roter Roller: 125 Primavera ET 3 1976. Blauer Roller: Primavera 50 Sondermodell „50° Anniversario" 2018.

Vespa Primavera ab 2013

Mit den genannten Modellen hat die moderne Vespa Primavera nichts mehr gemein. **2013** auf der Mailänder Zweiradmesse vorgestellt ist sie als **Nachfolgerin** der **Vespa LX** positioniert. Trotz ähnlicher Stilistik besitzt die aktuelle Primavera eine völlig neu konstruierte Karosserie, ist größer als die LX, rollt aber zunächst wie diese vorne auf 11-, hinten auf 10-Zoll-Rädern. Für noch mehr Wendigkeit bei gleichzeitig verbessertem Geradeauslauf sorgte die überarbeitete Vorderradschwinge. Lieferbar waren ab 2013 ein **Zweitakt-** und ein **Viertakt-50-cm^3-**Motor sowie ein **125er** und ein **150er** Triebwerk, wobei die größeren Aggregate identisch mit den Dreiventil-Motoren der parallel vorgestellten Vespa 946 waren.

Der 4,4 PS bei 7500/min^{-1} leistende **49-cm^3-Zweitakter** wurde von einem Dell'Orto-Vergaser mit Gemisch versorgt. Gleiche Leistung bei höherer Drehzahl von 8500/min^{-1} bot der 49-cm^3-Viertaktmotor mit 20-mm-Keihin-Vergaser und Abgasrückführungssystem.

Alle Fotos auf dieser Seite: © Ufficio Stampa Gruppo Piaggio, Pontedera

Oben: das 50-cm^3-Jubiläumsmodell „50 Jahre Primavera" 2018. Mitte links: Primavera Standardmodell 2018. Mitte rechts und unten links: Primavera 125 von 2018 mit komfortabler Doppelsitzbank und den ab 2018 verbauten 12-Zoll-Rädern.

Oben links: Mit Windschild und Gepäckträgern wird die Primavera zum Touring-Modell. Oben rechts: Primavera Yacht Club von 2017.

Sportlich kam 2018 die Primavera 125 S mit ihren in Schwarz gehaltenen Dekorleisten daher.

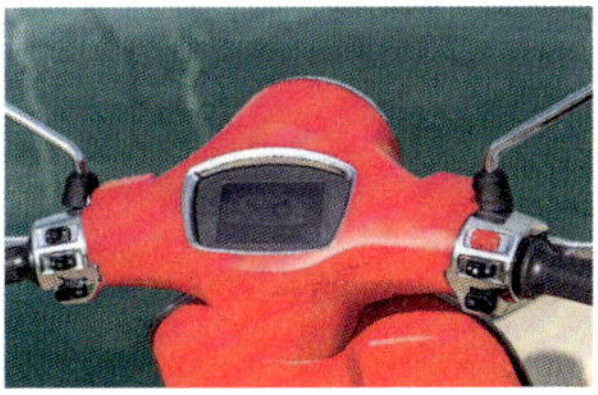

Beide 50er Modelle wurden wegen der verschärften **Abgasbestimmungen** im Oktober 2017 aus dem offiziellen Programm genommen und durch das auf Euro 4 abgestimmte Viertakt-Triebwerk **„i-Get“** mit 49,9 cm³ und nur noch 3,3 PS bei 7500/min^{-1} ersetzt. Die Maximalgeschwindigkeit blieb – auch dank geänderter Übersetzung – mit 45 km/h gleich.

Eine ähnliche Aktualisierung erfuhren **2016** auch die großen **Primavera-Dreiventil-Modelle** mit **124** und **155 cm³** und elektronischer Benzineinspritzung. Zunächst standen 10,7 und 12,9 PS zur Verfügung (s.a. LX der letzten Generation und Vespa 946). Die beiden Modelle mit den verbesserten **Dreiventil-Motoren** der **Euro 4-tauglichen „i-Get“**-Generation setzten Maßstäbe. Im Alltag erweisen sich die modernen Einspritz-Aggregate mit einem Verbrauch um die drei Liter auf 100 km als sehr wirtschaftlich.

Im **November 2017** brachte Piaggio für die Primavera 50 und 125 sowie für die große Vespa GTS 125 und 300 die **Sonderserie „Yacht Club“** heraus. Hochwertige Ausstattung, feine Zierelemente in Marineblau, weiße Biesen an der Doppelsitzbank und ein spezielles Logo zeichneten diese Modelle aus. Alle 125er Typen hatten jetzt **serienmäßig** ein Einkanal-**ABS.**

Ein Sondermodell **Vespa X Saint Laurent,** das von dem berühmten Pariser Modelabel mitgestaltet wurde, erblickte Mitte Dezember **2017** das Licht der Vespa-Szene. Es handelte sich um eine Primavera in eleganter Mattschwarz-Lackierung mit Details wie Rückspiegeln, Bremszange und Gepäckträger in glänzendem Schwarz. Serienmäßig war auch ein Windschild installiert.

Alle Fotos auf dieser Seite: © Ufficio Stampa Gruppo Piaggio Pontedera

Rotes Fahrzeug: Vespa Primavera 125 S von 2018 mit 12-Zoll-Rädern. Unten: Sondermodell Vespa X Saint Laurent 2017 ganz in Schwarz.

2018 erschienen die drei Primavera-Versionen (50, 125 und 150er i-Get) mit wichtigen **Verbesserungen.** Dazu gehörten breite **12-Zoll-Räder** in einem neuen Multispeichen-Design, „Bike Finder“, Fernbedienung für die Sitzbanköffnung und Scheinwerfer sowie Rücklicht in LED-Technik. Standard waren das **Display** im Kombiinstrument und einige Chrom-Features. Auf Wunsch gab es **ABS.** Nach ihrer Präsentation auf der Mailänder EICMA 2017 kamen im **April 2018** die Sondermodelle Vespa **Primavera „50° Anniversario“** auf den Markt – als hochwertig ausgestattete Hommage an die klassische Primavera von 1967, lieferbar mit 50 und 125 cm³ Hubraum. Spezielle Lackierungen (Einschicht-Hellblau, Espresso-Braun Seidenglanz) und eine Plakette im Beinschild dokumentierten die Sonderserie. Im Angebot waren auch die praktischen **Touring-Versionen** mit kleinem Windschild sowie zwei verchromten Gepäckträgern vorn und hinten.

Vespa Sprint ab 2014

Wie die Primavera hat auch die moderne Vespa Sprint eine historische Vorläuferin – die **von 1965 bis 1979** in zwei Versionen mit 145,45 cm³ Hubraum gebaut wurde, die **150 Sprint** mit 7,1 PS und die **150 Sprint Veloce** mit drei Überströmkanälen und 8,0 PS.

Im **Frühjahr 2014** präsentierte Piaggio eine **neue Vespa Sprint,** die mit **50, 125 und 150 cm³** als sportliche Version der Primavera auf die Straße kam, von der sie sich technisch inklusive der 12-Zoll-Räder nicht unterschied. Optisch jedoch wies die Sprint spezifische Merkmale auf: einen **trapezförmigen Scheinwerfer** und andere, elliptisch geformte Rückspiegel.

Unter dem Motto „mehr Komfort, mehr Sicherheit, mehr Stil“ brachte Piaggio im **April 2018** ein verbessertes Sprint-Modell heraus, das unter anderem eine neue digitale und multifunktionale Instrumenteneinheit aufwies. Standardmäßig waren wie bei der Primavera Scheinwerfer und Rücklicht in **LED-Technik** ausgeführt. Serienmäßig waren zudem der „Bike Finder“ und die Fernbedienung für die Sitzbanköffnung. Die großen Modelle besaßen ab Werk ein **Einkanal-ABS.**

Vespa Sprint S

Parallel zur Sprint produziert Piaggio seit den Zeiten der LX auch ein **Sprint S-Modell** (s.a. weiter vorn). Es unterscheidet

Die Sprint-Modelle von 2018 unterscheiden sich u.a. durch den trapezförmigen Scheinwerfer und die elliptischen Rückspiegel vom Basismodell Primavera. Oben links: Sprint 50; übrige Fotos: Sprint 125 in verschiedenen Farben.

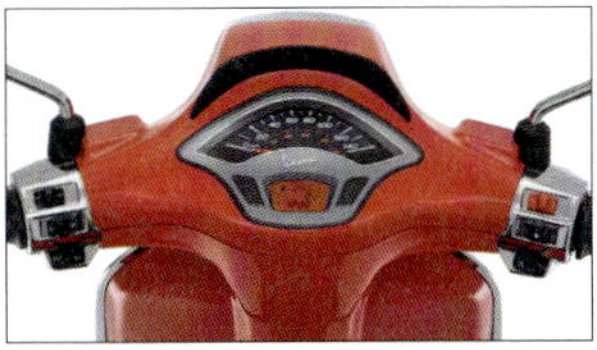

sich von der normalen Sprint durch **spezielle Lackierungen** (Giallo Gelosia matt, Grigio Titanio matt und Grigio Pastello). Plaketten und Zierelemente weisen auf den Status der S als **sportlichstes Modell der Baureihe** hin.

Sprint und Sprint S sind mit **50, 125 und 150 cm^3** Hubraum erhältlich, wobei sie von den modernen, relativ umweltverträglichen Viertakt-**i-Get-**Motoren mit **Dreiventil-Technik** angetrieben werden. Das 125er Triebwerk leistet 10,8 PS bei 7700/min^{-1} und hat ein maximales Drehmoment von 10,4 Nm bei 6000/min^{-1}, während es der 150er Motor auf 12,9 PS bei 7750/min^{-1} und 12,8 Nm bei 6500/min^{-1} bringt.

Die Vespa Sprint S von 2018 präsentiert sich in exklusiven Lackierungen und mit feinen Dekorelementen. Die 125er und 150er Dreiventilmotoren leisten 10,7 respektive 12,9 PS. Auch die Sprint S hat die solide Stahlblech-Karosserie.

Oben links: Vespa Sprint „Notte" 50/125 2018 ganz in Schwarz. Kleine Fotos oben rechts. Details der Vespa Sprint 2018. Rechts: Die Vespa 946 2013 als teures Lifestyle-Objekt.

Eine Sonderstellung auf dem Markt der führerscheinfreien Leichtroller nimmt die **Sprint 50** mit Dreiventil-Motor ein. Traditionell bietet Piaggio auch für die Sprint-Modelle ein breites Zubehörprogramm an – vom Windschild und Topcase bis zu Chromteilen und Gepäckträgern.

Vespa 46 2011, 946 2012

Auf der EICMA **2011** lotete Piaggio mit der Designstudie Vespa **Quarantasei („46")** aus, inwieweit das Publikum eine neue Interpretation der klassischen Vespa akzeptieren würde, die als MP6 im Jahr 1946 den Grundstein zum weltweiten Erfolg des italienischen Rollers legte. Die Resonanz war derart positiv, daß der Hersteller **2012** den Schritt zur Serienproduktion wagte und die **Vespa 946** präsentierte, die alle Elemente der Studie zeigte wie den markanten **Schwingsattel** und die **Luftschlitze** an den Seiten. Angetrieben wurde die 946 von den neu entwickelten, luftgekühlten **Dreiventil-Viertakt-Einspritzmotoren** mit 125 und 150 cm³, wie sie dann ab

Alle Fotos auf dieser Seite: © Ufficio Stampa Gruppo Piaggio, Pontedera

Alle Fotos auf dieser Seite: © Ufficio Stampa Gruppo Piaggio, Pontedera

2012 auch in die Vespa LX und später in anderen Piaggio-Motorrollern wie der Primavera eingebaut wurden. Über einige Details der leicht (150er) bis stark langhubig (125er) ausgelegten hochmodernen Triebwerke haben wir weiter vorn schon berichtet. Der Tank faßte 8,0 Liter, **12-Zoll-Räder** sorgten für guten Geradeauslauf bis zur maximalen Geschwindigkeit von 93 km/h. Zum Service mußte die 946 nur noch alle 10 000 Kilometer.

Tradition verpflichtet, und daher bestand das Chassis wieder aus Stahlblech, einige Elemente aber wie der vordere Kotflügel, der Lenker und die seitlichen, separat abnehmbaren Abdeckungen waren aus einer **Aluminiumlegierung** gefertigt. Innovativ waren das horizontal gelagerte **Gasdruck-Federbein** (Monoshock) an der Hinterachse, das Brems-Antiblokkiersystem **(ABS)** und die Antriebsschlupfregelung **(ASR),** was angesichts der überschaubaren Motorleistung von 11,6 PS bei 125 cm³ Hubraum ziemlich hoch gegriffen war.

Wegweisend für alle Modelle ab 2012 waren der **Scheinwerfer in LED-Bauweise** und die **digitalen Anzeigen.** Als Besonderheit zeigte die 946 eine kreisrunde Heckleuchteneinheit. Weil bei diesem Modell die Designer das letzte Wort hatten, mußte die 946 ohne Stauraum auskommen – analog zur ersten Vespa von 1946. Immerhin war ein Heckgepäckträger lieferbar.

Kult war die Vespa schon seit den 1970er Jahren. Doch nun mußte sie auch das **Lifestyle-**

Ganz oben: Vespa 946 von 2013. Mitte links, rechts: Vespa 946 Sondermodell Vogue 2014 als Lifestyle-Roller für die Leserinnen des Modemagazins. Unten: 946 Armani von 2015 mit Sitzbank und Koffer aus braunem Leder.

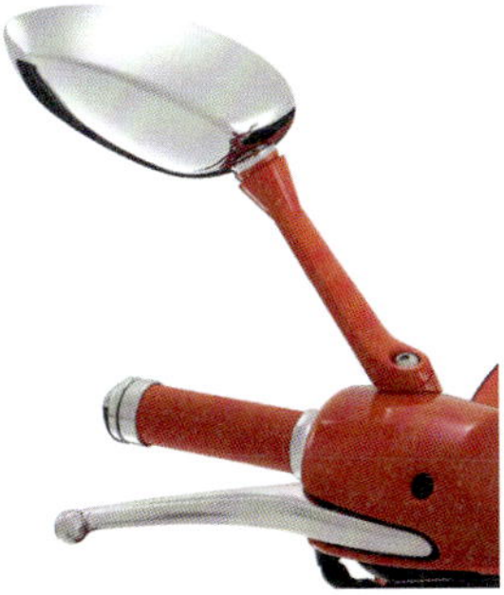

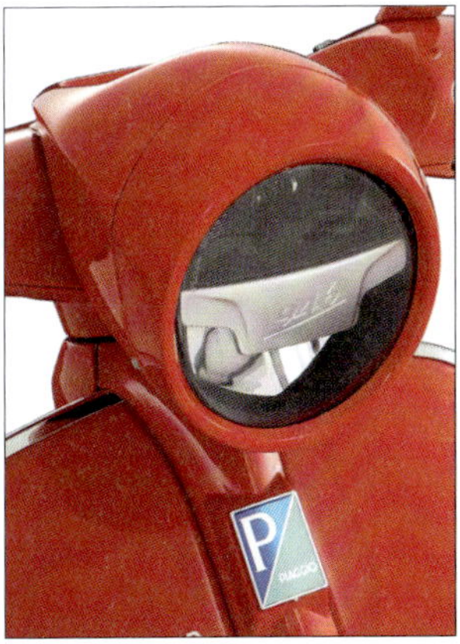

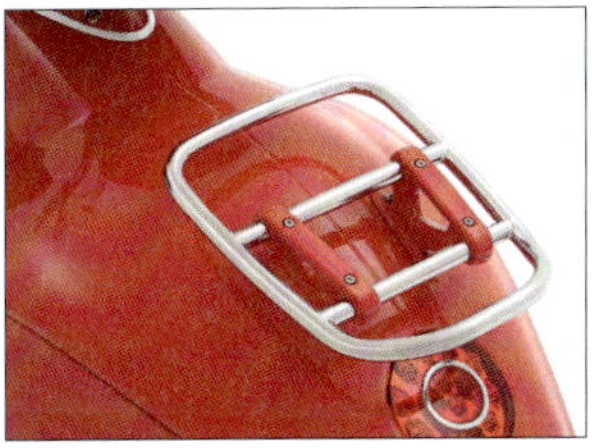

Die 2017 auf den Markt gebrachte Vespa 946 RED ist schon jetzt eine Designikone. Teure technische und optische Details sollen den hohen Preis von 9000 Euro rechtfertigen. Statt eines Staufachs gibt es einen verchromten Gepäckträger mit Gummibändern wie bei der Ur-Vespa von 1946.

Bedürfnis vieler Zeitgenossen bedienen. Zum luxuriösen Auftritt gehörte auch, daß die 946 mit einem Grundpreis von rund **9000 Euro** mehr als doppelt so teuer war wie einen LX beispielsweise – ohne dafür mehr an Technik und Komfort zu bieten. Im Gegenteil: Sozius oder Sozia saßen hinten recht unbequem.

Die **Exklusivität** des Rollers wurde durch den Umstand verstärkt, daß es die 946 nur in von

Alle Fotos auf dieser Seite: © Ufficio Stampa Gruppo Piaggio, Pontedera

Oben: Um den sportlichen Charakter der Vespa 946 RED zu unterstreichen, ließ Piaggio 2017 zwei Roller auf der Rennstrecke fotografieren. Links: 946 Vogue in Rot 2014.

Jahr zu Jahr wechselnden **Sonderserien** gab: 2013 „Ricordo Italiano“ in Weiß und Schwarz, 2014 „Orgoglio Italiano“ sowie „Bellissima“ in Grau und Blau, 2015 „Emporio Armani“ in Mattschwarz mit braunem Sitzpolster und ebensolchen Lenkergriffen und als Krönung schließlich ab 2016 die ganz in Rot gehaltene **Vespa „946 RED“.** Bei der Ausstattung gab es geringfügige Unterschiede, die Farben waren stets an die jeweiligen Jahreseditionen gekoppelt.

Aufwendige Präsentationen für die Fachpresse gab es nicht, stattdessen versorgte Piaggio **Wirtschafts-** und **Lifestyle-Magazine** mit Testfahrzeugen, was zu den erwünschten Publikationen führte, so etwa in der Modezeitschrift **Vogue 2014.** Ein gleichnamiges Sondermodell war in Rot oder Hellblau-Metallic zu haben, als Zubehör gab es hutschachtelförmige Gepäckkoffer und Helme in Fahrzeugfarbe.

Zu den am meisten beachteten Neuheiten auf der Mailänder Motorradmesse EICMA im November 2018 gehörte zweifellos die Vespa Elettrica. Die Erstversion durfte wie ein 50er Roller ohne Führerschein gefahren werden; die Höchstgeschwindigkeit war auf 45 km/h begrenzt. Bald folgte die Elettrica 70, die gut 70 km/h erreichte. Die markanten Designstreifen gab es in sieben Farben.

Alle Fotos auf dieser Seite: © Ufficio Stampa Gruppo Piaggio, Pontedera

Vespa Elettrica ab 2018

Über den Sinn der „Elektromobilität" kann man streiten, nicht darüber, daß Piaggio als weltgrößter Rollerhersteller auch dank der wachsenden Konkurrenz im E-Rollermarkt verpflichtet war, die Vespa-Palette um ein modernes Fahrzeug mit **Elektromotor** zu erweitern – mit der im November 2018 auf der Mailänder EICMA präsentierten und ab **Dezember 2018** für 6390 Euro kommerzialisierten Vespa Elettrica.

2000 folgte die stärkere (und deutlich teurere) Version Vespa Elettrica 70, die in der 125er Klasse rangierte und mit Auto- oder Einstiegs-Führerschein gefahren werden durfte (7499 Euro für den Typ Primavera Red). Auf Chrom wurde ganz verzichtet, die E-Vespa läßt sich durch die Wahl der Designstreifenfarbe personalisieren.

In unserem Wartungsbuch stellen wir die Elettrica auch deshalb vor, weil Arbeiten am Fahrwerk und an den Bremsen der gleichen Logik folgen wie bei den benzingetriebenen LX- bzw. Primavera-Modellen und sich daher in einigen Punkten auch im Do-it-your-self durchführen lassen. Von der gesamten Elektrik allerdings muß man sicherheitshalber die Finger lassen: Hochspannung überall bei Antrieb und Elektronik!

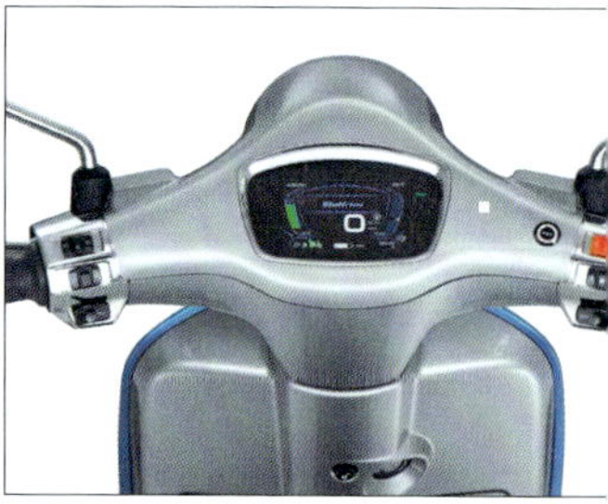

Mit Windschild und speziellem Topcase wurde die Elettrica zum besonders praktischen Cityroller. Der 4,0-(4,2-)kW-Elektromotor war für eine Reichweite von 100 km gut.

Das hübsch gezeichnete Fahrzeug basierte in puncto Fahrwerk und Karosserie auf der Vespa Sprint und hob sich äußerlich durch umlaufende, in sieben verschiedenen Farben existierenden **Designstreifen** an Karosserie, Rädern und Doppelsitzbank ab.

Die **Basis-Elettrica** schafft nur **45 km/h,** was andererseits das Fahren ohne Führerschein erlaubt. Elektromotor und **Lithium-Batterie** befinden sich dort, wo sonst der Verbrennungsmotor sitzt. Der E-Antrieb ist so kompakt, daß auf das gewohnte **Helmfach** unter der Sitzbank keinesfalls verzichtet werden muß. Sehen wir uns die Elettrika im Detail an. Bei Vollast entwickelt der E-Motor **4,0 kW/5,4 PS (4,2 kW).** Das hohe Drehmoment ab 200 Nm steht elektromotortypisch sofort und immer zur Verfügung. Piaggio verspricht eine Beschleunigung, die besser ist als bei einem vergleichbaren Roller mit Benzinmotor. Das Modell **Vespa 70** verfügt über **drei Fahrmodi: Power, Eco** (maximal 30 km/h), **Reverse** (für Rückwärtsrangieren) und hat statt des Seitenständers nur einen **Mittelständer,** der zum Starten ausgepklappt sein muß (aus Sicherheitsgründen). Das bei allen Modellen vorhandene **KERS (Energie-Rückgewinnungssystem** wird beim Bremsen aktiv. Selbstredend verfügt die Vespa Elettrica neben der LED-Beleuchtung der Sprint über ein spezifisches digitales Cockpit, dessen TFT-Bildschirm bei einer Diagonale von 4,3 Zoll unter anderem Batteriespannung, Ladezustand und Reichweite anzeigt. Ein Smartphone-Anschluß fehlt ebenfalls nicht. Sogar eine Fahrstatistik läßt sich auflisten. Beim teureren Modell ist ein Geoloc-GPS zum Wiederauffinden integriert. Im Test erreicht die Vespa 70 ene Spitze von 72 km/h. Über ein integriertes Ladesystem kann die Batterie in vier Stunden nachgeladen werden. Dazu genügt der Anschluß an eine normale Steckdose. Die Reichweite beträgt im Eco-Modus 100, im Power-Modus 70 km. **Lithium** ist ein chemisches Element, das in gebundener Form u.a. als Lithiumcarbonat und als Pegmatit in Magma-Gesteinen

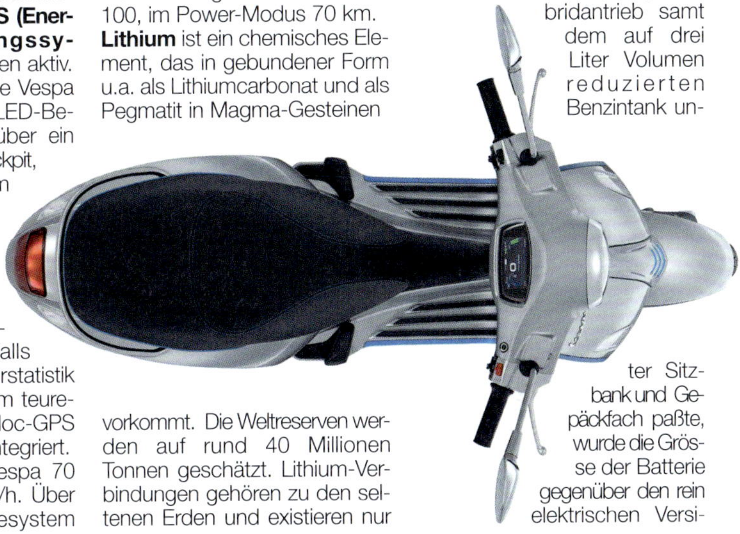

vorkommt. Die Weltreserven werden auf rund 40 Millionen Tonnen geschätzt. Lithium-Verbindungen gehören zu den seltenen Erden und existieren nur

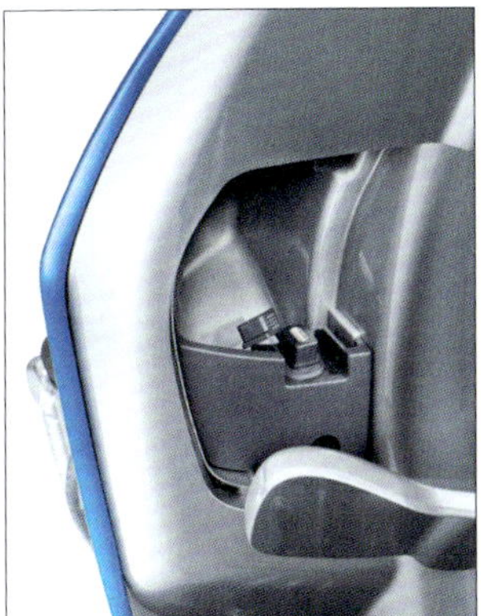

Durchgestylt bis ins Detail: Die Elettrica hat ein spezielles Display und eine besondere Beleuchtung. Der E-Motor ist so kompakt, daß der Stauraum den Helm fassen kann.

an wenigen Punkten, vor allem in Bolivien, Chile, USA, Argentinien, China, Kanada und Kongo, in kleineren Mengen in Brasilien, Mexiko und Australien. In Europa hat Portugal die größten Vorkommen. Damit sind die Abhängigkeiten geklärt.

Weil die Italiener sich der prekären Rohstoffsituation sicher bewußt waren, stellten sie der Elettrica eine komplexe **Hybridversion** zur Seite, die **Elettrica X**. Der kleine Benzinmotor dient nur dazu, automatisch gesteuert die Batterie aufzuladen, wenn deren Spannung zu sehr abgefallen war. Damit der aufwendige Hybridantrieb samt dem auf drei Liter Volumen reduzierten Benzintank unter Sitzbank und Gepäckfach paßte, wurde die Grösse der Batterie gegenüber den rein elektrischen Versionen um die Hälfte reduziert. Beim Hybridmodell steigert sich die Reichweite dank des Benzinmotors auf bis zu 150 km.

Der Markt für elektrisch angetriebene Zweiräder nahm immer mehr Fahrt auf. Daher brachte Piaggio die erfolgreichen Modelle Sprint und Primavera 2024 auch mit speziell angepaßten Elektromotoren heraus.

Technische Daten Vespa LX seit 2010, Primavera, Sprint, 946 *(alle Angaben nach*

Modell	LX 125 i. e.	LX 150 i. e.	LX 125 3V	LX 150 3V	Primavera 50/S *1
Produktionszeit	2010-2012	2010-2012	2012-2013	2012-2013	ab 2013 hier: Modell 2017/2018
Motor					
Bauart	1-Zyl.-4-Takt, gebläseluftgekühlt, mit Antrieb verblockt ----------				
Motortyp Piaggio	LEADER	LEADER	LEM/i-Get	LEM/i-Get	LEM/i-Get
Ventilsteuerung	SOHC, 2 Ventile	SOHC, 2 Ventile	SOHC, 3 Ventile	SOHC, 3 Ventile	SOHC, 3 Ventile
	1 obenliegende, kettengetriebene Nockenwelle ----------				
Hubraum cm^3	124	151	124	155	50
Bohrung x Hub mm	57,0 × 48,6	62,8 × 48,6	52,0 × 58,6	58,0 × 58,6	39,0 x 41,8
Verdichtungsverhältnis	11,5 : 1	11,5 : 1	10,6 : 1	10,6 : 1	12,0 : 1
Leistung kW (PS)	7,9 (10,7)	8,6 (11,7)	8,5 (11,6)	9,5 (12,9)	2,4 (3,2)
bei Drehzahl./min^{-1}	8250	8000	8250	7750	7500
Maximales Drehmoment Nm bei Drehzahl/min^{-1}	9,6/6500	11,8/6250	10,7/6500	12,8/6250	3,0/7500
Gemischaufbereitung	Einspritzung, elektronisch gesteuert ----------				
Kurbelwelle	gleitgelagert ----------				
Schmierung	kettengesteuerte Nockenpumpe, Netz-Vorfilter + Fliehkraft-Filter an der Kurbelwelle ----------				
Zündung	kontaktlos elektronisch über Bortdcomputer ----------				
Zündkerze	NGK ER9EH-N	NGK ER9EH-N	NGK CR8EB	NGK CR8EB	NGK ER9EH-6N
Abgasanlage	ungeregelter Zweiweg-Katalysator, Sekundärluft-System SAS ----------				gereg. Dreiweg-Kat.
Starter	Elektrostarter ----------				
E-Starter-Leistung	0,15 kW	0,15 kW	0,5 kW	0,5 kW	0,5 kW
Lichtmaschine	Schwungradmagnetzunder, Wechselstrom, einphasig ----------				
Kraftübertragung					
Primärtrieb	Direktantrieb über Variator auf der Kurbelwelle ----------				
Kupplung	Fliehkraftkupplung auf Getriebeantriebswelle ----------				
Getriebe	Zahnradgetriebe mit Vorgelege, Antriebs- und Abtriebswelle ----------				
Sekundärtrieb	Keilriemen auf Fliehkraftkupplung, Untersetzungsgetriebe, Abtriebswelle/Hinterachse				
Fahrwerk, Bremsen					
Rahmen	Stahlblechrahmen selbsttragend ----------				
Karosserie	Stahlblech mit Kunststoff-Anbauteilen ----------				
Länge/Breite/Höhe mm	1800/785/1140	1800/785/1140	1800/785/1140	1800/785/1140	1870/735/1150
Sitzhöhe/Radstand mm	785/1280	785/1280	785/1280	785/1280	790/1330
Gewicht fahrfertig kg	114	114	114	114	115
Vorderradführung	Lenkrohr mit gezogener Schwinge, hydraulisch gedämpftes Federbein ----------				
Hinterradführung	LM-Triebsatzschwinge mit Achse und Gummielementen, hydraul. gedämpftes Federbein				
Bremse vorn	gelochte Bremsscheibe, Zweikolben-Festsattel ----------				
Bremse Durchmesser	200 mm	200 mm	200 mm	200 mm	200 mm
Bremsbetätigung vorn	hydraulisch von Hand per Hebel rechts am Lenker ----------				
Bremse hinten	Zweibacken-Trommelbremse, selbstrückstellend ----------				
Bremse Durchmesser	110 mm	110 mm	110 mm	110 m	140 mm *2
Bremsbetätigung hint.	mechanisch per Seilzug von Hand per Hebel links am Lenker ----------				
Assistenzsysteme	keine	keine	keine	keine	keine
Räder, Bauart vorn	LM 2.50 x 11	LM 2.50 x 11	LM 2.50 x 11	LM 2.50 x 11	LM 2.50 x 12 *2
Räder, Bauart hinten	LM 3.00 x 10	LM 3.00 x 10	LM 3.00 x 10	LM 3.00 x 10	LM 3.00 x 12 *2
Reifen vorn	110/70 x 11	110/70 x 11	110/70 x 11	110/70 x 11	110/70 x 12 *2
Reifen hinten	120/70 x 10	120/70 x 10	120/70 x 10	120/70 x 10	120/70 x 12 *2
Fahrleistungen, Energie					
Vmax km/h in D	91	93	93	95	45
Treibstoff	alle Modelle: Super bleifrei ROZ 95 ----------				
Abgasnorm	Euro 3	Euro 3	Euro 3	Euro 3	Euro 4
Verbrauch l/100 km	2,8	2,8	3,2	3,4	2,9
Tankinhalt Liter	8,6	8,6	8,6	8,6	8,0

Anmerkungen

***1** *auch als Zweitakt-Vergasermodell erhältlich: 49 cm^3, Bohrung x Hub 40 x 39,3 mm, 3,2 kW (4,4 PS) 6500/min^{-1}, 4,4 Nm bei 6500/min^{-1}, Kickstarter, 110 kg fahrbereit, 45 km/h*
***2** *Werte ab Modell 2018.*

bestem Wissen, aber ohne Gewähr)

Modell	**Sprint 50/S *3**	**Primavera 125/S *5**	**Sprint 125/S *5**	**Vespa 946 *5**	**Elettrica 45/70 *4**
Produktionszeit	ab 2013	ab 2013	ab 2013	ab 2013	ab 2018/2020
Motor	hier: Daten für Modelle 2017/2018 ------------------------------				
Bauart	1-Zyl.-4-Takt, gebläseluftgekühlt, mit Antrieb verblockt ----------				Elektromotor
Motortyp Piaggio	LEM/i-Get	LEM/i-Get	LEM/i-Get	LEM/i-Get	keine Angaben
Ventilsteuerung	SOHC, 3 Ventile	SOHC, 3 Ventile	SOHC, 3 Ventile	SOHC, 3 Ventile	entfällt
	1 obenliegende, kettengetriebene Nockenwelle --------------				entfällt
Hubraum cm^3	50	124	124	124	entfällt
Bohrung x Hub mm	39,0 × 41,8	52,0 x 58,6	52,0 × 58,6	52,0 × 58,6	entfällt
Verdichtungsverhältnis	12,0 : 1	10,6 : 1	10,6 : 1	10,6 : 1	entfällt
Leistung kW (PS)	2,4 (3,2)	7,9 (10,8)	7,9 (10,8)	8,5 (11,6)	8,1 (11,0)
bei Drehzahl./min^{-1}	7500	7700	7700	8250	4,0 bzw. 4,2 kW/h
Maximales Drehmoment Nm bei Drehzahl/min^{-1}	3,0/7500	10,4/6000	10,4/6000	10,7/6500	max. permanent
Gemischaufbereitung	Einspritzung, elektronisch gesteuert; 125er: Start-Stop-Automatik -------				entfällt
Kurbelwelle	gleitgelagert ------------------------------				entfällt
Schmierung	kettengesteuerte Nockenpumpe, Netz-Vorfilter + Fliehkraft-Filter ---------				entfällt
Zündung	kontaktlos elektronisch über Bordcomputer ---------------				entfällt
Zündkerze	NGK ER9EH-6N	NGK CR8EB	NGK CR8EB	NGK CR8EB	entfällt
Abgasanlage	geregelter Dreiwege-Katalysator ----------------------				entfällt
Starter	Elektrostarter ------------------------------				elektrisch
E-Starter-Leistung	0,15 kW	0,15 kW	0,5 kW	0,5 kW	E-Motor
Lichtmaschine	Schwungradmagnetzünder, Wechselstrom, einphasig ----------				über E-Motor
Kraftübertragung					
Primärtrieb	Direktantrieb über Variator auf der Kurbelwelle --------------				Direktantrieb
Kupplung	Fliehkraftkupplung auf Getriebeantriebswelle ------------------------				
Getriebe	Zahnradgetriebe mit Vorgelege, Antriebs- und Abtriebswelle ---------------				
Sekundärtrieb	Keilriemen auf Fliehkraftkupplung, Untersetzungsgetriebe, Abtriebswelle/Hinterachse -----				
Fahrwerk, Bremsen					
Rahmen	Stahlblechrahmen selbstragend ------------------------------				
Karosserie	Stahlblech mit Kunststoff-Anbauteilen ------------------------------				
Länge/Breite/Höhe mm	1870/735/1150	1860/735/1144	1870/735/1150	1870/735/1150	1860/735/1144
Sitzhöhe/Radstand mm	790/1330	790/1340	790/1340	790/1340	790/1340
Gewicht fahrfertig kg	126	126	126	112	130
Vorderradführung	Lenkrohr mit gezogener Schwinge, hydraulisch gedämpftes Federbein				
Hinterradführung	LM-Triebsatzschwinge mit Achse und Gummielementen, hydraul. gedämpftes Federbein				
Bremse vorn	gelochte Bremsscheibe, Zweikolben-Festsattel; ab 125 cm^3 mit ABS ----------				
Bremse Durchmesser	200 mm	200 mm	200 mm	200 mm	200 mm
Bremsbetätigung vorn	hydraulisch von Hand per Hebel rechts am Lenker --------------------				
Bremse hinten	Trommelbremse; ab 125 cm^3 mit ABS ---------			Bremsscheibe	Trommelbremse
Bremse Durchmesser *2	140 mm	140 mm	140 mm	gelocht	140 mm
Bremsbetätigung hint.	mechanisch per Seilzug von Hand per Hebel links -----			hydraulisch	mechanisch
Assistenzsysteme	keine	ABS	ABS	ABS/ASR	keine Angaben
Räder, Bauart vorn *2	LM 2.50 x 12	LM 2.50 x 12	LM 2.50 x 12	LM 2.50 x 12	LM 2.50 x 12
Räder, Bauart hinten *2	LM 3.00 x 12	LM 3.00 x 12	LM 3.00 x 12	LM 3.00 x 12	LM 3,00 x 12
Reifen vorn *2	110/70 x 12	110/70 x 12	110/70 x 12	110/70 x 12	110/70 x 12
Reifen hinten *2	120/70 x 12	120/70 x 12	120/70 x 12	120/70 x 12	120/70 x 12
Fahrleistungen, Energie					
Vmax km/h in D	91	91	91	91	45
Treibstoff	alle Modelle: Super bleifrei ROZ 95 --------------------				Strom
Abgasnorm	Euro 4	Euro 4	Euro 4	Euro 4	entfällt
Verbrauch l/100 km	2,5	3,2	3,2	3,2	entfällt
Tankinhalt Liter	8,0	8,0	8,0	8,0	entfällt (Batterie)

Anmerkungen

2** *Werte ab Modell 2018,* ***ABS *ab 125 cm^3;* ***946:*** *Bremsscheibe hinten, ABS, Traktionskontrolle ASR*
***3** *auch als Zweitakt-Vergasermodell erhältlich: 49 cm^3, Bohrung x Hub 40 x 39,3 mm, 3,2 kW (4,4 PS) 6500/min^{-1}, 4,4 Nm bei 6500/min^{-1}, Kickstarter, 110 kg fahrbereit, 45 km/h*
***4** *auch als* **Hybridmodell Vespa Elettrica X,** *11 PS kumuliert; ab 2000 auch* **Vespa 70** *4,2 kW/h, bis zu 100 km Reichweite, 70 km/h max.* ***5** *auch mit 155 cm^3, 12,9 PS bei 7750/min^{-1}, 12,8 Nm bei 6500/min^{-1}*

Weitere Vespa- und Piaggio-Wartungsbücher von SCHNEIDER MEDIA

2. Auflage

Bis zur letzten Schraube:

Klassische Vespa Motorroller restaurieren

Anhand einer PX 200 E von 1985 wird bis ins kleinste Detail gezeigt, was bei Zerlegung, Restaurierung und Montage zu beachten ist, welche typischen Mängel auftreten und wie sie zu beseitigen sind. Außerdem: Kosten, Werkeug, Material, allgemeine Tipps zum Restaurieren.

Format: 19,4 x 26,0 cm, 256 Seiten,
1620 Farbfotos und Zeichnungen, 39,90 Euro
ISBN 8-3-667-13248-2

Bestellen unter info@schneider-media.eu

Klassische Piaggio Automatik-Roller

Sfera, SKR, Storm, NRG, Quartz, TPH, Hexagon.
6. erweiterte Auflage, alle Reparatur- und Inspektionsarbeiten; Modellgeschichte.
148 x 210 mm, 224 S., 516 Abb., 22,00 Euro.
ISBN: 978-3-667-11583-6

Klassische Vespa Motorroller

PK-, PX- und Cosa-Modelle seit 1970
21., 22. Auflage, alle Reparatur- und Inspektionsarbeiten auch für aktuelle Modelle; Modellgeschichte.
148 x 210 mm, 352 S., 1346 Abb., 24,90 Euro.
ISBN: 978-3-667-12912-3

Vespa GT, GTS, GTV Automatik-Roller

4., 5. Auflage, alle Reparatur- und Inspektionsarbeiten; Modellgeschichte.
148 x 210 mm, 168 vierfarbige Seiten, 427 Abbildungen, 4 Schaltpläne in Farbe, 22,00 Euro.
ISBN: 978-3-667-11582-9

Erhältlich im Buch- und Fachhandel, unter **www.schneider-media.eu**
oder unter **www.delius-klasing.de/shop**